공학기술과 사회

공학기술과 사회 : 21세기 엔지니어를 위한 기술사회론 입문
ⓒ 이장규 · 홍성욱 2006

초판 1쇄 인쇄일 | 2006년 2월 3일
초판 1쇄 발행일 | 2006년 2월 10일

발행처 지호출판사 | 발행인 장인용 | 출판등록 1995년 1월 4일
등록번호 제10-1087호 | 주소 서울시 마포구 서교동 410-7 1층 121-840
전화 02-325-5170 | 팩시밀리 02-325-5177 | 이메일 chihopub@yahoo.co.kr

표지 디자인 오필민 | 본문 디자인 노승우 | 마케팅 전형세

종이 대림지업 | 인쇄 대원인쇄 | 라미네이팅 영민사 | 제본 경문제책

ISBN 89-5909-011-5

공학기술과 사회

21세기 엔지니어를 위한 기술사회론 입문

이장규 · 홍성욱 지음

지호

머리말

인간은 삶을 이어나가기 위해 끊임없이 무엇인가를 만들고 이렇게 만든 도구를 이용하였다. 즉 기술은 인간의 출현과 함께 시작된 것이다. 인간이 모여 살게 되면서 자연스럽게 사회가 형성되었고, 기술에 대한 지식이 확산되었으며, 사회가 필요로 하는 기술이 발전했고, 기술은 사회 공동체를 지키고 발전시키는 데 공헌을 해왔다. 특히 근대 이후에 과학이 빠른 속도로 발전하였고, 기술에 과학적 지식을 접목시키면서 공학이 생겨났다. 전기, 컴퓨터, 인공위성을 만들고 이용하는 것과 같은, 이제 우리가 흔히 말하는 기술은 '공학기술'을 말한다.

현재 우리가 경험하고 있는 공학기술의 힘은 막강하며 그 힘은 범지구적이고 범학문적이다. 전기, 컴퓨터, 통신기술이 결합된 인터넷만 보더라도 그 확산 속도가 놀라울 정도로 빨라 지구 전체로 확산되고 있으며, 인터넷의 건설과 유지를 위해 그것을 탄생시킨 전기, 전자공학뿐 아니라 기계, 재료, 토목과 같은 인접 공학은 물론 경제, 사회, 법률 등 복합적인 분야가 서로 얽힌 거대한 시스템을 형성하고 있다. 기술이 발전하면 발전할수록 우리의 삶과 사회에 미치는 영향은 점점 더 커지고 있는 것을 누구도 부인할 수 없게 되었다.

이와 같이 영향력이 막강한 기술은 사회를 발전시키고 있는가? 많은 사람들이 그렇다고 생각하고 있다. 그러나 다음과 같은 질문에 대답할 수 있을 때에만 우리는 자신 있게 그렇다고 말할 수 있을 것이다. 무엇을 향한 발전을 말하는가? 우리는 새로운 기술로써 무엇을 이루고 싶은가? 효율성을 높이고, 재정 경비를 줄이고, 힘든 작업장에서 인간을 편하게 해주는 등 눈앞의 제한된 목적 이외에 우리는 무엇을 원하는가? 이러한 질문에 분명하게 대답할 수 없다면 기술혁신은 진정한 의미의 사회 발전을 가져오지 못할 것이다.

공학을 시작하려는 사람이나 현재 공학을 배우고 있는 사람이라면 우리가 추구해야 할 사회적 가치가 무엇이며 어떠한 기술이 우리가 추구하는 가치에 공헌하는지를 깊이 고민해보아야 한다. 기술 발전이 사회에 적지 않은 영향을 미치고 있기 때문이다. 엔지니어는 주어진 문제를 잘 푸는 데만 몰두할 것이 아니라 자기가 푸는 문제가 만들어진 배경이나 역사를 정확히 파악하고 필요하면 직접 문제를 제기하거나 만들어내야 한다. 거대한 회사나 조직에 묻힌 개인, 사고(思考)의 부재, 어디서 무슨 일을 할 것인가라는 근본적인 문제보다 주어진 조건에서 어떻게 일할 것인가에만 몰두하는 엔지니어가 되어서는 안 될 일이다. 진정한 의미의 사회 발전을 위해 공헌하는 엔지니어가 되기 위해 우리는 전공 지식 이외에 그것이 이 사회와 어떤 영향을 주고받으며 관계를 맺고 있는지 이해하는 것이 필요하다.

엔지니어는 공과대학에서 전공 교육을 받고 공학기술에 관련된 연구, 개발, 설계, 생산 등과 같은 기술 활동을 하는 전문인이다. 현재와 같이 복합적이고 복잡한 기술을 이해하기 위해 엔지니어는 자연과학을 심도 있게 배우며 이를 이용하여 새로운 기술을 창조하고 인공물을 만들어 우리의 삶에 편익을 제공하는 것을 목적으로 삼고 있다. 자연과학을 전공하는 과학자들과는 많은 면에서 가치들을 공유하고 있지만 그 중요도의 부여에서는 서로 상반된 면을 보여준다.

엔지니어는 추상적인 이론보다는 실용성, 효용, 디자인을 강조하고 과학자는 추상적 이론, 지식을 위한 지식, 본질에 대한 이해를 강조한다. 엔지니어를 잘 이해하기 위해서는 기술과 과학이 어떻게 다른지 살펴볼 필요가 있다. 엔지니어가 어떤 사람들인지 알기 위해 기술의 역사를 살펴보는 것 또한 중요하다. 인간의 탄생과 더불어 생존을 위해 시작된 기술이 어떤 경로를 거쳐 기술 사회라고 하는 현대에 도달했는지 알아봄으로써 어쩌면 기술과 엔지니어의 미래를 예견해볼 수도 있을 것이다. 기술의 역사는 발견, 발명, 그리고 혁신의 역사이다. 그것들이 어떻게 정의되며 또한 새로이 나타난 기술을 발명으로 볼 것인지 아니면 발견 또는 혁신으로 볼 것인지 구별해내는 것이 쉽진 않으나 엔지니어가 하는 일이 이들과 깊은 연관을 맺고 있으므로 발견, 발명, 그리고 혁신에 대한 개념을 잘 이해하는 것은 기술과 사회의 관계를 이해하는 데 도움이 될 것이다.

기술은 가치중립적인가? 즉 기술은 사용하는 사람에 따라 약이 될 수 있는 유용한 것인가, 아니면 독이 될 수도 있는 무해, 무익한 것인가? 기술의 가치중립성이란 기술 자체는 아무런 정치성이나 이념을 가지고 있지 않으며 그것을 사용하는 사람의 정치성이나 이념에 따라 기술이 이용된다고 보는 것이다. 이로부터 기술의 오용은 그것을 만들고 개량한 엔지니어의 책임이 아니라 정치인이나 기업가와 같이 기술의 사용을 결정하는 사람의 책임이라는 주장이 나온다. 그런데 기술은 과연 가치중립적인가? 엔지니어는 기술에 대한 책임이 없는가? 기술과 사회가 어떤 영향을 서로 주고받는지 알아보기 위해 기술의 가치중립성을 따져볼 필요가 있다.

기술과 사회의 관계를 설명하는 대표적인 이론이 '기술결정론'과 '기술의 사회적 구성론'이다. 기술결정론자는 기술이 일방적으로 사회를 변화시킨다고 주장하는 반면, 기술의 사회적 구성론자는 사회가 기술을 탄생시킨다고 주장한다. 각각의 주장은 기술과 사회의 관계를 설명하는 이론적 틀을 제공하고 있으며 지금까지 기술자, 기술사가, 기술철학자들에 의해서 기술과 사회와의 관계를 개념화, 이론화하는 데 기여한 이론들이다. 이밖에 두 주장의 극단성을 비판하면서 사회는 기술 형성에 영향을 줄 뿐 아니라 또한 기술로부터 영향을 받는다는 점에 근거를 두고 등장한 '기술 시스템 이론'도 있다. 이러한 이론들을 중심으로 기술과 사회가 서로 어떤 영향을 주고받는지 알아봄으로써 엔지니어로 하여금 자기가 하는 일의 중요성을 인식하고 기술 개발에 있어 올바른 방향을 설정하도록 도와주는 것이 이 책의 주요 관심사이다.

현대 사회에 지대한 영향을 주고 있는 기술들은 어떤 과정을 거쳐 만들어졌는가? 구체적인 사례를 들어 성공적인 기술의 발명과 혁신,

그리고 이를 주도한 엔지니어들에 대하여 고찰해봄으로써 성공한 기술의 공통점과 엔지니어의 역할을 추론해볼 수 있을 것이다. 또한 이 사례들을 통하여 기술과 사회가 서로 어떤 영향을 주고받았는지도 살펴볼 수 있다. 뉴커멘(Newcomen) 증기기관을 개량해서 산업혁명의 문을 연 영국의 와트(James Watt), 무선전신을 발명하고 이를 기반으로 세계를 덮는 전파 왕국의 제왕으로 군림했던 이탈리아의 마르코니(Gugliemo Marconi), 사진기의 대중화 시대를 열었던 코닥 카메라의 발명자인 미국의 이스트먼(George Eastman)의 성공적인 발명과 혁신의 사례와, 우리나라가 자랑하는 반도체와 CDMA의 개발 과정이 이 책에서 살펴볼 성공한 기술들이며, 이와 더불어 미국의 엔지니어 터먼(Frederick Terman)에게서 볼 수 있는 엔지니어의 성공적인 리더십도 소개될 것이다.

기술 발전은 성공한 기술에 의해서만 이루어지는 것이 아니다. 실패한 기술이 밑거름이 되어 이루어진 기술 발전도 무수히 많다. 어찌 보면 모든 성공한 기술 뒤에는 무수히 실패한 기술들이 받쳐주고 있는 것이다. 그뿐 아니라 공학기술과 사회는 항상 성공적이고 긍정적인 방식으로만 서로 영향을 미치는 것이 아니다. 새로운 기술에 의한 기술적 재앙은 전에 유례가 없던 규모로 사람을 죽게 하거나 다치게 하고, 환경을 오염시키며, 새로운 기술은 새로운 위험과 불확실성을 가져온다. TV 중독이나 인터넷 중독처럼 기술은 인간을 새로운 중독에 빠지게 하고, 프라이버시를 침해하며, 각종 범죄의 도구로 사용되기도 한다. 기술의 역기능은 최소화하고 기술의 순기능을 극대화하기 위해서는 현대 기술에 대한 반성적인 사고가 필요하다. 우리는 산업혁명 당시에 기계를 파괴했던 러다이트(Ludite) 운동처럼 기술에 대해 냉소적인 입장을 취할 필요는 없다. 그렇다고 기술 유토피아만을 외치는 것도 문제가 있다. 우리가 만약 "모든 기술은 그 자체로 선(善)"이라고 생각한다면, 기술의 역기능을 초기에 제어할 수 있는 능력을 포기하는 것이 되며 이는 기술이 가져오는 문제들을 확대하는 셈이 되기 때문이다. 기술 발전의 속도가 현기증이 날 정도로 빠른 사회에서 엔지니어들이 기술에 대하여 단선적인 사고를 가진다면 그만큼 기술적 위험은 증대될 수밖에 없다.

원자탄으로 종식된 제2차 세계대전 이후 사람들이 가졌던 기술에 대한 공포는 이제 많이 완화되었다. 공상과학영화에서 묘사되는 것처럼 "기술이 인간을 지배할 것이다"라고 믿는 사람들은 그리 많지 않다. 이전에 비해 기술은 훨씬 더 분산적이 되고, 네트워크를 형성하며, 작아지고, 사용자에게 친근한 느낌을 주고 있다. 또한 대량생산과 대량소비를 지양하고 환경오염을 줄이기 위한 지속 가능한 기술 개발에 대한 논의가 활발해졌다. 다시 말해 좀더 인간 친화적인 기술로 변화하고 있다. 그렇다고 옛날에 존재하던 기술의 위험이 실제로 없어진 것은 아니다.

앞서 지적한 것처럼 새로운 기술은 새로운 위험과 불확실성을 가져오며, 사회가 기술에 의존하는 만큼 대규모 사고와 재앙은 끊임없이 일어나고 있다. 이러한 위험과 불확실성을 줄이기 위해서는 현대 기술이 어떻게 변화하고 있으며, 이런 변화된 기술은 어떤 긍정적인 결과와 부정적인 문제를 낳고 있는지 잘 이해할 필요가 있다.

현대 기술의 문제를 해결하는 한 가지 방법은 기술 프로젝트에 시민들이 직접 참여할 수 있는 길을 열어놓음으로써 기술의 공공성을 강조하고 시민들로 하여금 기술을 이해하도록 돕는 것이다. 또한 미래 사회를 위해서 엔지니어와 시민들 모두 '지속 가능한 기술'과 '대체 에너지' 개발에 관심을 갖고 시간과 재원을 투자함으로써 인간 친화적인 기술을 만들어가는 노력을 게을리 해서는 안 될 것이다.

기술의 영향력이 커지면 커질수록 그것을 설계하고 개발하는 엔지니어들에게는 높은 윤리의식이 요구된다. 즉 엔지니어들은 자신이 매일매일 내리는 일상적인 의사 결정 및 판단 과정이 나중에 엄청난 결과를 가져올 수도 있다는 점을 인식하고 윤리적으로 민감해져야 될 것이다.

마지막으로 이 책은 한국공학교육인증원(Accreditation Board for Engineering Education in Korea: ABEEK)의 산하기관인 한국공학교육센터에서 2002년부터 시작한 공학소양 교과목 DB구축사업의 일환으로 3년차(2004년) 연구비를 지원받아 집필되었음을 밝힌다.

1 공학기술은 무엇이고 엔지니어는 어떤 일을 하는가?

엔지니어가 전공을 통하여 사회에 공헌하기 위해서는 자기가 하는 일이 사회와 어떤 관계가 있으며, 기술이 전반적으로 사회와 서로 어떤 영향을 주고받는지 이해할 필요가 있다. 기술과 사회의 관계를 자세히 살펴보기 전에 우선 엔지니어는 누구이며 어떤 일을 하는지, 또한 공학기술은 어떻게 시작되었으며, 어떤 과정을 거쳐 발전되는지 알아보자.

엔지니어(engineer)라는 용어는 라틴어 *ingeniatorem*(무엇을 만드는 데 재주가 있음)에서 비롯되었으며, 이미 AD 200년경부터 이 용어가 사용되기 시작하였다. 영어의 엔진(engine)과 창의성(ingenuity)도 같은 어원에서 시작되었다. 즉 엔지니어는 엔진(창의적 기술에 의해 만들어진 인공물)을 다루는 사람 또는 창의성을 가지고 기술을 개발하는 사람이라는 의미가 될 것이다. 현대적 의미의 엔지니어(공학자)는 과학이 기술에 본격적으로 접목된 18세기 이후에 출현했으며, 지금은 자연과학이 가미된 정규 공학 교육을 받은 사람을 의미한다. 빵 굽는 기술과 같이 숙련으로 얻어지는 단순한 기술이 아니라 4년제 공과대학을 졸업하고 기술직에 종사하거나 국가기관에서 실시하는 자격시험에 합격해야만 엔지니어 자격이 주어진다. 과학적 지식을 활용한다는 측면에서 엔지니어와 과학자는 비슷하지만 두 커뮤니티가 추구하는 목표는 사뭇 다르다. 즉 과학자들은 앎(to know)을 추구하지만 엔지니어들은 실행(to do)을 추구한다.

엔지니어들에게 '기술은 언제부터 시작되었고 어떠한 과정을 통해 현재에 이르게 되었는가'라는 질문은 별로 흥미를 끌지 못할 것이다. 대부분의 엔지니어들은 과거보다는 현재의 상황에 집중하며 그를 발판으로 삼아 미래를 향해 매진하기 때문이다. 그러나 지금처럼 미래에 대한 불확실성과 미래의 기술에 대한 불안이 팽배해 있는 상황에서는 엔지니어들도 지금까지 기술이 변화한 과정을 돌이켜보며 과거 기술이 당시의 여러 난관들을 어떻게 극복하며 발전해 나갔는가를 이해하려는 노력이 필요하다. 앞으로 인구는 계속 늘어가는데 화석 에너지는 얼마나 버틸 수 있을까? 인간 복제 기술은 어디까지 갈 것인가? 기술 발전의 역사를 살펴봄으로써 이러한 어려운 문제들을 풀어 나가는 실마리를 찾을 수 있을 것이다. 특히 기술 후발국인 우리로서는 선진 기술의 발전 과정을 살펴보고 기술이 사회에 미친 영향을 면밀히 검토하여 미래 기술 발전의 방향을 찾고 선진 기술국들이 범한 오류를 되풀이하지 말아야 할 것이다.

이 장에서는 엔지니어는 누구이며 무슨 일을 하는지, 기술이란 무엇이고 어떻게 발전되어왔는지, 공학기술의 특성은 무엇인지를 분석할 것이다. 아울러 발견, 발명과 기술혁신은 어떻게 일어나는지도 알아볼 것이다.

1-1 엔지니어는 누구이며 무슨 일을 하는가?

엔지니어는 누구인가? 미국의 한림원 연구 협의체인 국립연구협의회(National Research Council)의 공학교육분과위원회에서는 엔지니어를 아래와 같이 정의하고 있다.[1]

엔지니어란 아래에 열거한 자격 중 적어도 한 가지를 만족시키는 사람이다.

1) 공학인증을 받은 대학에서 학사 이상의 학위를 받은 사람.[2]

2) 전문 공학학회의 정회원 자격을 가진 사람.

3) 정부기관에서 인정하는 기술자격증을 소지한 사람.

4) 직업 분류상 공학과 관련된 전문직에서 활동하고 있는 사람.

---

[1] National Research Council, Committee on the Education and Utilization of the Engineer, *Engineering Education and Practice in the United States* (Washington, D.C.: National Academy Press, 1985).

[2] 공학인증제도는 공학이나 기술교육기관이 배출시키는 학생들이 일정한 자격 요건을 만족시키는지 정기적으로(5~10년 주기) 검증하여 교육기관을 인증해주는 제도를 말한다. 대표적인 인증기관으로는 미국의 ABET(Accreditation Board for Engineering and Technology)가 있으며, 우리나라에도 공학교육인증원(Accreditation Board for Engineering Education of Korea: ABEEK)이 1999년에 설립되어 현재 운영 중이다.(http://abeek.or.kr)

여기서 볼 수 있듯이 엔지니어란 공학과 관련된 일을 하면서 사는 사람이다. 그렇다면 공학이란 무엇인가? 엔지니어를 정의한 공학교육분과위원회는 공학을 다음과 같이 정의하고 있다. 공학이란 "기업, 정부, 대학, 또는 개인의 노력에 의해 수학 및 자연과학을 이용하여 연구, 개발, 설계, 생산, 시스템공학, 또는 기술 활동을 통하여 우리가 편리하게 사용할 수 있는 기술적인 시스템, 제품, 공정, 또는 서비스를 창출하거나 공급하는 것이다". 이와 같은 정의는 오래 전인 1828년에 토머스 트레드골드(Thomas Tredgold)가 짧막하게 공학을 정의한 것과 별로 다르지 않다. 트레드골드는 "공학이란 자연이 가지고 있는 무한한 힘을 인간이 편리하게 활용할 수 있도록 해주는 일종의 기예"라고정의했다.[3]

이와 같은 정의에 따르면 현재 우리나라에서 일하고 있는 엔지니어의 숫자는 60만 명 정도가 된다. 그들의 전공 분야별 분포를 알기 위해 2004년도 공과대학 졸업생을 출신 분야별로 표시해보면 〔표 1-1〕과 같다. 컴퓨터 · 통신 분야가 28.6%로 가장 높고, 그 다음이 전기 · 전자, 그리고 기계 · 금속 분야가 뒤를 따르며, 그밖에도 다양한 분야의 전공자가 배출되고 있음을 알 수 있다. 다양한 전공 분야만큼이나 엔지니어들이 담당하는 업무 또한 다양하다. 〔표 1-2〕는 엔지니어들

---

[3] 토머스 트레드골드(1788~1829)는 산업혁명 시대에 영국에서 활동한 엔지니어이다. 트레드골드가 정의한 공학의 원문은 다음과 같다. "Engineering is the art of directing the great sources of power in nature for the use and convenience of man." Richard S. Kirby et al eds., *Engineering in History* (New York : McGraw-Hill, 1956), p. 2.

이 어떤 종류의 일을 하고 있는지 알아보기 위해 같은 해 졸업생들의 진로를 백분율로 표시해본 것이다. 기술자 또는 엔지니어로 분류된 직업을 택한 사람이 52%를 나타내고 있으나, 그밖에도 여러 분야의 업무를 담당하고 있음을 알 수 있다.

[표 1-1] 2004년 공학계열 졸업자의 출신 학과별 분류

분야	건축	토목 도시	교통 운송	기계 금속	전기 전자	정밀 에너지
인원(명)	7,079	5,787	3,242	8,069	10,712	410
비율(%)	10.2	8.4	4.7	11.7	15.5	0.6
분야	소재 재료	컴퓨터 통신	산업	화공	기타	계
인원(명)	4,455	19,772	3,457	3,666	2,498	69,147
비율(%)	6.4	28.6	5.0	5.3	3.6	100

출처: 교육통계연보 2004(한국교육개발원)

건축_건축 · 설비공학, 건축학, 조경학

토목 · 도시_토목공학, 도시공학

교통 · 운송_지상교통학, 항공학, 해양공학

기계 · 금속_기계공학, 금속공학, 자동차공학

전기 · 전자_전기공학, 전자공학, 제어계측공학

정밀 · 에너지_광학공학, 에너지공학

소재 · 재료_반도체 · 세라믹공학, 섬유공학, 신소재공학, 재료공학

컴퓨터 · 통신_전산 · 컴퓨터공학, 응용소프트웨어공학, 정보 · 통신공학

산업_산업공학

화공_화학공학

기타_기전공학, 응용공학, 교양공학(또는 사회교육)

[표 1-2] 2004년 공학계열 졸업자의 졸업 후 담당 업무별 분류

담당 업무	기술자 (엔지니어)	설계 및 개발	생산 및 관리	설치 및 정비	영업 및 사무
비율(%)	52	10.1	3.9	2.1	11.6
담당 업무	군대	교육	기타 업종	진학	계
비율(%)	2.3	1.3	2.1	14.6	100

출처: 교육통계연보 2004(한국교육개발원),
취업통계분석자료집 2004(교육인적자원부, 한국교육개발원)

기술자(엔지니어)_건축공학기술자, 토목공학기술자(지질공학포함), 전기공
학기술자, 전자공학기술자, 기계공학기술자, 재료공학기술자, 화학공학기술
자, 섬유공학기술자, 컴퓨터공학기술자, 통신공학기술자, 조경기술자

설계 및 개발_도시계획가, 인테리어 디자이너, 응용소프트웨어 개발자, 시스
템소프트웨어 개발자, 웹 개발자, 웹 및 멀티미디어 디자이너, 컴퓨터시스템
설계 및 분석가, 네트워크시스템 분석가 및 개발자

생산 및 관리_섬유제조원, 화학제품제조 관련 조작원, 냉난방 관련설비 조작
원, 전기제품 제조장치 조작원, 전자제품 제조장치 조작원, 전기설비 조작원,
산업안전 및 위험 관리원, 시스템 운영 및 관리자, 데이터베이스 관리자

설치 및 정비_기계장치 설치 및 정비원, 냉동냉장공조기 설치 및 정비원, 자
동차 정비원, 전기 전자장비 설치 및 정비원, 통신설비 설치 및 정비원

영업 및 사무_총무 및 생산관리 사무원, 행정사무원, 기술영업원, 일반영업
　원, 사무보조원

군대_육군장교, 공군장교, 해군장교

교육_컴퓨터 학원강사, 문리 어학계 학원강사

기타 업종_안경사, 금형원, 조경사(원예사 포함), 선장(항해사, 기관사), 사
　회과학연구원

위에서 정의된 엔지니어와 그들이 하는 일을 살펴보면 몇 가지 특
징을 끄집어낼 수 있다. 일반 대중들도 그렇지만 엔지니어 자신들도
엔지니어라는 직업군이 단일한 분야의 전문직에 종사하는 사람들로
구성되어 있다고 생각하는 경향이 있다. 그러나 실제 엔지니어들의
전공 분야나 활동 영역 등을 살펴보면 엔지니어들이 매우 다양한 집
단으로 구성되어 있다는 점을 확인할 수 있다. 전공 분야의 경우 전
기, 전자, 기계, 건축토목, 화학, 재료, 컴퓨터 등 여러 분야가 존재하
고, 활동 영역도 연구, 개발, 교육, 연구개발 경영, 제품 검사 등으로
매우 다양하다. 또한 엔지니어들이 담당하고 있는 사회적인 역할에서
도 그 다양성은 다시 한번 확연히 드러난다. 현재 엔지니어들은 연구
자, 자문가, 교육자, 기업의 경영진, 공무원, 공공사업 책임자 등의 역
할을 수행하고 있다. 기술이 사회에 그 파급력을 넓혀가는 요즈음에
는 엔지니어 역할의 다양성은 더욱 커지고 있는 추세이다.

　엔지니어가 되기 위해서는 공학을 전공하고 대학 이상 학력을 가져
야 한다든지, 대한전기학회, 한국항공우주공학회와 같은 전문단체의
정회원 자격을 갖는다든지, 정부기관에서 인정하는 기술자격증을 소

지해야 하는 등 일정한 자격을 갖추어야 한다. 일정한 자격을 갖추어야 한다는 점에서 엔지니어는, 자격시험을 거쳐 자격증을 따고 대한의사회 또는 대한변호사회와 같은 전문직 단체에 속한 의사나 변호사와 같이 전문직(professional)에 속한다. 미국 브라운 대학의 윤리학 교수 존 래드(John Ladd)는 전문인의 특징으로서 전문인은 명예로운 직업을 가진 사람이며, 일반인보다 높은 수준의 봉급을 받고, 사회로부터 존경을 받으며, 사회적 지위가 높은 사람이라고 말하고 있다.[4]

전문인은 또한 이에 부응하는 사회적 의무와 책임을 가지는데, 예를 들어 전문인들은 윤리강령(code of ethics)을 따라야 하며 자기가 속한 사회와 자기의 고객(의사의 경우 환자, 변호사의 경우 변호 의뢰인, 엔지니어의 경우는 연구 또는 생산 결과물의 사용자)을 보호할 책무를 지닌다. 엔지니어와 의사 및 변호사 사이에 다른 점이 있다면 엔지니어는 고객에 대하여 직접적이기보다는 간접적인 접촉을 갖는 경우가 많다는 것이다. 엔지니어는 단독으로 개업을 하는 경우보다 회사나 연구소와 같이 커다란 조직에 속하는 경우가 많다. 즉 엔지니어의 대부분은 대규모 직장에서 피고용인으로 일하고 있는 것이다. 같은 전문 직종에서 일하는 의사나 변호사와 비교할 때 이러한 현상은 더욱 두드러지게 나타난다.

지금까지 엔지니어가 하는 일을 중심으로 그 특성을 살펴보았다.

---

[4] John Ladd, "Collective and Individual Moral Responsibility in Engineering: Some Question," in Deborah G. Johnson(ed.), *Ethical Issues in Engineering*(New York: Prentice Hall, 1991), pp. 26~39.

이제 엔지니어가 어떤 사람인가 살펴보자. 전공 영역이 다양하고 하는 일이 다양하여 엔지니어들이 가지고 있는 공통적인 견해를 설정하는 것이 쉽지는 않으나 '엔지니어적 가치관(engineering view)'이라는 개념을 통해 그들이 세상을 바라보고 행동하는 양식을 제시할 수 있다.[5] 엔지니어적 가치관의 본질을 파악하기 위해서는 먼저 '과학적 시각(scientific view)'을 살펴볼 필요가 있다. 현재 대부분의 엔지니어들은 과학이라는 통로를 거쳐서 그들의 전문 직종에 들어서고 있다. 공인된 공학 교육기관에 입학하기 위해서 지원자는 반드시 과학을 공부해야만 할 뿐만 아니라 과학에 재능을 보여야 한다. 입학한 후에도 졸업을 위해서는 더욱 많은 시간을 과학에 할애해야 하고, 특히 과학의 기본이라고 여겨지는 수학에 많은 시간을 투자해야 한다. 실제로 엔지니어가 되기 위한 현실적인 기준 중 가장 중요한 것은 '과학을 잘할 수 있는 능력'이라고도 할 수 있다. 과학을 할 수 있다는 것은 과학에 대한 믿음을 가지고 있음을 의미하며, 이 믿음은 엔지니어링의 기본이 된다. 엔지니어는 과학적 진리, 다시 말하면 실험에 의해 확인될 수 있는 진리를 믿기 때문이다. 과학적 진리에 대한 탐구는 가능한 한 우리의 개인적 가치관을 그 과정에 개입시키지 않아야 함을 요구한다. 그러나 역설적이게도 바로 이 특징, 즉 개인적 가치관의 개입을 막아야 한다는 점이 엔지니어링과 관련해 하나의 가치 체계를 만들어낸다. 독립성과 독창성, 자유, 인내 등이 과학에서 첫번째 필요조건들

---

[5] Samuel C. Florman, *The Civilized Engineer*(New York: St. Martin's Griffin, 1987), 특히 제5장 참조.

이다. 그리고 이러한 특징은 과학이 스스로 요구하고 만들어가고 있는 가치이기도 하다. 바로 이러한 점, 즉 과학적 진리와 이 진리를 탐구하는 과정에 필요한 가치들에 대한 믿음이 엔지니어적 가치관의 첫 번째 특징이다.

엔지니어가 과학적 진리를 추구한다는 데에는 의심의 여지가 없지만, 엔지니어에게는 진리 자체와 더불어 그것의 적절한 응용 또한 매우 중요한 고려 사항 중 하나이다. 엔지니어가 응용을 생각하게 되는 순간 그는 실험실의 이상적인 조건들을 벗어나 여러 가지 실제적인 요인들을 염두에 두게 된다. 응용에서 엔지니어는 실제적이고, 백 퍼센트 순수하지는 않은, 그리고 때로는 예측이 불가능한 특성을 보이는 물질들을 다루게 된다. 그의 목표는 이제 완벽한 진리 추구에서 기능을 제대로 수행하는 제품을 제작하는 것으로 바뀐다. 그리고 이렇게 목표가 바뀌게 되는 순간 엔지니어들은 시간과 비용의 제약을 갑작스럽게 실감하게 된다. 이러한 제약 속에서 실제적인 작업을 수행하는 엔지니어가 완벽함만을 고집한다는 것은 어찌 보면 실패로 귀결되는 상황을 낳을 수도 있다. 과도한 완벽함의 추구로 인해 주어진 비용을 가지고 정해진 시간 안에 결과물을 생산하지 못할 수도 있기 때문이다. 예컨대 컴퓨터 엔지니어는 '완벽한' 컴퓨터를 만들려고 시도하는 대신에 재빨리 출시될 수 있는 '좋은' 제품을 제작하는 데 역점을 두어야 한다.

엔지니어가 완벽을 추구하는 사치를 포기해야 한다는 것은 바꾸어 말하면 실패의 위험을 받아들일 수 있어야 한다는 것을 의미한다. 사실 무언가가 잘못 될 수도 있다는 것을 아는 상태에서 결정을 내려야 한다는 것이 엔지니어의 작업에서 가장 어려운 점 중 하나이다. 심지어 최고의 엔지니어도 자신이 설계하거나 생산한 제품에 보이지 않는 위험 요소가 내재되어 있다는 점을 부인하지 못한다. 제품이 오랜 기간 동안 사용되면서 실현될 가능성이 적어 보이던 위험 요소가 문제가 되어 원하지 않던 사고가 일어날 수도 있다. 물론 확실한 안전장치를 고안하여 제품 구성에 반영하는 것이 전혀 불가능한 일은 아니다. 그렇지만 그렇게 할 경우 가격이 비싸지게 된다. 문제는 바로 여기에 있는 것이다. 만약 기술을 사용하는 일반인들이 돈이 얼마가 들든지 안전을 최우선으로 여겨 그 비용을 감당한다면 엔지니어의 작업은 훨씬 수월해질지도 모른다. 하지만 실제로 안전을 원하는 사용자들조차 그 대가로는 최소한의 금액만을 지불하려 드는 것이 현실이다. 즉 보통 사람들은 보이지 않는 위험에 대해서는 최소한의 안전 보장만을 요구하고 대체로 이를 감수하려는 태도를 취함에도 불구하고, 자신들의 이러한 태도로 인해 발생할 수도 있는 위험에 대한 책임은 지려고 하지 않는다.

이러한 상황에서 엔지니어에게는 위험에 대한 책임을 감수하는 도덕적 강인함 혹은 용기가 요구되고, 이 점이 엔지니어적 가치관의 주요한 요소 중 하나이다. 무엇인가에 책임을 져야 하는 위치에 있는 사람들이 다른 이들에게 스스로가 '신뢰할 만한' 인물이라고 설득을 해야 한다는 것은 어느 분야에서나 마찬가지일 것이다. 예를 들어 환자의 생명에 대한 책임을 져야 하는 의사의 경우 환자로 하여금 자신의 신체를 믿고 맡길 만한 확신을 주어야 한다. 앞서 지적한 바와 같이 엔지니어 역시 위험에 대해 책임감을 가져야 하는 사람이기 때문에 일반 시민들에게 신뢰감을 주어야 함은 너무도 당연하다. 일반 시민들에게 최선을 다하고 있다는 신뢰감을 심어주려는 부단한 노력이야말로 엔지니어적 가치관에서 빠질 수 없는 또 하나의 중요한 요소이다.[6]

엔지니어링과 예술은 얼핏 보기에 상당히 다르지만 공통점도 가지고 있다. 엔지니어링은 과학임과 동시에 예술이기도 하기 때문이다. 엔지니어링을 훌륭하게 수행하기 위해서는 극도의 조심성과 신중함도 필요하지만 이와 더불어 상상력을 통한 도약도 필요하다. 창조성, 독창성 역시 엔지니어적 가치관의 한 요소를 이룬다. 이러한 엔지니어링의 창조적인 특징, 특히 끈질기고 정력적으로 창조성이 필요하다는 특징으로 인해 엔지니어링은 곧잘 '변화'와 동일시되기도 한다. 그러나 엔지니어링이 무조건적으로 변화만을 추구하는 것은 아니다.

최근에 들어 우리는 변화될 미래에 대해 예전과 같이 무조건 찬양만 하지는 않는 시각들을 여기저기에서 발견할 수 있고, 엔지니어들 스스로도 변화 자체만을 추구하는 변화는 무의미하다는 점에 동의하고 있다. 엔지니어는 새로운 발견을 추구하고 인류의 지평을 넓혀줄 작업에 더욱 노력해왔고, 또 계속 노력해야 한다. 그러나 그 노력의 과정에서 엔지니어는 더 사려깊게 생각하고 그 결과에 대해서도 신중하게 검토하는 자세를 갖추며 변화를 추구해야 할 것이다.

지금까지 엔지니어적 가치관과 관련된 여러 주요한 특징 및 요소

---

[6] 엔지니어들의 윤리에 대해 우리말로 쓴 논의로는 송성수·김병윤, 「공학 윤리의 흐름과 쟁점」, 유네스코한국위원회 편, 『과학연구윤리』(당대, 2001), 173~204쪽도 좋은 개괄을 제공한다.

들을 살펴보았다. 그것에는 과학과 과학이 요구하는 가치에 대한 믿음, 완벽함의 추구를 잠시 제쳐두고 실제적이고 유용한 제품을 출시해야 한다는 사실의 인식, 실패의 위험 요소와 관련해 책임을 질 수 있는 의지, 타인들에게 신뢰감을 구축하려는 결심, 창조적인 작업의 추구, 변화에 대한 올바른 자세 확립과 끊임없는 노력 등이 있었다. 물론 이러한 엔지니어적 가치관이 우리가 생활하는 세계를 바라보는 데 받아들일 만한 유일한 관점은 아닐 것이다. 엔지니어들은 이밖에도 많은 다양한 경험들, 예를 들어 문학적, 예술적, 정치적 경험들을 쌓고 이를 자신의 가치관 형성에 수용할 필요가 있다. 엔지니어 스스로가 개인적으로 쌓은 경험들을 앞서 지적한 가치 및 관점과 잘 조화시키는 것이 바람직한 방향이다. 이런 과정을 통해 엔지니어들은 사회 속에서 전문가로서의 자신의 활동을 더욱 의미 있게 만들 수 있을 것이다.

1-2 기술이란 무엇인가? 기술과 과학은 어떻게 다른가?

엔지니어는 기술을 다루는 사람이다. 엔지니어는 새로운 기술을 창조하고 창조된 기술을 이용하여 인공물을 만들어 우리 삶에 편익을 제공한다. 이제부터 기술에 대하여 알아보면서, 그것이 과학과는 어떻게 다른지 살펴보자.

기술의 정의와 특성, 기술과 과학의 관계와 차이에 대해서는 지금까지 수많은 논의가 있었다.[7] 20세기 중엽 이후 1970년대까지 상식적

---

[7] 이에 대해서는 홍성욱, 「과학과 기술의 상호 작용」, 『생산력과 문화로서의 과학

으로 받아들여지던 생각은 기술이 과학의 응용이라는 것이었다. 즉 과학이라는 지식이 인공물(人工物, artifacts)에 응용되면 기술을 낳는 다고 보는 것이었다. 이러한 '응용과학 테제'에 의하면 과학은 지식이 자 정신노동의 산물이고, 기술은 물건이자 육체노동의 산물이었다. 기술이 과학의 응용이라고 간주했던 사람들은 과학을 발전시키는 것이 자동적으로 기술 발전을 낳는다고 믿었다. 제2차 세계대전 동안 미국의 군사 연구를 총괄 지휘했던 바니바 부시(Vannevar Bush)는 1944년에 쓴 『과학, 그 끝없는 프론티어 Science, the Endless Frontier』에서 과학이 기술을 낳고, 기술이 산업을 발전시킨다고 설파했다. 경제학자들은 이러한 생각에 바탕해서 연구(R:research)가 개발(D:development)을 낳고, 개발이 생산(P:production)을 가져오며, 생산이 확산(D:diffusion)과 마케팅(M:marketing)을 낳는다는 이론을 발전시켰다.

```
과학    ➡  기술    ➡  생산 및 경제 발전
연구(R) ➡ 개발(D) ➡ 생산(P) ➡ 확산과 마케팅(D&M)
```

이런 모델을 '선형 모델(linear model)' 혹은 '어셈블리 라인 모델 (assembly-line model)'이라고 한다. 이 모델에 따르면 혁신을 추구하는 사회는 일련의 과정에서 맨 앞에 위치하고 있는 순수과학에 투자해야 했는데, 이 초기의 투자는 결국 혁신적 기술이라는 완제품을 생

기술』(문학과지성사, 1999) 제6장(193~220쪽) 참조.

산해낼 것이기 때문이었다. 어셈블리 라인 이론의 옹호자들은 1945년 제2차 세계대전이 끝난 후 미국에서 과학 정책을 새롭게 재구성하려 시도했던 과학정책가들과 이러한 시도에 협조를 아끼지 않았던 과학자 집단의 리더들이었으며, 이들의 주도로 전후 미국에서는 국립과학재단(National Science Foundation, NSF)이 설립되고 순수과학에 막대한 연구비가 투자되었다.

이와 같이 어셈블리 라인은 과학과 기술을 일직선상에 놓고 원인과 결과라는 매우 밀접한 연관성을 가진 영역으로 파악하고 있다. 그러나 이러한 어셈블리 라인에 입각한 과학과 기술에 대한 접근은 실제로 그 모델이 작동되지 않는다는 사실이 드러나게 되면서 점차 의심을 받는 상황에 이르게 되었다. 실제로 미국 국방부는 1945년부터 1966년까지 과학 부문에 투자한 총 100억 달러의 연구비 중 4분의 1 정도인 25억 달러를 순수과학에 할애했지만, 그 결과는 실망적이라는 비판이 제기되었다. 즉 순수과학에 많은 투자를 해도 그만큼의 기술적인 성과가 산출되지 않는다는 사실이 인식되면서 어셈블리 라인 이론은 점차 설득력을 잃게 된 것이다. 이를 뒷받침해준 것이 **프로젝트 힌드사이트**이다.

1970년대에 들어 북미의 기술사학자들과 기술철학자들은 '기술이 과학과 어떻게 다른가'라는 문제를 집중적으로 분석함으로써 기술의 독특한 특성을 조망했다. 이 당시 미국의 저명한 기술사학자 에드윈 레이턴(Edwin Layton)은 '기술이 응용과학이다'라는 명제를 비판했는데, 그가 이를 비판하기 위해서 주장한 것은 "과학과 마찬가지로 기술의 핵심도 '지식(knowledge)'이다"라는 것이었다. 즉 과학과 기술의 상호 작용은 지식이 사물에 응용되는 것이 아니라, 지식과 지식 사이의 상호 침투라는 것이 레이턴의 생각이었다.[8]

그런데 기술이 지식이면 그 지식은 과학과는 어떻게 다른가? 이에 대한 한 가지 해답이 역시 레이턴에 의해 제시되었다. 그는 기술지식에서는 추상적인 이론보다는 실용성, 효용, 디자인을 강조하고 과학지식에서는 역으로 추상적 이론, 지식을 위한 지식, 본질에 대한 이해

프로젝트 힌드사이트 (Project Hindsight)

부시의 어셈블리 라인 모델을 받아들여 미국 국방성에서는 1945년부터 1966년까지 투자한 연구비 100억 달러 중 25%에 해당하는 25억 달러를 기초과학 연구에 할애했다. 그러나 그 결과에 대해 강한 불만과 비판이 제기됨에 따라 국방성에서는 '프로젝트 힌드사이트'라는 감사를 실시하게 되었다. 국방성에서는 분야별로 13개의 과학기술자 팀을 구성하여 미국에서 1945년 이후 연구 개발된 20개의 핵심 무기 체계를 조사했는데, 1966년에 발표한 중간보고서에 따르면 20개의 핵심 무기 체계 중 91%가 기술적 연구 개발에 기인했고 9%만이 과학적 연구 활동으로 분류될 수 있음이 밝혀졌다. 특히 이 9% 중에서도 8.7%가 응용과학이고 순수과학은 0.3%밖에 되지 않았다. 즉 과학 연구가 자동적으로 무기기술의 개발로 연결되지 않는다는 것을 보여준 것이다. 보고서는 과학과 기술은 서로 다른 집단에 의해 서로 다른 가치 기준으로 연구 개발이 진행되었으며 과학은 또 다른 과학을, 기술은 또 다른 기술을 낳는 독립된 개체라고 결론지었다. 이 보고서는 순수과학 연구를 강조했던 진영에 떨어진 폭탄과 같은 것이었다.

---

[8] Edwin T. Layton, "Technology as Knowledge," *Technology and Culture* 15(1974), pp. 31~41.

를 강조한다고 보았다. 즉 기술과 과학은 정반대의 가치 체계를 가진 지식이었던 것이다. 레이턴은 이를 '거울에 비친 쌍둥이'라고 명명했다.[2] 즉 과학과 기술이 쌍둥이처럼 비슷해 보이기는 하지만 각각은 분명히 다른 존재라는 것이다. 그렇다면 왜 하필 거울 이미지일까? 과학과 기술은 쌍둥이처럼 비슷해 보이지만 자세히 살펴보면 마치 거울에 비친 상처럼 여러 가지 측면에서 좌우가 바뀐 듯이 상반되는 특징들을 보이고 있다는 것이다.

　과학자들과 엔지니어들은 많은 면에서 가치들을 공유하고 있지만 그 중요도의 부여에서는 서로 상반된 면을 보여준다. 과학, 특히 그중에서도 물리과학의 경우 뉴턴과 아인슈타인을 최고의 과학자로 꼽는 데서 알 수 있듯이 추상화와 일반화에 능통한 과학자, 다시 말하면 수학적 이론가에게 가장 높은 가치를 부여한다. 과학자들에게 기구와 지식의 응용이라는 가치는 추상화, 일반화, 이론화에 비해 중요도가 떨어지는 것으로 간주된다. 하지만 기술자들의 커뮤니티에서는 성공적인 설계가나 제작자가 '단순한' 이론가에 비해 훨씬 중요하게 여겨진다. 그렇다면 과학자와 기술자 커뮤니티에서 나타나는 이러한 가치 부여의 차이는 어떠한 이유로 생긴 것일까? 그것은 두 커뮤니티가 추구하는 목표가 다르다는 점에서, 즉 과학자들은 앎을 추구하지만 기술자들은 실행을 추구한다는 점에서 기인한다. 바로 이러한 기본적인

2　Edwin T. Layton, "Mirror-Image Twins: The Communities of Science and Technology in 19th-Century America," *Technology and Culture* 12(1971), pp. 562~580.

작업의 목표 차이가 과학자와 기술자가 어떠한 종류의 전문가를 더 높게 평가하는가에 대한 차이를 만들어낼 뿐만 아니라, 그들이 수행하는 작업의 성격 그리고 때로는 그 작업의 내용을 표현하는 구체적인 언어 및 용어의 차이까지 만들어내는 것이다.[10]

기술의 발전에 대한 최근 연구는 "과학이 기술의 발전을 낳는다"는 상식과 부합하지 않는다. 오히려 20세기 기술철학자 중에는 "기술이 과학을 낳는다"며 과학에 대한 기술의 역사적, 존재론적 우위를 내세운 사람들이 있다. 그중 대표적인 인물이 미국의 실용주의 철학자 존 듀이(John Dewey)와 독일의 철학자 마르틴 하이데거(Martin Heidegger)이다. 듀이는 과학적 이론과 개념을 인간이 만든 '기술적인 인공물'로 간주하면서, 기술이 역사적으로 과학에 앞서며 기능적으로 과학을 포함하는 것으로 간주했다. 듀이의 철학에서는 합목적적이고 합리적인 것은 모두 기술로 볼 수 있었다. 하이데거는 『존재와 시간』에서 실천에 대한 이론의 우위, 행위에 대한 지식의 우위처럼 2천 년 이상 지속된 서구 형이상학의 위계를 뒤집는 철학적 작업을 수행했는데, 과학에 비해 기술의 우위를 주장한 것은 이러한 역전의 연속선상에 있었다. 듀이와 하이데거의 관점은 과학과 기술의 관계를 보는 신선한 시각을 제공하지만, 자칫 잘못하다가는 "이 세상의 모든 것이 기술이

---

[10] 미국의 엔지니어이자 기술사학자인 월터 빈센티는 과학자들과 엔지니어들이 비슷한 이론, 모델, 실험을 하는 것 같지만 그 사용과 목적에서 본질적인 차이가 있음을 지적했다. Walter G. Vincenti, *What Engineers Know and How They Know It: Analytical Studies from Aeronautical History*(Baltimore: Johns Hopkins University, 1991).

다"라는 '범기술주의(pantechnologism)'로 귀결될 위험이 있다.[11]

듀이나 하이데거와는 조금 다른 맥락에서 미국의 기술철학자 조셉 피트(Joseph Pitt)는 '과학의 기술적 하부구조(technological infrastructure of science)'라는 개념을 도입해서 과학에 대한 기술의 우위를 주장한다. 태양계에 대한 근대적 설명을 처음으로 제시한 갈릴레오는 무엇 때문에 그러한 업적을 이룰 수 있었는가? 피트의 답은 망원경인데, 여기서 갈릴레오의 망원경은 바로 그의 과학을 가능케 한 기술적 하부구조에 다름아니다. 화성 탐사와 같은 우주과학의 발전은 어떻게 가능하게 되었는가? 바로 미국 항공우주국(NASA)이 구축한 콘트롤룸, 통신 시스템, 로켓, 컴퓨터 등이 있었기 때문이었는데, 이것들이 바로 20세기 우주과학의 기술적 하부구조인 것이다. 피트는 이러한 기술적 하부구조가 이에 상응하는 과학을 발전시켰다고 주장한다.[12]

피트의 논의는 우리가 간과했던 기술적 하부구조가 현대 과학을 발전시키는 데 중요한 역할을 수행하고 있음을 잘 보여준다. 그렇지만 과학이 먼저인가 기술이 먼저인가를 논의하는 것은 생산적이지 못한 경우가 많다. 과학과 기술의 상호 작용은 과학이 먼저인가 아니면 기술이 먼저인가라는 단순한 질문으로 환원될 수 없을 정도로 복잡한 것이며, 역사적 시기, 지역, 분야에 따라서 각각 다른 형태로 나타나

---

11 듀이와 하이데거의 기술철학에 대해서는 Carl Mitcham, *Thinking through Technology: The Path between Engineering and Philosophy*(Chicago: University of Chicago Press, 1994), pp. 71~73과 pp. 49~57 참조.

12 Joseph C. Pitt, *New Directions in the Philosophy of Technology*(Boston: Kluwer, 1995).

는 양상을 보이기 때문이다.

이 절에서는 기술이 과학과 어떻게 구분되어지는가라는 측면에서 기술의 특성을 살펴보았다. 다음 절에서 기술의 역사를 공부한 후 공학의 태동과 발전, 그리고 공학기술의 특성을 살펴보면서 다시 기술이란 무엇인가를 알아보기로 한다.

1-3 기술의 역사

기술은 언제부터 시작되었고 어떠한 과정을 통해 현재에 이르게 되었는가? 어쩌면 엔지니어들에게 이러한 종류의 질문은 무의미해 보일지도 모른다. 대부분의 엔지니어들은 과거보다는 현재의 상황에 집중하며 그를 발판으로 삼아 미래를 향해 매진하기 때문이다. 그러나 최근 들어 미래의 불확실성에 대한 염려들이 사회의 각 방면에서 제기되고 있고, 이에는 미래의 기술에 대한 염려도 포함되어 있다. 이러한 상황에서 엔지니어들도 지금까지의 기술 변화 과정을 돌이켜보며 과거 기술이 당시의 여러 난관들을 어떻게 극복하며 발전해 나갔는가를 이해해보려 노력할 필요가 있다. 이를 통해 우리는 미래의 발전을 위한 방향성을 찾을 수 있을 것이다.[13]

인류의 기술적 충동은 수십만 년 전 원시인들이 아프리카와 아시아

---

[13] 기술의 역사를 개관한 책으로는 Donald Cardwell, *The Fontana History of Technology*(London: Fontana Press, 1994)가 있다. 노태천·송성수, 「공학기술과 역사」, 한국공학교육학회 지음, 『공학기술과 인간사회』(지호, 2005), 제1장(13~108쪽)도 도움이 된다.

의 평원을 활보할 즈음부터 시작되었다. 이 원시인들은 새처럼 날 수도 없었고, 비버처럼 수영을 능숙하게 할 수도 없었으며, 거미처럼 스스로 먹이를 잡는 태생적인 기법을 알지도 못했다. 즉 이들은 다른 동물들에 비해 신체적으로 그다지 우월할 것이 없었다. 그러나 이들은 다른 동물들에 비해 큰 뇌를 가지고 있었고, 생존을 위해 이 뇌를 이용하여 필요한 초보적인 기술들을 사용하기 시작했다. 이들은 다른 동물들과는 달리 지능, 호기심, 그리고 적응력을 가지고 있던 본능적인 기술자였다. 식량을 구하기 위한 사냥에서 이들은 막대기나 동물의 뼈 등을 곤봉으로 사용했으며, 발사(發射) 무기로 돌을 사용했다. 또한 원시인들은 잡은 동물들에서 가죽이나 털을 얻기 위해 날카로운 돌을 사용했다. 다시 말해 이들은 주위의 사물을 도구로 이용했던 것이다. 물론 원숭이들도 단순한 작업을 위해서 도구를 사용하기도 한다. 그러나 원숭이들은 주어진 상황에서 눈에 보이는 문제를 해결하기 위해서 도구를 사용하지만, 초기의 인류는 가상의 상황에 대처하기 위해서도 도구를 사용했다는 차이가 있다. 개념적인 사고, 즉 추상적인 사상을 실제로 구현할 수 있는 능력이 원시인을 원숭이와 구별시켜주었던 가장 큰 특징이었다.

초기에 주어진 도구를 사용하던 인류는 막대기 혹은 뼈를 부러뜨리거나 돌을 날카롭게 갈아 사용하면서 점차 필요한 상황에 맞게 도구들을 변형 제작하기 시작했다. 이러한 창조적인 디자인 과정에 참여했던 원시인들을 최초의 엔지니어라고 부를 수 있을 것이다. 일단 도구의 변형이 시작되면서 기술은 점차 진화해 나가게 되었다. 원시인들에게 성능이 더 좋은 창은 더욱 풍성한 식사를 의미했고, 불을 지필

수 있는 확실한 기술은 추운 겨울밤에 살아남을 확률을 높여주었다. 이러한 필요에 의해 인류는 점점 더 나은 도구와 기술을 발전시켜나 갔다. 한편 도구와 그것을 제작하는 기술이 조금씩 향상되면서 또 하 나의 창조적인 측면이 더해지게 된다. 도구를 제작하고 개량하는 과 정에서 인류는 유용성과 편리함을 증가시키는 것과 함께 아름다움을 추구하기 시작했다. 석기 시대의 토기에서 찾아볼 수 있는 무늬들은 아름다움의 추구를 보여주는 증거이다. 이러한 면을 볼 때 현재는 기 술이 미를 추구하는 예술과는 전혀 무관한 작업처럼 여겨지고 있으 나, 사실 예술과 기술의 역사적인 기원은 동일함을 알 수 있다.[14]

수렵과 채집을 주로 하던 초기 인류의 생활양식은 석기 시대 후반 으로 가면서 한 곳에 정착하는 방식으로 변했다. 인류의 역사에서 가 장 중요했던 기술적 혁명으로 일컬어지고 있는 가축을 사육하고 식물 을 재배하는 농경 사회가 시작된 것이다. 농경 사회가 시작되면서 인 류의 기술은 이전 시기와 비교해서 훨씬 급속한 속도로 발전하기 시 작했다. 작물을 재배하고 수확하기 위해서 인류는 비록 초보적이었지 만 쟁기나 낫과 같은 전혀 새로운 도구를 제작하였으며, 이 과정에서 금속을 다루는 기술을 익히는 성과를 얻어냈다.

또한 농경을 위해서 물을 통제하기 위한 대규모 공사들이 진행되기 도 하였다. 기원전 4000년경 나일 강 유역에 거주하던 고대 이집트인 들은 매년 범람하는 강물을 통제하고 농사에 필요한 물을 끌어오기 위한 관개용 수로를 건설하기 시작했다. 공사는 수백 킬로미터가 넘

---

14 Florman, *Civilized Engineer*, 제3장.

는 거리에 걸쳐 진행되었고, 이와 같은 공사는 이전까지 인류가 경험해보지 못했던 국가나 정부와 같은 대규모 조직을 탄생시켰다. 일단 성립된 고대 국가는 국가 경영을 위해 사제, 전사, 율법사와 같은 각 분야의 전문가들을 필요로 하게 되었고, 대규모의 건설 사업을 관장하는 기술자 역시 전문가로서 대접받았다. 이집트의 경우 강의 범람을 통제하는 것은 항상 국가 차원의 문제였고, 따라서 이와 관련된 기술을 가지고 있었던 치수 관련 기술자는 통치자와 밀접한 관계를 형성하기도 하였다. 또한 전쟁 관련 기술을 보유하고 있던 기술자 역시 국가적으로 중요한 인물이었던 것으로 알려져 있다.

기원전 600년경이 되면서 서양에서는 그리스의 도시국가들이 문명의 중심지로 발돋움하게 되었다. 이 시기 그리스 발전의 원동력은 뛰어난 기술력이었다. 고대 그리스인들은 청동이나 철을 가공하여 사용하는 기술에서 다른 지역보다 앞서 있었으며, 은을 채굴하고 항구와 터널을 건설하는 등 토목, 건설 기술에서도 놀라운 발전을 이루어냈다. 이렇듯 앞선 기술력에 기초하여 발전한 사회였기 때문에 초기 그리스인들은 기술을 매우 가치 있고 중요한 활동으로 평가했다. 한 예로 초기 아테네의 지도자로 활약했던 솔론(Solon)은 안정적이고 번영하는 사회와 국가를 건설하기 위한 하나의 방편으로 '명예로운' 기술에 투자해야 함을 강조했다. 즉 초기의 그리스는 기술적 창조성과 기술적 작업에 대한 존경을 바탕으로 부를 축적하고 문화적 발전을 이룩했던 것이다.

그러나 기원전 400년경 플라톤이 활동했던 시기에 접어들면서 기술에 대한 평가와 관련된 상황이 급작스럽게 변화하게 되었다. 도시국가의 이상적인 시민으로서 갖추어야 할 덕목으로 연무장(gymnasium)에서의 체력 단련, 아카데미에서의 진리 탐구, 집회장이나 의회에서의 토론 등이 중요해진 반면 기술적 활동에 대해서는 이전 시대와 같은 찬양이 사라져버렸던 것이다. 플라톤 시대에 기술적 작업은 노예들에게나 적절한 행위로 평가절하되어버렸으며, 실제로도 대부분의 엔지니어는 노예 계층에 속해 있었다. 이 시기에 기술은 자유민의 시간을 투자할 만한 가치가 전혀 없는 비천한 활동으로 여겨졌다. 플라톤 시대에 변화한 기술에 대한 낮은 평가는 상당히 오랫동안 지속되었다. 플라톤의 제자이며 서양인들의 지적 논의에서 막강한 영향력을 행사했던 아리스토텔레스는 많은 면에서 플라톤의 철학적인 사상을 비판하였음에도 불구하고 유독 기술에 대한 평가에서는 스승의 입장을 그대로 받아들였다. 아리스토텔레스는 자연에 대한 지식을 탐구하는 과학적 지식은 매우 가치 있고 중요하다고 평가했지만 기술에 대해서는 플라톤과 마찬가지로 노예에게나 적절한 작업이라고 주장했다. 이와 같은 기술에 대한 폄하는 근대 초엽까지 지속되었다.

한편 그리스가 쇠퇴하고 새롭게 부상한 로마 제국은 건축 및 토목 기술 측면에서 눈부신 성과를 이루어냈다. 로마인들은 현재 우리가 흔히 사회기반시설이라고 부르는 부문의 중요성을 일찍부터 인지하고 이를 구축하기 위해 많은 노력을 기울였다. 로마인들의 건설물들을 보게 되면 경이롭다는 감탄이 자연스럽게 나올 정도이다. 그들은 제국 내에 총 길이가 20만 킬로미터가 넘는 잘 정비된 도로망을 건설한 것으로 유명하다. 또한 이들은 하루에 80만 톤 정도의 물을 로마에 공급할 수 있는 수로를 건설했으며, 40미터가 넘는 높이의 신전도 건

[그림 1-1] 로마 제국의 건축물들

축했다. 하지만 중요한 점은 이렇듯 뛰어난 기술적 성과를 보였던 로마이지만 그들에게도 기술적 작업은 그리스 시대와 마찬가지로 여전히 미천한 작업이었다는 사실이다. 대부분의 공사는 노예나 이름이 전혀 남겨져 있지 않은 장인들에 의해 수행되었다. 로마인들은 그들의 건축물에는 대단한 자부심을 가졌지만 그것을 제작한 사람들에게는 전혀 존경을 표하지 않았다.

로마 제국 멸망 후 서양에서는 중세 시대가 시작되었다. 서양의 중세 사회는 기독교를 중심으로, 전사 출신인 기사 계급이 사회의 지배층이었으며, 경제적으로는 농업에 기반을 둔 장원제로 유지되던 사회였다. 서양의 중세 초기에 기술과 관련하여 눈에 띄는 변화는 농업기술 분야에서 찾아볼 수 있다. 이때는 고갈된 지력을 회복하기 위하여 경작지를 셋으로 나누어 작물을 돌려가며 재배하는 삼포제와 같은 새로운 경작법이 도입되었고, 철제 농기구들이 제작됨으로써 생산성이 증대되었다. 또한 마구(馬具)가 개발되어 가축을 본격적으로 농업에 이용할 수 있게 되기도 하였다. 그러나 약 천년에 걸친 중세를 전반적으로 살펴보면 이러한 변화는 오히려 예외적인 현상이었고 다른 여러 분야에서는 그다지 큰 발전을 찾아보기 힘들다.

이는 기술의 변화 및 발전에는 사회적 안정뿐만 아니라 적절한 투자가 필요함을 보여준다. 이러한 조건이 충족되지 못한 사회에서는 기술적 발전이 전혀 불가능한 것은 아닐지라도 상당히 제한적일 수밖에 없기 마련이다. 한편 이렇듯 서양에서 중세 시기 동안 기술이 상대적으로 침체되어 있을 동안 기술 발전의 중심지는 동쪽으로 이동했다. 이슬람 제국과 중국에서 눈부신 기술적 발명과 발전을 일구어냈

던 것이다.[15]

8세기에서 12세기까지는 아시아 기술의 시대라고 말할 수 있다. 이 시기에 중국과 이슬람 지역에서는 농업, 금속 가공, 인쇄, 화약 등 여러 분야에서 놀라운 발명과 기술적 발전을 일구어냈다. 물론 이 시기의 아시아는 중국, 인도, 이슬람 지역 등 정치적, 문화적, 종교적으로 매우 다르게 구분되어 있었다. 그러나 이 지역의 사람들은 바닷길과 실크로드를 이용한 교류를 통해 서로의 기술을 습득하고 다시 이것을 자신들의 실정에 맞는 기술로 발전시켰다.

이 시기에 발전된 여러 기술 중 가장 눈에 띄는 것은 금속을 가공하는 기술이다. 특히 이 기술은 중국이 매우 앞서 나갔던 것으로 보인다. 중국에서는 11세기 무렵부터 철이 여러 용도로 많이 쓰이기 시작했다. 철의 사용이 증가하면서 중국의 철 산업은 매우 급속히 팽창했으며, 이 과정에서 철의 생산량이 눈에 띄게 증가했을 뿐만 아니라 철광석에서 철을 뽑아내는 야금술 역시 크게 발전했다. 중국의 야금업은 황하 주변인 하북과 하남 지역에서 특히 발전했다. 이 지역은 철광석이 생산될 뿐만 아니라 용광로에 사용할 연료인 나무와 목탄이 충분하다는 점에서 좋은 입지조건을 가지고 있었다. 그러나 철의 생산량이 늘어나면서 점차 목재가 고갈되자 이 지역에서는 철 생산 과정에 석탄, 무연탄, 코크스를 사용하는 새로운 방식을 도입하였다. 석탄, 무연탄과 코크스를 사용하게 되면서 중국의 야금술은 더욱 급속히 발전하여 작업장 당 생산량이 크게 늘었다. 한 예로 산서 지방의 대규모

15 Florman, *Civilized Engineer*, 제3장.

용광로에서는 하루에 2톤의 철을 생산하기도 하였다. 전국적인 생산량 역시 크게 증가하여 1078년에는 12만 5천 톤의 철이 생산되었다. 이렇게 생산된 철은 주로 창과 화살촉, 방패, 갑옷 등 군사용으로 사용되었으나, 이와 더불어 건축물이나 사찰의 거대한 종을 만드는 데 사용되기도 하였다. 또한 철은 쟁기와 같은 농기구를 제작하는 데에도 사용되어 농업 생산량을 증가시키는 결과를 낳기도 하였다.[16]

아시아에서 이 시기에 발전했던 기술 중 야금술과 더불어 많은 주목을 받는 것은 바로 댐이나 운하 건설과 관련된 토목기술이다. 중국의 경우 송나라의 수도였던 개봉(開封)에서 황하를 잇는 운하가 건설되었고, 이후 원나라 때에는 도읍이 지금의 북경으로 정해지면서 남부와 북경을 잇는 대운하가 건설되기도 하였다. 이와 더불어 중국에서는 다리 건설 기술, 섬유 생산 기술, 인쇄기술 등도 다른 지역보다 발달된 면모를 과시했고, 이러한 상황을 종합해볼 때 1100년경의 중국은 전 세계에서 가장 '기술적'으로 진보된 지역이었다고 할 수 있다.

한편 서양의 기술적 발전이 침체되어 있던 시기에 중국과 더불어 그 발전을 선도해 나갔던 곳으로는 이슬람 지역을 꼽을 수 있다. 마호메트가 아라비아 반도를 통일한 후 이슬람 세력은 지배 영역을 계속 확장해 최고 전성기 때에는 인도에서 북부 아프리카와 스페인에까지 이르는 대제국을 건설하였다. 이슬람 제국은 광활한 영토의 정복 후 인도, 중국의 동양적 학문과 그리스의 서양적 학문에 대한 광범위한

---

16 Arnold Pacey, *Technology in World Civilization*(Cambridge, MA: MIT Press, 1990), pp. 1~6.

번역 작업을 수행했고, 이 결과를 자신들의 전통과 융화시킴으로써 다양한 분야에서 큰 발전을 이루었다. 특히 기술과 관련해서 이슬람 제국에서는 중국의 경우와 마찬가지로 운하 관련 토목기술이 크게 발전했다. 중국과 이슬람 제국의 공통점은 광활한 영토라고 할 수 있었고, 육상 교통이 크게 발달되지 않은 상황에서 넓은 영토를 가로지르는 강을 이용한 운송은 매우 매력적인 것이었으며, 따라서 이 두 지역에서는 공통적으로 수상 교통 관련 기술이 발전했던 것이다. 또한 중국의 경우 쌀의 생산이 주로 남부에 집중되어 있던 반면 수도는 북부에 있었기 때문에 많은 양의 곡물을 수송해야 한다는 점 역시 운하 건설 기술을 발전시킨 배경이었다. 이슬람 제국의 경우에는 대부분의 영토가 건조했기 때문에 농업을 위해 물을 끌어와야 할 필요성이 매우 컸던 점이 운하 및 수로 건설의 이유였다. 이슬람 제국에서는 수도 바그다드를 중심으로 유프라테스 강과 티그리스 강을 연결하는 여러 개의 인구, 물자 수송용 운하를 건설하였으며, 경작지를 확보하기 위해 강에서 물을 끌어오기 위한 수로와 강물을 저장하기 위한 댐을 건설하였다.

이와 더불어 이슬람 지역에서는 동력을 얻기 위한 풍차나 물레방아와 같은 시설들이 많이 세워졌다. 먼저 물레방아는 앞서 언급된 댐 주위에 집중적으로 세워졌다. 이는 댐을 농업을 위한 물의 보관용뿐만 아니라 동력을 제공할 수 있는 시설로 여기고 있었음을 보여준다. 한편 물을 이용할 수 없었던 대부분의 지역에서는 서양보다 앞서서 풍차를 사용했다. 이슬람 제국의 앞선 기술력을 보여주는 또 하나의 사례는 조선기술이다. 이슬람인들은 인도양을 횡단해 동남아시아 지역의 풍부한 목재를 사용해서 지금의 몰디브와 페르시아 만 주변의 여러 조선소에서 배를 건조했다. 이렇게 건조된 배는 이전과 비교해서 규모가 매우 컸고 항해에 오래 견딜 수 있는 내구성을 갖추고 있었기 때문에 대양 항해에도 적합하였다. 이슬람 상인들은 이러한 앞선 성능의 배를 사용해 동남아시아와 아프리카, 그리고 멀리는 중국과 유럽까지 오가면서 무역을 행할 수 있었던 것이다.

한편 아시아의 기술을 이야기할 때 인도의 역할을 빼놓을 수 없다. 인도는 중국과 이슬람 지역의 중간에 위치함으로써 매우 다른 정치적, 문화적 바탕 아래에서 성장한 두 지역의 기술적 교류를 가능케 해주었다. 중국의 경우 불교가 전래된 이래 많은 사람들이 인도 지역을 방문했으며 이 과정을 통해 지식의 교류가 이루어졌다. 이슬람의 경우에는 인도까지 상인들이 진출하여 무역에 종사하면서 기술 및 지식의 교류가 전개되었다. 바로 이러한 인도의 기술과 지식의 중개자적인 역할을 통해 아시아는 다른 어떤 지역보다 놀라운 기술 발전을 이루어낼 수 있었던 것이다. 인도가 아시아 내에서 기술이 전파되고 교류되는 과정에 중요한 역할을 담당했다면, 이슬람 제국은 동양의 기술을 서양으로 전파해주는 과정에 없어서는 안 될 존재였다. 서양이 중세 시대로 접어들어 기술을 포함한 전반적인 지식의 수준이 부진한 상태에 머물러 있을 때 크게 발전했던 동양의 기술과 지식은 이슬람 제국을 통해 점차 유럽으로 전파되었던 것이다.

동양에서 서양으로 전파된 기술은 매우 다양하다. 먼저 베틀의 경우 발로 페달을 밟아 양손을 자유롭게 해줌으로써 주어진 시간에 더 많은 천을 짤 수 있는 형태의 것이 이슬람에서 사용되고 있었는데, 이

것이 이슬람의 지배를 받고 있던 스페인 지역을 통해 유럽에 소개되었다. 기계식 시계 또한 이슬람의 영향을 많이 받아서 유럽에 소개된 물품 중 하나이다. 이미 수세기 전에 중국에서 발명되었던 종이를 만드는 기술은 이슬람과 중국과의 전쟁을 통해 이슬람 지역에 전파되었다. 이슬람인들에게 포로로 잡힌 중국의 제지 기술자들은 현재의 우즈베키스탄에 위치한 티무르 왕국의 수도 사마르칸트 지역에 작업장을 열고 제지기술을 전파시켰으며, 그중 일부는 바그다드에서 활동하기도 하였다. 하지만 이렇게 중국에서 전파된 종이는 바로 이슬람인들에게 수용되지는 못하였다. 중국의 종이는 붓으로 글씨를 쓰는 데에는 적합했지만 뾰족한 펜으로 글을 쓰기에는 부적절했기 때문이다. 이슬람인들은 중국의 제지기술을 전수받았지만 이를 다시 변형시켜 펜으로 글씨를 쓰기에 적합한 단단한 형태의 종이를 바그다드에 공급했다. 이러한 이슬람의 변형된 제지기술 역시 스페인 지역을 통해 유럽으로 전파되었다.[17]

동양에서 발명되어 서양으로 전파된 또 하나의 중요한 기술은 화약 제조 기술이었다. 역사적 기록에 따르면 화약은 중국에서 이미 900년 이전부터 사용되었던 것으로 보이며, 1040년에는 화약을 제조하는 방법이 출판되기도 하였다. 화약을 탑재한 포탄을 멀리까지 발사할 수 있는 기술 역시 중국에서 개발되었다. 중국에서 일찍이 발명되었던 화약기술은 이슬람 지역으로 전파되어 '중국의 눈'으로 불렸다고 알려져 있다. 이렇게 중국과 이슬람 지역에서 사용되던 화약이 서양

---

[17] 앞의 책, pp. 50~53.

으로 전파된 경로는 두 가지였다. 첫째로 십자군전쟁을 통해 이슬람인들이 사용하는 대포와 화약에 대한 기술이 서양으로 전파되었고, 다른 경로로는 몽고에 의한 전파가 있었다. 13세기에 중국에서 유럽에까지 이르는 광활한 영토를 정복했던 몽고인들은 중국의 화약기술을 동유럽 지역을 중심으로 전파시켰다.

그러나 동양이 기술 발전의 주도권을 쥐고 있던 시기는 14세기를 전후로 끝나고 말았다. 이슬람 제국은 스페인 지역에서 서양과 치른 전투에서 패배한 이후 급속하게 세력이 축소되었고, 몽고에 의해 제국의 수도였던 바그다드가 함락되면서 정치, 문화적으로 더 큰 타격을 받게 되었다. 이러한 상황은 몽고에게 정복당했던 중국 역시 마찬가지였다. 유목민이었던 몽고인들은 중국과 이슬람의 기존 기술에 대해서는 시간이 지나면서 차츰 적응해갔지만 그것을 더 발전시키기에는 적합하지 않은 사회 구조를 가지고 있었기 때문에 동양의 기술적 발전은 그 속도가 급속하게 느려졌다. 이를 통해 기술적 활동 역시 다른 분야와 마찬가지로 기본적인 사회의 안전과 그 발전을 후원, 인정해주는 사회적 조건이 필요하다는 점을 다시 한번 확인할 수 있다. 한편 서양에서는 이슬람과 중국으로부터 전래된 기술적 지식들을 토대로 다시 기술 발전에 가속도를 붙이게 된다.

역사가들은 근대 초의 서양 사회를 서술하면서 르네상스, 종교개혁, 대항해 시대, 과학의 시대, 이성의 시대 등의 용어들을 사용한다. 근대 초에 대해 이와 같이 다양한 용어를 적용해서 그 특징을 파악하려는 것은 다시 말하면 이 시기에 서양 문명이 매우 광범위하고 복잡하게 변화했다는 것을 의미한다. 그리고 그러한 변화 중 하나는 바로 이 시기에 기술적 진보에 대한 믿음이 매우 강해졌다는 점이다. 근대 초 서양에서 기술의 가치를 높게 평가하고 기술 진보를 인류의 역사에서 매우 중요한 과제로 제시함으로써 플라톤과 아리스토텔레스 이후 지속되어왔던 기술에 대한 천대를 종식시키려 노력했던 대표적 인물이 바로 프랜시스 베이컨(Francis Bacon)이다. 베이컨은 그의 저서 『새로운 아틀란티스*New Atlantis*』(1627)에서 이상화된 사회의 모델을 제시하면서 공동체의 번영을 위해 각 분야의 전문가들이 서로 돕는 협동 작업을 통하여 과학적 진리 탐구와 더불어 '유용한 발명'을 추구하는 모습을 그려내었다. 이러한 설명을 통해 베이컨은 발명을 통한 기술적 진보가 사회 발전에 필수적인 요소임을 강조함으로써 과학은 고상하지만 기술은 비천하다는 편견을 없애려 했던 것이다. 베이컨의 이러한 이상 사회에 대한 묘사는 단순한 소설적인 상상에 그치지 않고 실제로 1660년 영국에 왕립학회(Royal Society)가 설립되는 과정에 큰 영향을 미쳤다. 베이컨의 생각을 전면에 내세운 과학자들에 의해 설립이 제안된 이 단체는 당시 영국의 왕이었던 찰스 2세로부터 허가를 받아 국가 발전을 위한 과학기술 연구를 추진하는 최초의 국립 과학단체로 탄생하였다.

그러나 왕립학회의 경우 설립자들이 최초에 원했던 충분한 지원을 받지 못했기 때문에 실제 기술 발전에는 큰 역할을 하지 못하였다. 반면 왕립학회 설립에 자극을 받아 태양왕 루이 14세의 허가로 1666년에 설립된 프랑스의 과학 아카데미(Acadé des Sciences)는 국가의 전폭적인 지원을 받으며 과학과 기술의 발전을 선도해 나갔다. 과학 아카데미의 회원들은 단순히 이론적인 과학 연구에만 치중하지 않고,

[그림 1-2] 프랑스 과학 아카데미

그 결과를 기술적 문제에 적용하는 데 많은 노력을 기울였다. 프랑스의 경우 국가의 번영을 위해 과학자들에게는 항상 응용을 염두에 두며 연구 활동을 진행할 것이 요구되었으며, 반대로 기술자들에게는 과학적 개념을 적절하게 이용할 것이 요구되었다. 프랑스의 경우 과학 아카데미와 더불어 군대 또한 기술 발전에 큰 기여를 하였다. 프랑스에서는 항구나 성벽 등 군사시설의 건설을 전문으로 담당하는 엔지니어 부대가 1675년에 처음 창설되었다.

이 엔지니어 부대는 창설 초기에는 주로 군사시설의 건설을 담당하였으나 시간이 지남에 따라 점차 다리, 도로, 수로, 운하 건설과 같은 민간인을 위한 건설 사업에도 주도적으로 참여하게 되었다. 엔지니어 부대의 활동 영역이 점차 넓어짐에 따라 프랑스 정부는 1716년에 공식적으로 공병대를 창설했으며, 1747년에는 이 부대에서 활동할 병사나 장교의 과학과 기술 교육을 전문적으로 담당하는 공병학교를 설립하기도 하였다. 프랑스 정부의 엔지니어링에 대한 전폭적인 지원은 대혁명기에도 지속되었다. 실제로 프랑스에서 가장 중요한 기술 교육 기관인 에콜 폴리테크니크(École Polytechnique)는 1794년 혁명 정부에 의해 설립되었다. 이 학교는 설립 당시부터 라플라스(Laplace)나 라그랑주(Lagrange) 같은 일류 과학자를 교수진으로 확보하고 4백여 명의 학생들에게 강도 높은 과학과 공학 교육을 제공함으로써 이후 프랑스의 요직에서 활동하게 될 전문적인 고급 기술 관료들을 양성해 냈다.[18]

기술의 역사를 이야기하면서 빼놓을 수 없는 역사적 변화는 바로 산업혁명이다. 프랑스의 기술 발전이 정부의 지원과 관료제에 크게 의지하고 있었던 데 반해 영국의 경우에는 그러한 발전이 주로 개인의 창조적 발명이나 기업가적 동기에서 비롯되었으며, 산업혁명은 바로 이러한 영국적인 배경 속에서 일어났다. 산업혁명의 과정에서 중요한 역할을 담당했던 기술 발전의 사례 중 먼저 철강 분야에 대하여 살펴보자면, 이 분야의 발전에서는 기업가들의 활약을 빼놓을 수 없다. 몇 대에 걸쳐 가업으로 계승된 철강 산업에 종사하던 크라울리 집안(the Crowleys), 다비 집안(the Darbys)과 같은 스코틀랜드 출신의 가문들은 철강을 생산하는 새로운 기법들을 발명하고 발전시킴으로써 기술의 역사에 한 획을 그었다.

산업혁명에서 빼놓을 수 없는 또 하나의 기술 변화는 바로 증기기

---

[18] Florman, *Civilized Engineer*, 제4장.

관의 혁신적인 개량이다. 증기기관은 1698년 영국의 엔지니어인 토머스 세이버리(Thomas Savery)에 의해 최초로 개발되었다. 하지만 너무나 낮은 효율 때문에 실제로는 거의 사용되지 못하였고, 1712년에 또 한 명의 영국인인 토머스 뉴커멘(Thomas Newcomen)이 열효율을 개선한 새로운 증기기관을 개발하면서 증기기관이 서서히 사용되기 시작하였다. 뉴커멘 기관은 광산에 차오르는 지하수를 퍼내는 작업에 주로 사용되었지만, 여전히 그 효율은 매우 낮은 수준이었다. 이러한 낮은 효율을 획기적으로 개선하며 새로운 형태로 증기기관을 변형시킨 인물은 바로 제임스 와트였다. 와트는 증기력을 얻기 위해 실린더의 냉각과 가열을 반복해야 했던 종전 기관의 문제점을 파악하고 뜨거운 증기를 옆으로 빼내어 고온의 실린더 상태를 유지시킬 수 있는 분리식 콘덴서를 개발함으로써 기관의 열효율을 크게 증대시켰다. 와트 식 증기기관은 1768년부터 사용되기 시작하였고 1790년경에는 공장의 기계에도 적용되어 본격적인 산업화 시대를 열게 되었다.[19]

산업혁명을 거치며 기술과 엔지니어의 중요성은 사회적으로 인정받게 되었다. 이러한 기술에 대한 인식 변화는 엔지니어들로 하여금 스스로를 전문가로 여기게 만드는 변화를 이끌어냈다. 한 예로 1750년경 영국에서 다리, 항구, 등대 등을 건설해서 유명해진 존 스미턴(John Smeaton)은 스스로를 '민간 엔지니어(civil engineer)'라는 명칭으로 불렀다. 현재는 민간 엔지니어가 토목공학자로 해석되지만 스미턴이 이 말을 사용한 것은 더 이상 공병(工兵) 기술자(military engineer)

---

[19] 와트의 발명에 대해서는 이 책의 3-1절 참조.

가 아닌 일반적인 공사를 담당하는 전문가임을 강조하기 위해서였다. 자신의 작업에 대단한 자부심과 전문가적 자존심을 가지고 있었던 스미턴은 1771년에 절친한 동료들과 함께 '민간엔지니어협회(Society of Civil Engineer)'를 창설하기도 하였다. 이 협회의 창설 이후 다른 분야의 엔지니어들 역시 스스로의 전문 협회를 연이어 창설했다.[20] 엔지니어링과 관련된 전문 협회나 학회 등이 탄생하며 엔지니어링은 전문적인 지식 영역의 하나로 점차 인정받게 되었다.

그러나 19세기 중반까지도 실제로 많은 엔지니어들이 전문적이고 체계적인 공학 교육을 받지 못한 채 활동을 하던 상황이었다. 이러한 문제를 해결하기 위해 각국에서는 새로운 공학 교육기관을 설립하거나 대학에 공학 교육과정을 도입했다. 19세기 중반부터 급속한 발전을 하고 있었던 독일의 경우 정부, 기업, 교육가들이 공통적으로 공학 교육의 전문화를 위해 협력하여 우수한 인력을 양성하는 기관들을 설립하였고, 프랑스는 이미 존재하던 에콜 폴리테크니크를 중심으로 좀 더 세분화된 공학 교육학교들이 설립되었다. 영국에서는 케임브리지 대학 같은 유서 깊은 대학에서 공학 교육을 전담하는 교수좌가 창설되었으며, 미국에서는 매사추세츠 공과대학(MIT) 같은 공과대학이 설립되었다.

이와 같이 18세기와 19세기를 거치면서 사회에 의해, 또 스스로에 의해 중요성과 전문성을 인정받게 된 기술은 20세기에 들면서 그 규모에서 다시 한번 변화를 겪었다. 이전까지의 엔지니어들의 작업은

---

[20] 이에 대한 자세한 서술은 다음 절에서 찾아볼 수 있다.

주로 개인의 작업장에서 소수의 동료나 조수와 함께 수행되는 것이 보통이었다. 그러나 20세기에 들어와서 토목, 건축, 기계공학과 같은 전통적인 분야들이 고도로 과학화됨과 동시에 화학, 전기공학과 같은 새로운 분야들이 출현하게 되면서 더 이상은 한 명의 엔지니어가 전 분야에 모두 정통할 수 없는 상황이 되었다. 이러한 이유로 엔지니어 링은 이전의 개인적인 활동에서 여러 명의 전문 엔지니어들이 협력해서 작업을 수행하는 활동으로 변모하였다. 물론 20세기 초에도 에디슨, 벨, 이스트먼, 라이트 형제와 같이 개인적인 창조력을 발휘했던 뛰어난 엔지니어들이 배출된 것이 사실이다. 그렇지만 그들의 개인적 창조력은 발명(invention)의 과정에 국한된 것이었고, 실제 그 발명품들이 제작되는 과정에서는 이들 역시 다른 엔지니어들과 함께 작업을 수행했다. 이렇게 엔지니어링 작업이 집단화, 대규모화되면서 나타나게 된 20세기 기술의 또 하나의 특징은 엔지니어의 이름이 최종 산물에서 사라져버렸다는 것이다. 우리는 와트의 증기기관, 에디슨의 전구, 벨의 전화와 같이 과거의 엔지니어의 이름을 그의 기술적 산물과 관련해서 똑똑히 기억하고 있다. 그러나 20세기 이후에는 63빌딩, 시드니 오페라하우스, 디지털카메라, 이동통신기술 등 엔지니어링 작업의 최종 산물이나 IBM, 삼성전자, Sony와 같은 기업의 이름만 기억할 뿐이다. 그 작업에서 주도적인 역할을 담당했던 엔지니어는 특정 세부 분야 전문가 집단에서만 알려져 있을 뿐 일반인들에게는 전혀 알려지지 않는 상황이 된 것이다.

지금까지 기술 및 엔지니어링의 역사를 살펴보았다. 기술은 사회 발전을 이끌어나갈 활동으로 여겨지던 시기가 있었던 반면 노예들에게나 적합한 미천한 하급 활동으로 무시당했던 시기도 있었다. 또한 기술은 과학과 무관하게 발전했던 시기도 있었고 매우 밀접한 연관성을 가지고 변화했던 시기도 있었다. 이와 더불어 기술은 여러 단계를 거쳐 전파, 수용되고 이 과정에서 또 나름대로의 변화를 겪기도 했다.

최근 기술에 대해서는 미래를 열어줄 희망이라는 낙관론과 인간성의 말살과 환경 파괴의 주범이라는 비관론이 동시에 존재하고 있다. 또한 엔지니어의 위치에 대해서도 일반인이 침범할 수 없는 고도로 전문적인 활동을 한다는 인식과 기업에 종속되어 있는 고용자에 불과하다는 입장이 함께 존재하고 있다. 이렇듯 현재는 엔지니어의 위치와 기술의 가치에 대해 사회적으로뿐만 아니라 엔지니어 스스로도 재정립이 필요한 시기이다. 이러한 전반적인 재정립의 시기에 기술의 역사적인 변화 과정은 우리에게 기술적 활동을 조금 더 총체적이고 종합적으로 파악할 수 있는 시각을 제공하고 있는 것이다.

1-4 공학기술의 특성

여기서 기술과 공학을 잠깐 구별해보자. 기술(技術)은 영어에서 technique 혹은 technology를 의미한다. 이 중 technique는 숙련, 방법을 의미하고 technology는 인간이 만든 대상, 물건이나 그것을 만드는 과정, 기예를 의미한다.[21] 기술이라는 단어 technology는 그

---

[21] 불어나 독어에서는 *technique*와 *technologie*가 영어와는 다른 방식으로 정의

리스어 *techné*(기예, 숙련)와 *logia*(학문)의 합성어이다. 반면 공학은 영어의 engineering을 의미한다. engineering의 어원은 engineer에서 나왔고, engineer는 라틴어 *ingeniatorem*(무엇을 만드는 데 재주가 있음)에서 나왔다. 영어의 엔진(engine)도 같은 어원을 가지고 있다. 따라서 영어의 엔지니어라는 단어는 무엇을 만드는 데 재주가 있는 사람과 엔진을 다루는 사람을 동시에 의미하는 게 보통이다.

엔지니어링이라는 단어 자체는 오래된 단어이지만 19세기 이후에는 트레드골드가 앞에서 정의한 것처럼 '물질과 에너지를 이용해서 인간에게 유용한 구조, 기계, 상품을 만드는 과학'으로 인식되기 시작했으며, 기술에 과학적 지식을 접목시키는 공과대학이 19세기 후반부터 생겨나면서 공학이 지금과 같은 의미로 쓰이게 되었다. 이를 근대 공학이라 칭할 수 있다. 기술이라는 단어도 처음에는 과학과 분리된 기예로서의 의미로 사용되었으나 공과대학을 졸업한 엔지니어들이 주로 기술을 다루기 시작하면서 차츰 근대 공학과 결부된 공학기술을 의미하게 되었다. 이제는 기술이라고 하면 주로 공학기술을 뜻한다.

과학과는 조금 다른 의미로서의 기술에 대한 정의는 19세기 독일의 철학자 에른스트 카프(Ernst Kapp)가 말한 것을 살펴보면 알 수 있다. 카프는 "기술은 인간 몸의 연장(延長)이다"라고 주장했다. 인간의 손,

---

된다. 불어와 독어에서 *technique*라고 하면 이는 대부분 영어의 technology에 해당하지만, 불어와 독어권의 *technologie*는 영어로 마땅하게 번역하기 힘들다. *technique*와 *technologie*의 차이는 대상과 그 대상을 다루는 과학의 차이에 가깝다. 즉 불어나 독어권의 *technologie*는 technological science, scientific engineering과 비슷하다고 볼 수 있다.

이빨, 팔, 다리가 연장되어 기술이 발명되었다는 주장인데, 예를 들어 갈고리, 칼, 창, 노, 삽, 괭이 등은 인간 손의 연장, 그릇은 인간 손바닥의 연장, 맷돌은 인간 이의 연장, 바퀴, 수레 등은 인간 발의 연장이라는 식이었다. 이러한 생각이 확장되면 철도는 인간 순환계의 연장, 전신은 신경계의 연장, TV와 컴퓨터 같은 미디어는 대뇌와 신경계의 연장으로 볼 수 있다.[22]

　이러한 생각에는 그럴듯한 점이 없지 않지만 두 가지 문제점이 있다. 첫번째로 인간 몸의 연장이라기보다는 자연의 모방에 가까운 기술이 있다는 것이다. 예를 들어 해시계나 철조망 같은 기술은 인간의 몸이 외화되었다기보다는 자연이(즉 해시계의 경우 자연적 시간의 흐름이) 체화된 것이거나 자연의(즉 철조망의 경우 가시넝쿨의) 모방이라고 볼 수 있다. 두번째 문제는 모든 기술을 몸의 연장으로 보는 것은 도구(tool)와 기계(machine)의 차이를 무시하는 결과를 낳는다는 것이다. 도구와 같은 전근대적인 기술은 분명히 인간의 육체를 대체하고(화살), 강화시키고(망치), 편하게 하는 역할을 했지만, 기계와 같은 근대기술은 (제련기술의 경우) 자연적인 물질을 인공적인 물질로 대체하거나 (증기기관의 경우) 자연적인 힘을 사람이 만든 힘으로 대체하는 결과를 가져오기 때문이다. 카를 마르크스(Karl Marx)는 도구가 인간의 숙련 노동을 보완하는 기능을 하는 데 비해서, 기계는 이를 대체함으로써 노동을 기계의 운동에 종속시키고 노동의 소외를 가져온다고 주

---

[22] Carl Mitcham, *Thinking through Technology: The Path between Engineering and Philosophy*(Chicago: University of Chicago Press, 1994), pp. 20~24.

장했다.

결국 여기서 보듯이 공학을 배제하고 기술을 정의하는 것은 아무래도 어색하다. 이제 공학을 포함한 기술에 대해서 알아보자. 기술철학자 칼 미첨(Carl Mitcham)은 기술을 우선 인간 외부의(external) 것과 내부의(internal) 것으로 구분하고, 전자를 대상으로서의 기술(technology-as-object)과 과정으로서의 기술(technology-as-process)로, 후자를 인간이 소유한 지식으로서의 기술(technology-as-knowledge)과 의지로서의 기술(technology-as-volition)로 구분했다. 특히 미첨은 기술이 세상을 특정한 방식으로 변형시키는 의지를 포함하고 있음을 강조했다([표 1–3] 참조). 기술이 대상, 과정, 지식, 의지라는 네 가지 다른 차원에서 존재한다는 사실은 기술을 과학으로부터 구별짓는 특징이 될 수 있다. 이 중 과정으로서의 기술과 지식으로서의 기술에는 공학이 그 대부분을 차지한다.[23]

[표 1–3] 미첨이 분류한 기술의 네 가지 종류

인간 외부의 기술	대상	과정
인간 내부의 기술	지식	의지

또 다른 기술철학자 맥긴(R. E. McGinn)은 기술이 다음의 8가지 특성을 가진다고 제시했는데, 이때에도 기술은 공학적 기술 또는 공학

---

[23] Mitcham, *Thinking through Technology*, p. 160 이후.

기술을 의미하게 된다.[24]

1) 기술은 물질적 생산에 관련되어 있다.

2) 기술은 자연이 아니라 인공적으로 무엇을 만든다.

3) 기술은 인간의 가능성과 목적하는 바를 확장한다.

4) 기술은 자원(resource)에 기초하며 자원을 확장한다.

5) 기술은 응용과학은 아니지만 나름대로의 지식에 근거한다.

6) 기술지식은 시행착오에서 복잡한 실험적 기법에까지 걸쳐 있다.

7) 기술적 결정에는 경제적, 정치적, 문화적 고려가 개입한다.

8) 이러한 경제적, 정치적, 문화적 요소는 기술에 의해 다시 조건지워진다.

이러한 내용들은 약간의 단순화의 문제가 있음에도 불구하고 공학기술의 여러 특성을 잘 드러내주고 있다.

이제 근대 공학과 공학 교육에 대해서 알아보자. 근대 공학과 공학교육은 18세기에 탄생했다고 볼 수 있다. 그 시초는 1747년에 설립된 프랑스의 토목학교(École des Ponts et Chaussees, Ponts et Chaussees는 다리와 도로를 의미)였다. 이어서 1794년에 혁명정부의 명에 의해 프랑스에 에콜 폴리테크니크가 설립되었다. 에콜 폴리테크니크는 엔지니

---

[24] R. E. McGinn, "What is Technology?," *Research in Philosophy and Technology* 1(1978), pp. 179~197.

어 라자르 카르노(Lazare Carnot)와 수학자 가스파르 몽주(Gaspard Monge)에 의해 설립되었고, 학생들에게 수학, 물리학, 화학과 같은 과학 교육을 강조했다. 이렇게 18세기에 프랑스에서 교육받은 엔지니어들은 주로 전쟁과 관련된 공병들이었다. 에콜 폴리테크니크 학생들은 나폴레옹의 이집트 정복에 동참하기도 했다. 영국에서도 18세기 동안 엔지니어는 왕립 군사 아카데미에서 배출되었다.

앞에서 지적했듯이 19세기 전반 동안 유럽의 엔지니어들은 그동안 자신들이 너무 군사적 작업만 해왔다는 것이 사람들이 엔지니어를 곱지 않은 시선으로 보는 이유임을 알게 되었다. 그래서 후에 새 세대의 엔지니어들은 자신을 공병과 반대되는 의미에서 민간 엔지니어라고 부르기 시작했다. 지금은 civil engineering이 (도시)토목공학이라고 번역되지만 원래 의미는 '공병학'과 반대되는 의미의 '시민 공학'이라는 뜻이었다.

영국의 공학기술 발전은 프랑스와 사뭇 달랐다. 프랑스가 교육기관을 세우고 정부가 조직적으로 공학을 육성시킨 것과 달리 영국에서는 개인의 발명과 창업으로부터 기술이 발전되고 확산되었으며, 특허 제도를 통하여 이를 보호하였다. 일찍이 1698년에 세이버리는 물 펌프를 발명하여 특허를 내었다. 1712년에 뉴커멘은 광산에서 사용 가능한 엔진을 발명하였고 이보다 50여 년 뒤인 1768년에 와트가 증기기관을 발명하면서 영국이 산업혁명을 주도하게 되었다. 1771년에 스미턴은 처음으로 민간엔지니어협회를 조직하였으며, 이때부터 기술자 집단이 전문 분야별로 협회를 만들어 서로 정보를 교환하고 또한 정부에 대하여 압력단체로서 활동을 시작하였다. 1805년에는 철강인

협회(Society of Millwrights)가 결성되었고, 스미턴이 조직한 민간엔지니어협회는 1818년에 토목공학자협회(Institution of Civil Engineers)로 탈바꿈했다. 이 협회의 첫 회장은 당시 도로와 운하 건설로 명망이 높았던 토머스 텔포드(Thomas Telford)였다.

19세기 초엽에 증기기관과 증기열차가 발달하면서 증기계를 다루는 엔지니어들은 1847년 기계공학자협회(Institution of Mechanical Engineers)를 결성했고, 초대 회장에 증기기관차를 발명한 조지 스티븐슨(George Stephenson)을 임명했다. 1871년에는 전신공학자협회(Institution of Telegraph Engineers)가 결성되고, 이는 1889년에 그 이름을 전기기술자협회로 바꾸었다. 이와 같이 영국에서는 조직적인 교육에 의존하여 기술을 발전시킨 것이 아니라 개인의 발명과 창업, 그리고 그들의 모임을 통하여 기술을 발전시켜나갔다. 1890년이 되어서야 케임브리지 대학에서 처음으로 기계학(mechanical science)을 가르치고 옥스퍼드 대학에서는 이보다 20년쯤 뒤인 1909년에 이르러 공학(engineering science)이 등장한 것만 보더라도 이러한 특징을 알 수 있다.

미국은 절묘하게 프랑스와 영국의 장점만을 따서 공학과 기술을 발전시켰다. 1776년 미국이 독립될 당시만 해도 엔지니어란 존재하지 않았으며, 수로와 다리, 댐 등을 건설하기 위해서는 유럽의 엔지니어에 의존할 수밖에 없었다. 1817년 이어리 운하(Erie Canal) 건설을 시작할 무렵 미국의 엔지니어 총 숫자는 30명이었다고 한다. 그러나 1802년 육군사관학교인 웨스트포인트를 설립하여 프랑스의 에콜 폴리테크니크의 교육 과정을 따라 공학 교육을 시작하였으며, 후에 렌슬러 공과대학(Rensselaer Polytechnic Institute)이 된 렌슬러 학교를 1823년에 세웠다. 1847년 미시간 대학에 공과대학이 개설되었고, 역시 같은 해에 하버드와 예일 대학에 응용과학대학(School of Applied Science)이 설치되었으며 1865년에 MIT(Massachusetts Institute of Technology)가 문을 열었다. 특기할 만한 일은 남북전쟁 중이던 1862년에 토지양여법(Land Grants Act)이라고도 불리는 모릴법(Morrill Act)이 국회를 통과함으로써 공학 교육이 획기적으로 발전할 수 있는 기반이 형성된 것이다. 모릴법이란 농학 및 공학대학을 설립할 경우 정부가 소유하고 있는 토지를 무상으로 증여해주는 법률이었다. 이 법률이 통과된 후 1870년에 17개이던 공과대학이 1872년에는 무려 70개로 늘어나게 되었다.

미국은 이와 같이 프랑스를 좇아 공학 교육기관을 설립해서 신생 국가가 필요로 하는 엔지니어를 배출하는 한편 영국의 특허 제도를 도입하여 개인의 발명과 창업을 적극 장려하였다. 그리하여 에디슨, 웨스팅하우스, 벨, 이스트먼, 라이트 형제 등과 같은 저명한 발명가 겸 사업가들이 이즈음부터 활동을 시작함으로써 영국에서 시작된 산업혁명이 미국에서 꽃을 피우게 된 것이다.

이제 우리나라 공학기술의 태동을 살펴보자. 유학의 강한 전통으로 기술자가 제대로 대접을 받지 못하던 우리나라에서 근대 공학 교육이 시작된 것은 1899년 6월 서울 명동 중국대사관 뒤편에 상공학교를 설립하면서이다. 상공학교는 상업과와 공업과의 양 과로 구분되어 각 과별로 십여 명씩 선발하여 교육했으며 수업 연한은 예과 1년과 본과

3년을 합해 모두 4년이었다. 상공학교는 1904년 농업과를 증설해 농상공학교로 확대되었다가 1906년에 각 과별로 분리해 각각 농림학교, 상업학교, 관립 공업전습소로 독립되었다. 관립 공업전습소는 1907년 3월 한성 동서(東署) 이화동에 설립되었고 이 전습소에는 염직과(染織科), 도기과(陶器科), 금공과(金工科), 목공과(木工科), 응용화학과, 토목과 등 6개 과에 13개의 전습 과정이 설치되었다. 전습소는 우리나라가 1910년 일본에 강점된 후 여러 차례의 개편 과정을 거쳐 1916년 4월 설립된 경성공업전문학교의 부속 공업전습소로 개편되었다가, 1922년 3월 경성공업전문학교가 경성고등공업학교로 개편될 당시에 경성공업학교라는 명칭으로 분리 독립했다.

1916년 경성부 동숭동에 설립된 경성공업전문학교는 조선교육령에 기초한 공학 전문 교육기관으로서 조선의 공업 발전에 필요한 기술자 또는 경영자를 양성할 목적으로 설립되었다. 경성공업전문학교는 수업 연한 3년의 염직과, 응용화학과, 요업과, 토목과, 건축과로 시작되었으며, 이듬해인 1917년에 광산과가 추가되었고, 1938년에는 기계공학과 및 전기공학과가 신설되었다. 이후 경성광산전문학교가 분리 설립되었으며, 1941년에는 경성제국대학에 이공학부가 설치되었고, 해방 이후 미군정 아래 이들 경성대학 이공학부 공학계와 경성공업전문학교 및 경성광산전문학교가 서울대학교 공과대학으로 통합 발족하게 되었다.[25] 이즈음 사립 동아공과학원이 한양공과대학으로 발전해 개편되었고,[26] 1960년대 후반부터 우리나라 산업이 급속도로

---

[25] 『서울대학교 공과대학 50년사』(서울대학교 공과대학, 1996).

발전되면서 각 대학이 공과대학을 설립하기 시작하여 이제는 백여 개가 넘는 공과대학이 우리나라에 설립되기에 이르렀다. 우리나라의 이러한 공학 교육 발전 과정을 살펴보면 앞서 알아본 산업 선진국과는 다르다는 것을 알 수 있다. 근대 산업기술이나 공학이 뒤처졌던 우리나라는 그것을 따라 잡기 위하여 실용적인 교육에 치중하지 않을 수 없었으며, 그 내용은 주로 이미 산업화에 성공한 미국이나 일본의 교육 과정과 제도를 답습하는 것이었다.

[그림 1-3] 관립 공업전습소

---

26 이 외에 우리나라 초창기 공학 교육기관으로는 1938년 이종만이 평양에 사립학교로 설립한 대동공업전문학교(1944년 관립 평양공업전문학교로 개편됨)와 1939년 김연준이 서울에 설립한 동아공과학원(현재의 한양대학교로 발전)이 있다.

이 절을 마치기 전에 공학에서 가장 중요한 것이 현장에서의 경험이나 숙련인가 아니면 과학적 훈련인가라는 논쟁을 살펴보자. 이러한 논쟁의 씨앗은 앞서 여러 나라의 공학이 어떻게 발전되어 나왔는가를 살펴보면서 오래 전부터 시작되었음을 짐작할 수 있을 것이다. 19세기 동안에는(그리고 영국과 같은 나라에서는 20세기에도) 유명한 엔지니어들이 대학에서 공학 교육을 받았던 사람이 아니었다. 오히려 이들은 작업장(workshop)과 필드(field)에서 훈련을 받았고, 나중에 자신의 작업장을 세워 후대 엔지니어들을 교육시켰다. 이런 엔지니어들은 과학적 지식보다는 현장에서의 경험과 숙련을 강조했다. 과학으로는 알 수 없는 '마음의 눈(숙련에 근거한 직관)'이 중요하다는 것이었다.[27] 반면에 19세기 중엽 이후 공학은 대학에 서서히 자리를 잡았고, 대학에서 공학을 가르치던 교수는 과학적 훈련과 실험실 교육을 강조했다. 이러한 차이는 종종 학회 차원에서 격렬한 논쟁으로 불거지기도 했다. 많은 경우에 대학 교육은 과학과 현장 교육을 반반씩 섞는 형태로 타협점을 찾곤 했다.

엔지니어링 교육에서 과학이 우위를 점하기 시작한 것은 제2차 세계대전 이후였다. 제2차 세계대전이 레이더, 원자탄, 암호 해독, 컴퓨터와 같은 과학에 기반한 기술의 덕분으로 종식되었다는 사실은 모든 사람에게 자명했고, 이후 대학은 공학에서 수학, 물리, 화학과 같은 과학을 강조했다. 제2차 대전 이전까지만 해도 대부분의 공대는 학사

---

[27] '마음의 눈'에 대해서는 E. S. Ferguson, "The Mind's Eye: Non-Verbal Thought in Technology," *Science* 197(1977), pp. 827~836 참조.

와 석사학위과정밖에 없었지만, 과학 교육과 훈련을 강조하면서 공학이 박사(PhD)과정까지 확장되었다. 또 공과대학의 교수들도 현장 경험이 많은 사람이 아니라, 공학 박사학위 취득자들 중에서 이론적 기여가 많은 사람이 채용되기 시작했다. 최근에는 공학 교육을 받은 엔지니어들이 실제 생산현장에서의 문제를 해결할 수 있는 능력을 갖추지 못하고 배출된다는 비판이 많고, 대학은 이러한 비판을 수용해서 공학 교육에서 추상적인 과학적 문제 해결 능력보다는 소통, 경영, 협동, 팀워크와 같은 능력을 강조하는 경향을 보이고 있다.[28]

1-5 발견, 발명과 혁신

지금까지 우리가 논의한 기술 또는 공학기술은 어떤 과정을 거쳐 발전되는가? 기술이 발견, 발명, 그리고 혁신 과정을 통하여 생성되고 발전된다고 볼 때 각각의 개념을 구분하여 분명히 정리할 필요가 있다.

우선 발견은 자연에 있는 것을 찾아내는 과정임에 반해서 발명은 새로운 것을 사람이 만드는 과정이라는 점에서 차이가 있다. 그렇기 때문에 주로 과학은 발견에 관여하고 기술은 발명에 관여한다. 우리는 "독일의 물리학자 헤르츠(Heinrich Hertz)가 1888년에 영국의 물리

---

[28] Bruce Seely, "Research, Engineering, and Science in American Engineering Colleges, 1900~1960," *Technology and Culture* 34(1993), pp. 344~386.

학자 맥스웰(James C. Maxwell)이 예언한 전자기파를 발견했다"고 하지 "헤르츠가 전자기파를 발명했다"고 하지 않는다. 반대로 에디슨은 축음기를 '발명'했지 '발견'한 것은 아니다.

그렇지만 이렇게 과학적 발견과 기술적 발명을 칼로 무 베듯이 단칼에 구분하는 것은 문제가 없지 않다. 헤르츠에 의한 전자기파의 발견을 살펴보아도, 헤르츠의 업적은 자연에 존재하던 전자기파를 찾아낸 것이 아니라 실험실에서 고전압 전기 에너지의 방전을 사용해서 전자기파를 '만들어낸' 것이기 때문이다. 실험 과학자들의 작업은 자연에 존재하는 것을 발견하는 일을 넘어서 일상적인 자연에는 존재하지 않는 '효과(effect)'를 만들어내는 경우가 많다. 과학은 자연을 관찰하는 일을 넘어서 '제2의 자연(second nature)', 즉 '자연에는 존재하지 않는 자연'을 창조하는 것이다. 이렇게 실험실에서 만들어진 '효과'는 종종 새로운 기술의 모태가 된다.[29]

발명에 대해서도 잘못된 관념이 지배적이다. 많은 사람들이 발명은 천재적 발명가가 영감을 받아서 이루어낸다고 생각한다. 한편 발명가의 천재성을 부정하는 사람들은 발명이 과학적 원리를 응용해서 이루어진다고 생각한다. 하지만 이 두 견해는 모두 발명의 본질을 왜곡하고 있다.

제임스 와트는 증기기관을 혁신적으로 개량한 유명한 발명가였다.

---

[29] Ian Hacking, *Representing and Intervening: Introductory Topics in the Philosophy of Natural Science*(Cambridge: Cambridge University Press, 1983).

그가 만든 증기기관은 기관의 열효율을 획기적으로 높임으로써 공장의 동력원으로 사용되었고, 이는 영국의 산업혁명을 추진하는 중요한 요소가 되었다. 와트가 증기기관을 어떻게 발명했는가에 대해서는 두 가지 극단적인 설명이 있다. 그중 하나는 그가 어릴 적에 끓는 물의 증기가 주전자의 무거운 뚜껑을 밀어내는 것을 보고 증기기관의 가능성을 인식했다는 것이고, 두번째 설명은 화학자 조셉 블랙(Joseph Black)의 잠열 이론을 기존의 증기기관에 응용해서 혁신적인 개량을 낳았다는 것이다. 여기에서 볼 수 있듯이 발명은 영감에 의한 것이거나 혹은 과학을 응용한 결과라고 간주된다. 그렇지만 와트는 기존의 뉴커멘 증기기관이 무척 낮은 열효율을 가지고 있다는 점을 인식하고, 이를 해결하기 위해 오랫동안 노력했으며, 이런 노력의 과정에서 분리 콘덴서라는 자신의 핵심적인 발명을 이루었던 것이다. 또 분리 콘덴서를 만든 이후에도 와트는 기관의 다른 구성 요소를 개량해서 기관을 완벽하게 만들었다. 이러한 과정은 단순한 천재적 영감에 의한 것도, 과학의 응용도 아니었던 것이다. 발명은 오랜 과정의 훈련, 노력의 기반 위에, 문제점의 인식, 새로운 해결책의 모색, 해법의 발견과 그것의 구현이 복잡하게 얽혀 있는 긴 과정이다.[30]

발명과는 달리 혁신(innovation)에 대해서는 학자들 사이에 합의된 바가 더 적다. 우선 혁신이 무엇인가에 대해서 수많은 정의가 존재한

---

[30] D. S. L. Cardwell, "Science and the Steam Engine," in Peter Mathias ed., *Science and Society*(Cambridge: Cambridge University Press, 1972), pp. 81~96.

다. 한 학자는 혁신에 대해서 40여 개의 서로 다른 정의가 존재한다고 주장하기도 했다. 또 기업이 도모하는 혁신이 기술과 밀접히 연결된 것인가, 혹은 기술과 거의 무관한 것인가에 대해서도 서로 다른 의견이 있다. 새로운 경영, 마케팅, 조직 개편 등을 통해서도 기업의 혁신이 가능하기 때문이다. 그렇지만 기술과 밀접하게 관련된 혁신만을 생각한다면, 우리는 혁신의 몇 가지 특성을 추릴 수 있다.

우선 모든 기술적 혁신이 과학적 연구에 근거한 것은 아님을 인식하는 것이 중요하다. 발전·송전 시스템의 예를 들어보자. 발전·송전 시스템은 1910년에 이미 발전과 송전에 필요한 보일러, 엔진, 발전기, 변압기, 고압송전선 등 중요한 기술적 요소가 다 개발되었다. 이후 50년간 이러한 핵심 기술에는 두드러진 발전이 없었다. 그렇지만 1kWh를 생산하기 위한 석탄 양은 같은 50년 동안에 7파운드에서 0.9파운드로 줄었다. 즉 50년간 전력효율이 700% 증가했는데, 그 이유는 터빈이나 보일러 같은 기술에서 점진적이고 연속적인 효율의 증가가 누적되었기 때문이다. 이러한 점진적인 혁신은 대부분 기술 내적인 전통에 기반한 것이다.

기술적 혁신의 대부분은 기업과 떼어서 생각할 수 없으며, 기업의 기술혁신을 생각할 때 꼭 고려해야 할 사항이 시장의 역할이다. 물론 여기서도 기술이 시장의 요구에 의해서만 발달된다고 생각하는 것은 무척 단순하고 또 왜곡된 생각이다. 에디슨의 전등은 가스등 기술이 최고로 발달했고 또 가스가 무척 싼값에 공급되던 시기에 개발되어 가정에 보급되기 시작했다. 전기와 전등은 처음에는 등대, 극장, 단독주택과 같은 틈새시장으로 진입했지만, 곧바로 거리와 가정을 공략했고, 이는 전기와 가스의 정면 충돌을 불러왔다. 에디슨과 같은 기술자는 전기를 현대 사회의 새로운 상징으로 만들었다. 경제적 요구에 따라 전기가 개발된 것이 아니라, 전기가 새로운 경제적 필요와 역할을 창조했던 것이다.

물론 기업에서 일어나는 기술혁신의 경우에 시장의 역할은 중요하다. 그렇지만 시장이 아직 형성되어 있지 않았음에도 불구하고 어떤 새로운 것이 기술적으로 가능하다는 비전만으로 신기술이 추진되는 경우는 드물지 않다. 이는 급진적인 기술혁신의 경우에 더 그러하다. 시장은 급진적 기술혁신의 후반 국면이나 점진적 기술혁신의 경우에 더 중요한 역할을 한다.

이러한 점을 고려해서 기업에서 기술혁신이 일어나는 일반적인 메커니즘을 상정하면 다음과 같다. 우선 기술혁신의 핵심은 기술 디자인 과정이다. 이 기술 디자인 과정은 '단순 디자인'에서 출발해서 '테스팅과 재디자인'을 거쳐서 '복잡한 디자인과 생산'에 이른다. 물론 이 세 과정은 기계적으로 단선적인 것이 아니라 피드백으로 얽혀 있다.[31]

디자인 과정을 둘러싼 배경에는 두 가지 힘이 작용한다. 그중 하나

---

[31] 기업에서의 기술혁신에 대한 논의는 Stephen Kline and Nathan Rosenberg, "An Overview of Innovation," Ralph Landau and Nathan Rosenberg eds., *The Positive Sum Strategy: Harnessing Technology for Economic Growth* (Washington, D. C.: National Academy Pr., 1986), pp. 275~305. 이 논문은 송성수 편역, 『우리에게 기술이란 무엇인가』(녹두, 1995), 361~397쪽에 번역되어 있다.

가 과학이고, 다른 하나가 시장이다. 앞에서 언급했듯이 디자인 과정의 초기에는 시장이 잠재적 시장으로 기능하는 경우가 많고, 후기에는 시장의 수요가 보다 분명하게 정의된다. 과학이 디자인 과정에 개입하는 것은 세 가지 서로 다른 층위에서 일어난다. 전자기학이나 열역학과 같이 사람들이 공유한 지식이 기술 디자인에 개입하는 정도가 가장 직접적이며, 이보다 조금 간접적으로는 훈련받은 과학자의 숙련이나 암묵적 지식이 디자인 과정에 개입할 수도 있다. 마지막으로 첨단 과학지식도 드물지만 디자인 과정에 개입할 수 있다. 이를 그림으로 도식화하면 아래와 같다.

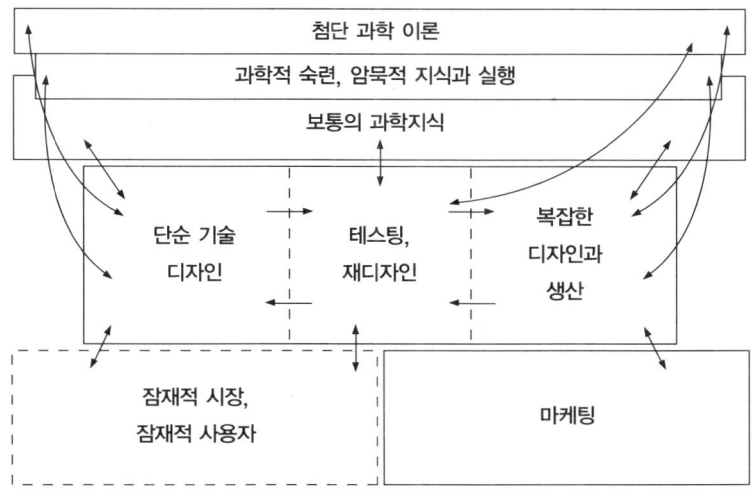

[그림 1-4] 기업에서의 기술혁신 과정

정리하면 기술혁신에는 다음과 같은 다섯 가지 특성이 있음을 알 수 있다. 1) 영웅적인 발명이 개별 발명가에 의해서 이루어지는 경우가 많은 데 비해 혁신은 주로 그룹의 협동에 의해 이루어진다. 2) 혁신은 발명을 포함한다. 그렇지만 혁신에는 개별 발명보다 수많은 발명의 집합적 총체가 더 중요하다. 3) 혁신 과정은 급격하기보다는 연속적이고 점진적인 경우가 많다. 4) 그럼에도 불구하고 혁신을 급진적 혁신(radical innovation)과 점진적 혁신(incremental innovation)으로 구별할 수 있다. 급진적 혁신은 새로운 기술을 개발해서 이를 통해 새로운 산업 영역을 만드는 종류의 것이며, 점진적 혁신은 기존의 생산에서 필요한 기술을 조금씩 개량·개선해 나가는 종류이다. 5) 혁신은 그 정의상 생산이나 마케팅과 더 밀접히 연결되어 있기 때문에[32] 그 주체는 많은 경우에 기업이다.

1-6 정리

이 장에서는 공학기술이 무엇인가와 엔지니어란 어떠한 종류의 작업을 수행하는 사람인가에 대해 다양한 관점과 방식을 통해 설명을 시도했다. 먼저 엔지니어가 어떠한 종류의 일을 수행하는 사람인가와 관련해 매우 다양한 전공 분야가 존재한다는 사실과 그들의 담당 업

---

[32] innovation의 다양한 정의에 대해서는 *Innovation Journal*에서 제공한 인터넷 토론장을 살펴보는 것도 유용하다. http://www.innovation.cc/discussion-papers/definition.htm

무 역시 무척이나 다양함을 알 수 있었다. 이어서 엔지니어의 특징을 '엔지니어적 가치관'과 관련해 소개했다. 엔지니어가 갖추어야 할 엔지니어적 가치관에는 과학적 가치에 대한 믿음, 유용한 제품을 제작해야 한다는 현실의 인식, 위험에 대한 책임감, 신뢰감 구축의 의지, 창조적 작업의 추구, 변화에 대한 자세 확립과 노력 등이 있었다.

이어서 기술과 과학의 차이를 살펴보며 어셈블리 라인 모델과 거울 이미지 쌍둥이 모델 등의 견해를 소개했고, 이 과정에서 과학과 기술의 차이 혹은 관계가 단순하게 설명되기에는 쉽지 않은 상호 침투의 관계임을 알 수 있었다. 기술이 과학과의 관계뿐만 아니라 사회와의 관계에서도 복잡성을 가지고 변화해왔다는 점은 기술의 역사를 살핀 부분에서 다시 드러났다. 동양과 서양의 기술의 역사를 살펴보면서 우리는 각 시기 및 사회에 따라 기술에 대한 사회적인 인식이 매우 달랐음을 확인할 수 있었고, 이와 더불어 기술적 지식 역시 전파와 수용의 과정을 거쳐 변화해왔음을 알 수 있었다.

공학기술의 특성을 다룬 부분에서는 프랑스, 미국, 한국에 공학 교육이 정착된 방식을 살펴보면서 기술 및 공학이 과학과 밀접한 관련을 가지지만 과학과는 구별되는 지식 체계이며, 바로 이러한 특징 때문에 공학에서는 과학과 실제적인 문제 해결 능력 간의 긴장 관계가 존재한다는 점을 확인했다. 마지막으로 발명과 혁신의 개념을 고찰하면서 발명은 단순히 천재적인 영감이나 과학지식의 응용으로는 설명되기 힘든 오랜 훈련과 노력의 기반 위에서 문제점의 인식, 해결책의 모색, 해법의 발견과 구현이 복잡하게 얽혀 있는 긴 과정임을 알 수 있었다. 혁신은 발명과는 적지 않은 차이가 있는 작업인데, 기술혁신은 주로 여러 발명을 포괄하여 그룹의 협동에 의해 점진적으로 이루어지며, 발명과는 달리 기업, 생산, 마케팅과도 깊게 연결되어 있다는 특징을 가지고 있다.

1. 엔지니어적 가치관의 주요 요소들과 그것이 필요한 이유를 각각 설명하라. 그중 자신은 무엇이 가장 중요한 가치관이라고 생각하는가? 그 이유는 무엇인가?

2. 역사를 따라 변화해온 과학과 기술의 관계(에 대한 관점)를 서술하고, 여러 관점들 중 하나를 골라 나름대로 지지하고 비판해보라.

3. (서양의) 역사에서 기술에 대한 인식이 어떻게 변해왔는지 설명하라.

4. 기술은 반드시 어떠한 종류의 도구를 필요로 하는가? 그렇다면 관료제의 운영과 같은 것을 일종의 기술이라고 평가하는 것은 타당할까?

5. 인류 역사상 이름을 남긴 유명한 인물 중에는 발명가들이 적지 않다(에디슨, 벨, 장영실 등). 그렇다면 현재 활동하고 있는 발명가의 이름을 댈 수 있는가? 오늘날에는 개인적으로 활동하는 발명가를 찾기가 쉽지 않은 이유가 무엇이라 생각되는가?

6. '발명'과 '혁신'의 차이에 주목하면서 이 둘을 설명해보라.

7. 무슨 이유 때문에 일반인들은 과학과 기술이 매우 밀접하게 연관되어 있다고 생각하는 것 같은가? 과학과 기술은 이러한 연관 관계 속에서 각기 무엇을 얻을 수 있는가?

8. 현재 공학 교육을 받는 학생들은 과학과 수학 과목을 많이 이수해야 한다. 이러한 과목의 이수를 중지하고 다른 종류의 과목으로 대체해야 한다고 생각하는가? 만일 그렇다면 어떠한 과목이 필요하다고 생각하는가?

9. 근대 공학 교육이 발달한 과정을 설명하라. 그리고 자신이 공과대학의 학장이라면 어떤 식으로 엔지니어 교육 프로그램을 운영하고 싶은지 얘기해보라.

2 기술과 사회를 바라보는 관점들

기술과 사회의 관계를 어떻게 파악할 것인가? 현대 사회에서 기술이 사회와 가지는 복잡한 관계를 제대로 이해하기 위해서 기술과 사회의 상호 작용에 대한 다양한 고찰만큼이나 필수적인 것이 기술과 사회와의 관계를 개념화, 이론화하는 것이다. 지금까지 기술자, 기술사가, 기술철학자들은 기술과 사회의 관계를 개념화하기 위해 여러 가지 설명틀을 제공했고, 그중 대표적인 것이 '기술결정론(technological determinism)'과 이를 비판하면서 등장한 '기술의 사회적 구성론(social construction of technology)'이다.

기술결정론은 기술이 그 자체의 고유한 발전 논리, 즉 공학적 논리를 가지고 있기 때문에, 기술의 발전은 구체적인 시간과 공간에 관계없이 동일한 경로를 밟는다고 가정하며, 사회에 일방적으로 영향을 미친다고 주장하는 이론이다. 반면 기술의 사회적 구성론은 기술 변화의 사회적 성격을 강조하면서 기술적 인공물은 사회 집단들의 상호작용이나 협상에 의해 사회적으로 구성된다고 주장한다.

기술결정론이나 기술의 사회적 구성론만큼 보편적으로 알려져 있지는 않지만 현대 사회 형성에 지대한 영향을 끼친 카를 마르크스의 기술관을 살펴보는 것도 기술과 사회와의 관계를 개념화하는 데 도움을 줄 것이다. 또한 기술결정론과 기술의 사회적 구성론의 대안으로 제시된 기술사학자 토머스 휴즈(Thomas Hughes)의 '기술 시스템(technological system)'과 모멘텀(momentum)에 대해서도 알아보기로 한다.

이 장에서는 기술과 사회의 관계를 설명할 때 필연적으로 등장하는 기술의 가치중립성이라는 문제를 먼저 살펴본 후 기술결정론, 마르크스의 기술관, 기술의 사회적 구성론, 그리고 기술 시스템과 모멘텀에 대하여 설명하고 그들의 장점과 문제점을 알아본다. 끝으로 이들의 문제점과 한계를 보완하면서 기술과 사회를 이해할 수 있는 이론적 틀을 제시하려 한다.

2-1 기술의 가치중립성 : 기술은 양날의 칼인가?

기술과 사회의 관계를 개념화, 이론화하는 것이 엔지니어에게 왜 중요한 의미를 갖는가? 기술에 대한 해묵은 담론인 기술의 가치중립성으로부터 논의를 시작해보자. 기술의 가치중립성이란 기술 자체는 아무런 정치성이나 이념을 가지고 있지 않으며 그것을 사용하는 사람의 정치성이나 이념에 따라 기술이 이용된다고 보는 것이다. 따라서 이로부터 기술의 오용은 그것을 만들고 개량한 엔지니어의 책임이 아니라 정치인이나 기업가와 같이 기술의 사용을 결정하는 사람의 책임이라는 주장이 나온다. 그런데 기술은 과연 가치중립적인가? 엔지니어는 기술에 대한 책임이 없는가? 결론부터 말하자면, 21세기를 사는 엔지니어는 자신이 만들거나 디자인한 기술의 발전을 주시하고 이에 대해서 더 많은 책임을 져야 한다. 이에는 다음과 같은 세 가지 이유가 있다.

첫번째는 기술의 초기 디자인에 (엔지니어가 의도적으로 그러했건 혹은 자기도 모르는 상태에서 그렇게 되었건) 사회적 가치가 각인되는 경우가 많기 때문이다. 로버트 모제스(Robert Moses)는 1930년대에서 1950년대에 이르기까지 뉴욕 시의 지형을 디자인했던 유명한 건축가였다. 그가 야심적으로 추진했던 프로젝트 중에는 로드 아일랜드에 조성한 존스 비치(Jones Beach) 공원이 있었다. 그는 이 과정에서 기존의 도로를 진입로로 사용하는 대신에 새로 포장된 공원도로를 만들면서 이 길 위를 지나가는 교각을 버스의 높이보다 낮게 만들어서 흑인들이 주로 타는 버스가 공원에 접근하지 못하도록 했다. 결과적으로 존스 비치는 자가용을 가진 중산층 이상 백인들의 공원이 되었던 것이다. 공원의 디자인에 당시 미국 사회의 인종차별주의가 각인되어 있었다고 볼 수 있다.[1]

---

[1] Langdon Winner, "Do Artifacts Have Politics?," *Daedalus* 109(1980), pp. 121~136. 이 논문은 송성수 편역, 『우리에게 기술이란 무엇인가』(녹두, 1995), 51~67쪽에 번역되어 있다.

두번째 이유는 기술이나 디자인이 기술 시스템의 일부가 되면, 그 것을 바꾸기가 무척 힘들다는 것이다. 발전한 시스템은 개별 기술에 는 결여된 거대한 관성을 가지며, 여기에 이해관계를 가진 사람들과 집단이 늘어난다. 인간복제 기술은 지금은 법으로 금지시킬 수 있지 만, 일단 그것이 시행되고 이에 이해관계를 가진 의사, 병원, 제약회 사, 시민들이 늘어나면 그 다음에는 이를 막기가 무척 힘들다. 원자폭 탄 연구도 1939년에 연쇄반응이 발견되었을 당시에는 중지시킬 수도 있었지만, 일단 원자폭탄이 성공적으로 개발된 1945년 이후에 강대 국들 사이의 경쟁적 이해관계가 이에 집중된 다음에는 그 연구와 개 발을 중단하는 것이 무척 힘들어졌다. 그렇기 때문에 기술을 담당하 는 엔지니어들은 기술의 초기 발전 단계에서부터 이것이 나중에 어떤 사회적 영향을 미칠 것인지를 고찰하고, 혹시 가능할 수도 있는 나쁜 영향에 대해서 다양하게 평가해보아야 하는 것이다.

마지막으로 20세기 이후에는 기술이 가진 파괴력이 그 어느 때보다 도 증가했다는 사실을 생각해야 한다. 냉전이 종식되었지만 아직도 많은 과학기술 연구가 전쟁과 관련해서 이루어지고 있으며, 심지어는 컴퓨터 게임의 발전에도 미국 국방부의 고등방위연구계획국(DARPA) 과 해군, 공군이 큰 영향력을 미치고 있다.[2] 전투적인 파괴력만이 아 니라 기술의 환경에 대한 파괴력도 증대했다. 대규모 댐 건설, 방조제 건설, 간척 사업, 자연을 관통하는 도로와 철도, 원자력 발전소, 난파

---

2 Timothy Lenoir, "All But War Is Simulation: The Military Entertainment Complex," *Configurations* 8(2000), pp. 283~335.

유조선은 20세기 기술이 생태계와 환경은 물론 인간 사회에 미치는 영향이 그 어느 시기보다도 증대했음을 잘 보여준다. 인간과 환경에 대한 파괴는 한번 일어나면 돌이키기 힘들다. 기술을 개발하고 시스템을 건설하는 엔지니어들은 그렇기 때문에 자신의 기술에 대해서 진정한 책임감을 가져야 하는 것이다.

기술의 경우 기술자의 사회적인 책임을 회피하는 데 많이 사용되는 담론이 "기술은 가치중립적이다" 혹은 "기술은 양날의 칼이다"라는 것이다. 이러한 담론들은 기술이 선한 방향으로도 혹은 악한 방향으로도 사용될 수 있으며, 따라서 기술의 오용은 이를 오용한 사람의 잘못이지 기술을 디자인한 엔지니어의 책임이 아니라는 의미를 함축한다. 분명히 어떤 기술은 양날의 칼로 볼 수 있는 경우가 있다. 외과의사의 칼은 사람의 생명을 구하지만, 그 칼을 강도가 쥐었을 때에는 사람의 생명을 위협한다. 이 경우 동일한 칼이 그것을 사용한 사람에 따라 좋은 방향으로도 나쁜 방향으로도 사용된 것으로 볼 수 있다. 그렇지만 이런 기준을 모든 경우에 적용하는 것은 문제가 있다. 왜냐하면 어떤 기술은 분명히 그것의 가치가 뚜렷하게 한쪽 방향으로 경도된 경우가 있기 때문이다.

고대 철학자 플라톤은 "배(ship) 위에서는 평등한 민주주의가 구현되기 힘들다"는 말을 했다. 몇 명이 타는 카누와는 달리 큰 배를 운항하기 위해서는 선장, 부선장, 항해사, 선원, 노 젓는 사람들로 이루어진 위계가 필수적이기 때문이다. 미국에서는 총이 사람을 죽이는 것이 아니라 사람이 (단지 총을 사용해서) 사람을 죽이는 것이라는 식으로 총의 사용을 옹호하는 사람들이 없지 않은데, 이런 사람들은 사실 총이 사람을 죽이는 데 이외에는 사용될 확률이 거의 없다는 명백한 사실을 무시하고 있는 것이다. 원자폭탄의 '좋은 사용' 역시 상상하기 힘들다.

이런 경우를 두고도 "기술은 양날의 칼이고 따라서 가치중립적이다"라고 주장한다면, 이는 기술의 문제를 덮어두려는 이데올로기로밖에는 볼 수 없다. 그래서 엔지니어들은 "기술은 양날의 칼이다"라는 기술의 가치중립성 담론에 만족하지 말고, 자신의 기술이 양날의 칼이 아니라 혹시 한쪽 방향으로만 쓰일 개연성이 큰 기술인가를 세밀하게 관찰하고 주시해야 하는 것이다.[3]

결국 자신의 기술 디자인이 어느 범주에 속하는가, 혹은 사회에 어떤 영향을 미치는가는 초기 기술의 궤적은 물론, 그것이 기술 시스템에 어떻게 편입되는가를 예의 주시해야만 알 수 있다. 기술과 기술 디자인은 인간의 의도적 노력의 산물이다. 기술자가 만들어서 세상에 내놓는다는 뜻이다. 내가 만들어 세상에 내놓은 것에 대해서 나는 그것의 창조자(creator)로서 책임이 있다. 부모가 자식의 일생 전부를 계획하거나 통제하지는 못하지만, 부모에게는 자식을 잘 키워서 독립적인 시민으로 사회에 편입시킬 의무와 책임이 있는 것처럼, 자신이 만든 기술에 대한 비슷한 책임이 엔지니어에게도 있는 것이다.

---

[3] 이 점에 대한 상세한 논의로는 홍성욱, "디자인, 소통, 잡종성(Design, Communication, and Hybridity)," *Proceedings of the International Design Culture Conference* 2003(서울), pp. 21~37 참조.

2-2 기술결정론

기술결정론은 기술 변화와 사회 변화의 관계를 설명하는 한 가지 이론이다. 그 단어 자체에서 느낄 수 있듯이, 기술결정론은 사회 변화의 작인 중에서 기술이 가장 중요하다고 본다. 기술과 사회의 관계는 기술에서 사회로 그 영향력이 뻗치는 일방적인 관계이다. 그렇기 때문에 기술결정론자들은 어떤 특정한 기술의 영향은 어느 사회의 경우나 동일하다고 간주한다. 기술결정론에 따르면, 기술은 사회의 외부에서 사회에 영향을 미친다. 이것은 "기후가 사회의 성격을 형성한다"는 19세기의 '기후결정론'과 같은 맥락이다. 이때 기후는 독립적인 요소에 해당되며 사회는 기후에 아무런 영향을 미치지 못한다. 기후와 마찬가지로 기술은 사회의 외부에 존재하면서 일방적으로 사회를 변화시킨다고 보는 것이다. 기술결정론에서는 기술 그 자체가 사회와, 더 나아가 인간과도 무관하게 발전한다고 간주하며, 심지어는 기술이 독자적인 '생명력'을 가지고 있다고 보기도 한다. 가장 강한 기술결정론적 견해는 기술 변화가 사회 변화의 유일한 원인이라고 주장한다.

물론 모든 기술결정론자들이 이렇게 극단적인 입장을 취하는 것은 아니다. 기술만이 사회 변화의 요소라고 보는 입장을 '강성 기술결정론(hard determinism)'이라 부른다면, 기술이 계급, 성(gender), 법, 경제 등 다른 요소와 함께 사회 변화를 가져온다는 입장을 '연성 기술결정론(soft determinism)'이라고 할 수 있다. 즉 강성 기술결정론에서는 기술이 역사 변화의 유일한 작인임에 반해서, 연성 기술결정론은 기술을 사용하는 인간이라는 요소가 포함되는 것이라고 볼 수 있다. 강성 기술결정론자들 중에는 기술의 궤적(technological trajectory)이 예측 가능하지만 통제 불가능하다고 보는 사람도 있고, 예측도 불가능하고 따라서 기술은 독자적인 생명력을 가지고 있다고 보는 사람도 있다.[4]

기술결정론으로 많이 거론된 예가 서양 중세 시대의 마구인 등자(鐙子, stirrup)의 역할이다. 등자란 말을 타는 사람이 발을 고정시키는 마구의 일종인데, 등자가 도입되면서 말을 탄 채로 창이나 칼을 들고 싸우는 것이 가능해졌다. 결국 등자의 도입 때문에 기마충격전투를 담당하는 기병이 부상했고, 프랑크 왕국의 궁재 샤를 마르텔(Charles

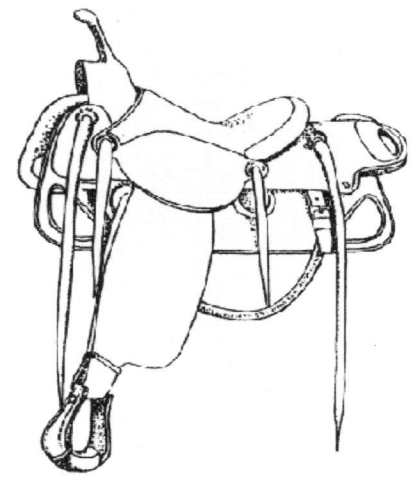

[그림 2-1] 등자와 안장

---

[4] 기술결정론에 대한 가장 좋은 논의로는 Merritt Roe Smith and Leo Marx eds., *Does Technology Drive History? The Dilemma of Technological Determinism*(Cambridge, MA: MIT Press, 1994)가 있다.

[그림 2-2]　중세 기마충격전투의 상상도

Martel, 689~741)이 교회의 재산을 몰수해서 이들에게 주었으며, 이것
은 이들을 중세 영주로 키우는 결정적 계기가 되었다. 중세 영주를 중
심 세력으로 한 봉건 제도가 이렇게 부상한 것이다. 결국 등자라는 작
은 기술이 봉건제라는 거대한 사회 변화를 낳았다고 볼 수 있다. 이
주장은 중세 기술사를 연구한 린 화이트 주니어(Lynn White Jr.)에 의
해 제기되었다.[5]

---

[5] Lynn White, Jr., *Medieval Technology and Social Change*(Oxford: Oxford

그렇지만 화이트의 주장에 아무런 문제가 없는 것은 아니다. 우선 이러한 설명은 실제 역사의 전개 과정을 무척 단순화시켰다는 문제가 있다. 예를 들어 등자를 사용했던 프랑크족과 앵글로–색슨족 중 프랑크족만이 8세기 전반에 봉건제를 성립시켰다. 즉 같은 기술이라도 지역과 환경에 따라 그 효과가 달랐던 것이다. 그리고 프랑크족이 군대에서 등자를 도입해 중요한 도구로 사용하기 위해서는 그것의 가치를 알아본 샤를 마르텔이라는 지도자의 존재가 필요했던 것처럼 한 사회에서 새롭게 도입된 기술이 그 사회의 변화를 유발하기 위해서는 개인 혹은 집단적인 행위자의 선택과 행동이 있어야 했다. 기술은 그 자체가 세상을 만든 것이 아니라 사람을 매개로 세상을 바꾸었다고 볼 수 있다.[6]

이 예에서 보듯이 기술결정론은 이미 많은 비판을 받았다. 지금은 "나는 기술결정론자이다"라고 주장하는 사람을 거의 찾아보기 힘들다. 기술과 사회의 상호 작용에 대해서 연구하는 학자들은 기술이 사회 변화의 많은 요인 중 한 가지라고 간주한다. 그렇지만 기술과 사회에 대한 논의에 기술결정론이 항상 등장하는 이유는 그것이 기술이 가진 몇 가지 독특한 특성에 잘 부합하기 때문이다.

이 문제를 조금 더 잘 이해하기 위해서 "인간이 세상을 만든다"는 명제를 아래와 같은 식으로 표현한 뒤에 논의를 전개해보자.

University Press, 1962), 특히 제1장.

[6] 이두갑 · 전치형, 「인간의 경계: 기술결정론과 기술 사회에서의 인간」, 『한국과학사학회지』 23:2(2001), 157~179쪽.

인간 ➡ 세상

　일견 인간이 세상을 만든다는 명제는 더 논의할 필요가 없을 정도로 당연한 상식처럼 들린다. 그런데 이를 좀더 뜯어보면 몇 가지 문제점이 발견된다. 우선 제기될 수 있는 첫번째 비판은 "인간이 세상을 만드는 것"만이 아니라 "세상이 인간을 만드는 것"도 고려해야 한다는 것일 수 있다. 우리는 교육, 문화, 사회, 기술의 영향을 받아 만들어졌고 또 계속해서 새롭게 만들어지기 때문이다. 두번째 비판으로는 인간이 세상을 만들 때, 항상 '무엇'을 사용해서 세상을 만든다는 것이다. 여기서 '무엇'에 해당하는 것은 정치, 법, 경제체제, 관습, 언어, 상징, 그리고 기술을 포함한다. 이 두 비판을 아래와 같이 두 가지로 표현해보자.

세상 ➡ 인간
인간 ➡ 무엇 ➡ 세상

이제 이 '무엇'에 기술을 대입해서 생각해보자.

인간 ➡ 기술 ➡ 사회

　그런데 이 과정에서 인간의 역할이 축소되어버린다면, 즉 인간이 기술을 만드는 것과 거의 무관하게 기술이 사회를 만든다고 하면 이것이 한 가지 유형의 기술결정론으로 귀결된다. 이를 'Type 1 기술결정론'이라고 부르자. 한마디로 말해서 Type 1 기술결정론은 "기술이 인간의 처음 의도와는 달리 예상치 않았던 결과를 낳는다"는 명제를 말한다. 유조선이 처음 발명되었을 때는 이것이 해양 환경오염의 주범이 될 것이라는 생각을 아무도 하지 못했다. 자동차가 처음 발명되었을 때는 마차를 끄는 말의 배설물이 도로를 지저분하게 만드는 문제를 해결한 '깨끗한 기술'로 추앙받았다. 이것이 심각한, 또 다른 종류의 환경오염을 가져올 것이라는 점은 예상치 못했던 결과였던 것이다.

인간 ➡ 〔기술 ➡ 사회〕　　　(Type 1 기술결정론)

그런데 기술결정론에는 이러한 한 가지 유형만 있는 것이 아니다. 인간도 사회의 일부이며, 따라서 만약 위의 관계가 더 진행되어서 기술이 사회와 인간을 만드는 식으로 보일 수도 있다. 한국의 한 유명한 영화감독은 "과학기술이 발달한 요즘도 여전히 우리는 우리 자신이 살아가는 세상을 불편해한다…… 그런 변화 속에서 자꾸만 불안해지는 이유는 무엇일까? 어쩌면 그것은 (기계에 의해) 조종당하는 기분이 아닐까? 기계의 발전 속에서 인간 역시 기계가 되는 것은 아닐까?"라고 현대 문명에 대한 자신의 생각을 피력한 적이 있다.[7] 이렇게 기계가 인간을 지배한다는 생각, 즉 기계가 마치 살아 있는 것이 되고 인간이 기계의 부품이 되는 느낌은 아마 많은 현대인들이 한 번씩은 느

---

[7] 「선도 악도 아니다」, 『서울대 대학신문』(2001. 10. 8).

껴봤을 것이다. 〈매트릭스〉와 같은 영화에서 보듯이 기계가 인간을 지배하는 미래는 수많은 공상과학소설과 영화의 주요 모티브가 되었다. 이렇게 인간이 만든 기술이 인간의 주인이 되는 것처럼 기술이 '통제 불가능'하며 '독자적인 생명력'을 가진다고 보는 것을 'Type 2 기술결정론'이라고 부를 수 있다.

기술 ➡ 〔 인간 + 사회 〕   (Type 2 기술결정론)

이제 이 두 가지 유형의 기술결정론에 대해서 비판을 해보자. Type 1 기술결정론은 기술의 예기치 않은 결과를 강조한다. 그렇지만 어떤 것이 예기치 않은 결과를 가져온다는 것은 사실 기술에만 있는 독특한 현상은 아니다. 우리는 살면서 우리의 말과 행동이 예기치 않은 결과를 낳는 경우를 자주 접한다. 또 Type 1 기술결정론이 간과하는 것은 기술을 만드는 것이 결국 인간의 노동이며, 기술이 사회를 만드는 과정과 동시에 사회가 기술을 만드는 과정 역시 존재한다는 것이다.

Type 2 기술결정론에 대해서도 비슷한 비판이 가해질 수 있다. 우선 기술이 생명력을 가지고 인간의 주인이 된다고 생각하는 것은 공상과학을 현실과 혼동하는 것이다. 사실 지금 우리 주변의 기술은 생명이 아니라 관성(inertia)을 가지고 있다. 앞에서도 지적했듯이 기술 시스템의 관성은 성공한 기술이 계속 성공한다는 사람들의 믿음이나 기술에 투자한 수많은 이해관계 때문에 생긴 것이지 기술이 생명력을 가지고 있어서 생긴 것이 아니다.[8]

기술이 사회를 변화시킨다는 명제 아래 발전된 기술결정론은 사회의 발전인자로서 기술을 보는 낙관적 기술결정론과 파괴적인 인자로서 기술을 보는 비관적 기술결정론으로도 나뉜다. 낙관적 기술결정론의 가까운 예로 우리나라에서 1960년대부터 지금까지 진행되고 있는 기술 사회 건설을 들 수 있다. 사회가 발전하려면 산업화를 통한 경제 발전과 부의 축적이 필수적이며 산업화는 기술을 통해 가능하다는 것이다. 기술이 발전하면 산업이 일어나게 되고 산업이 일어나야 경제가 살며 결국은 풍요로운 사회를 건설할 수 있다는 것이다. 즉 이러한 관점에서 보면 기술은 풍요로운 사회를 가져오고 그것이 바로 발전된 사회라고 할 수 있다. 고속도로를 깔고 1분에 1대씩 자동차를 생산하여 집집마다 그것을 소유하며, 자가용으로 출퇴근하고 주말이면 자동차로 여행을 떠나고, 집집마다 텔레비전, 냉장고, 세탁기, 에어컨디셔너가 있어 쾌적하고 여유로운 생활을 즐기며, 전화와 컴퓨터, 인터넷은 물론이요, 중학생만 되면 휴대폰 한 대씩 갖고 그것으로 사진 찍고 음악 듣고 언제 어디서나 누구와도 통화하고 문자 메시지를 주고받는 기술 사회가 낙관적 기술결정론에서 주장하는 사회다. 실제로 우리나라만 보아도 1960년대에는 상상도 하지 못하던 것들을 기술이 있어 할 수 있게 되었다. 테크노피아(technopia, technology와 utopia의 합성어)라는 말이 생겨나고 기술예찬론자들이 범람하고 있다.

그러나 1960년대 이후 산업화가 빠른 속도로 진행되면서 환경은

---

8 기술결정론에 대한 비판은 Sungook Hong, "Unfaithful Offspring?: Technologies and their Trajectories," *Perspectives on Science* 6(1998), pp. 259~287 참조.

급속도로 파괴되고 사회는 메말라가고 있다고 우려하는 목소리 역시 커지기 시작하였다. 환경보호운동이 일어나고 기술에 대하여 회의적인 시각이 고개를 들고 있다. 기술이 인류의 가치를 위해 한 일이 무엇인가? 인간은 과거보다 더 나아졌는가? 일찍이 미국의 작가 헨리 소로(Henry Thoreau)는 그의 저서 『월든 *Walden*』(1854)에서 "인간은 자신이 만든 도구의 도구가 되었다"라고 썼다. 이러한 비판을 '대항문화' 또는 '반문화'라고 일컫는데, 여기서는 대항문화의 등장에 중심적인 역할을 한 루이스 멈포드(Lewis Mumford)와 자크 엘룰(Jacques Ellul)에 대하여 간단히 살펴보도록 하자.

20세기 초반과 중반에 걸쳐 활동했던 멈포드는 그의 저서 『예술과 기술 *Art and Technics*』(1952)에서 "마치 시속 백 마일의 속도로 어둠 속으로 뛰어들고 있는 유선형 열차의 만취한 기관차 기사처럼, 우리는 우리의 기계장치에서 나오는 속도가 우리의 위험을 증가시킬 뿐이며 충돌을 더욱 치명적으로 만들 뿐이라는 점을 인식하지 못한 채 위험표지를 지나쳐왔다"라고 하였다. 멈포드가 보기에 "과도하게 기계화된 우리의 문화는" 가장 위험한 "기계의 신화"의 포로가 되었으며, 제2차 세계대전에서의 파시즘의 패배에도 불구하고 "최종적인 전체주의적 구조"를 향해 빠르게 움직이는 것이었다. 세계시장을 향한 경쟁 속에서 산업 사회들은 자신들에게 우위를 가져다줄 기술 능력의 발전을 강력히 추진해왔으며 그 과정에서 인간의 상태가 아니라 바로 기계가 다른 모든 것을 재는 기준이 되었다는 것이다. 멈포드에게 그와 같은 탈인격화된 사회는 '거대기계(mega-machine)'라는 모든 것을 포괄하면서도 "보이지 않는" 실체에 의해 움직이는 것이었다.[2]

멈포드가 전달했던 불길한 메시지는 자크 엘룰의 손에서 그 정도가 더욱 심해졌다. 그는 1954년에 출판한『기술』(후에 영어로 번역되어 『기술 사회』라는 제목으로 출판됨)에서 "기술은 이제 자율적인 존재"가 되었고 "어떠한 인간의 행위도 이러한 기술의 명령에서 벗어날 수 없으며" 인류는 모든 것을 포괄하는 기술의 힘에 의해 떠밀려왔다고 단언하였다. 그는 "기술은 그 속에서 인간이 존재하도록 요구받는 새롭고도 특정한 환경이 되었다. 그것은 인공적이고 자율적이며 자기 결정권을 갖고 인간의 모든 간섭으로부터 독립적이다"라고 썼다.[10]

멈포드나 엘룰과 같은 사람들의 저작들은 묘한 역설을 내포하고 있다. 널리 퍼진 기술 시스템의 권력과 그 시스템들이 인류와 자연에 대해 제기하는 심각한 위협에 대해 비판적인 목소리를 내는 과정에서, 이들 비판자들은 기술의 가장 열광적인 옹호자들이 주장했던 것보다 더 높은 정도의 '독자성'과 영향력을 현대 기술에 부여했다. 따라서 우리는 그들이 기술을 사회적, 문화적 변화의 최전선에 위치시키는 만큼 그들도 기술결정론자들이라고 평가할 수 있다. 위에서 살펴본 낙관론자나 비관론자들이나 다 같이 기술이 사회를 변화시키며 일방적으로 영향을 미치는 거대한 힘을 갖고 있다고 주장한다는 점에서는 똑같은 기술결정론자들인 것이다.[11]

---

[2] Lewis Mumford, *Art and Technics*(Columbia University Press, 1952); Mumford, *The Myth of the Machine*, vol. 1, *Technics and Human Development* (Harcours Brace Jovanovich, 1966).

[10] Jacques Ellul, *The Technological Society*(1964; Vintage, 1967); Ellul, "The Technological Order," *Technology and Culture* 3(Fall 1962), pp. 394~421.

2-3 마르크스의 기술관

카를 마르크스(Karl Marx, 1818~1883)를 기술결정론자로 보는 견해
가 있다.[12] 그러나 최근 많은 마르크스주의자들 및 비마르크스주의자
들이 마르크스주의를 기술결정론으로 규정하는 것에 대하여 근본적
인 불만을 제기하면서, 기술 자체보다는 생산과 노동 그리고 그에 따
른 역사적 변화에 논의의 초점을 맞추고 있는 마르크스주의를 기술결
정론으로 해석하는 것은 무리라고 주장하고 있다.[13]

마르크스는 현대 사회 형성에 지대한 영향을 미친 사상가 중 한 명
이다. 역사상 수많은 사상가들이 자신의 견해를 주장하고 이상을 피
력했지만, 마르크스처럼 이론적 논의를 넘어서서 실제 세계의 변화에

---

[11] Merritt Roe Smith, "Technological Determinism in American Culture," in
Merritt Roe Smith and Leo Marx(eds.), *Does Technology Drive History?:
The Dilemma of Technological Determinism*(Cambridge, MA: MIT Press,
1994), pp. 1~35.

[12] 1921년에 경제학자 알빈 한센(Alvin Hansen)은 "마르크스주의는 역사의 기술
적 해석이다"라고 선언했는데, 그의 견해는 아직도 널리 받아들여지고 있다. 경
제학자이자 철학자인 로버트 하일브로너(Robert Heilbroner)의 기념비적인
논문 「기계가 역사를 만드는가」(1967)도 '마르크스주의 패러다임'을 기술결정
론으로 규정하였다. Robert L. Heilbroner, "Do Machines Make History?"
Technology and Culture 8(1967), pp. 335~345.

[13] 이러한 논의로는 Donald McKenzie, "Marx and the Machine," *Technology
and Culture* 25(1984), pp. 473~502; Nathan Rosenberg, "Karl Marx and
the Economic Role of Science," in *Perspectives in Technology*(Cam-
bridge: Cambridge University Press, 1976), pp. 126~138이 있다. 맥캔지의
논문은 송성수 편역, 『우리에게 기술이란 무엇인가』(녹두, 1995), 68~108쪽에
번역되어 있다.

영향을 미친 인물은 그다지 많지 않았다. 마르크스에 의해 설명된 공산주의 이론과 개념들은 사람들의 상상력을 자극했고, 변화를 향한 실제적인 움직임을 촉발했으며, 결국 혁명을 불러일으킴으로써 새로운 형태의 정부와 경제체제를 탄생시켰다. 우리는 마르크스가 제시했던 여러 형태의 사상들을 한데 묶어 마르크스주의(Marxism)라는 이름으로 부르고 있는데, 여기에는 부르주아, 프롤레타리아, 계급투쟁, 산업화 등 여러 주제에 대한 논의가 포함되어 있다. 특히 마르크스는 부르주아가 프롤레타리아를 착취하는 산업화 시대를 기계를 사용한 공장제 공업의 시대로 보고 있다. 이러한 점과 관련해 마르크스가 기계와 공장, 그리고 이의 출현에 바탕이 되는 기술에 대해서는 어떠한 입장을 가지고 있는지 살펴보는 것은 매우 흥미 있는 일이다.

마르크스의 기술에 대한 언급은 『자본론』, 『공산당 선언』 등 그의 여러 저술들에서 발견된다. 그렇지만 마르크스가 기술에 대해 체계적인 설명을 제시하고 있는 것은 아니다. 마르크스는 산업화를 불러온 사회적 영향과 계급의 형성 과정을 논의하면서 기술을 다루고 있지만, 기술 그 자체가 그의 주된 관심사는 아니었다. 따라서 우리는 마르크스의 기술에 대한 관점을 계급 관계, 자본주의적 착취와 같은 그의 다른 개념들과 연관시키면서 그의 여러 저술들에서 제기된 주장들을 종합하여 살펴보도록 하겠다.

마르크스에게 기술은 계급간의 투쟁 과정에서 사용되는 '무기'였다. 이러한 점에서 마르크스는 기술을 필연적으로 정치적인 성격을 가질 수밖에 없는 것으로 보았다. 이 관점에 따르자면 기술은 계급 사

카를 마르크스의 생애

마르크스는 1818년 프로이센의 유대인 가정에서 태어났다. 그는 본 (Bonn) 대학과 베를린(Berlin) 대학에서 수학했으며 이때 헤겔(Hegel)의 철학에 심취했다. 23세 때인 1841년에 아리스토텔레스 이후의 그리스 철학에 대한 논문으로 철학박사학위를 받았으며, 이듬해에는 〈라인신문 (Rheinische Zeitung)〉의 편집인으로 활동을 시작했다. 그러나 당시의 경제 상황에 대한 신랄한 비판이 문제가 되어 그의 집필은 중단되었고 마르크스는 결국 파리로 이주하게 되었다.

파리에서 마르크스는 독일 출신의 노동자들과 프랑스 사회주의자들과 교류하면서 공산주의적 사상을 체계화시켜나갔다. 1884년 마르크스는 프레데릭 엥겔스와 만나 여러 활동을 시작하였으나 그들의 급진적인 정치적 활동으로 인해 파리에서도 추방을 당하고 말았다. 이후 마르크스는 엥겔스와 함께 브뤼셀로 이주했고, 그곳에서 『독일 이데올로기』와 『철학의 빈곤』을 발표하고 독일 출신 노동자 단체인 공산주의자 연맹에 가담하여 대변인직을 맡게 된다.

1847년 마르크스와 엥겔스는 런던에서 열린 공산주의자 동맹에 참가하여 동맹의 강령을 공동 집필하였으며, 이 글은 후에 '공산당 선언 (Communist Manifesto)'이라는 이름으로 출판되었다. 1848년 파리에서 발발한 혁명이 유럽의 여러 나라에 파급되자 마르크스는 브뤼셀, 파리, 쾰른 등지로 가서 혁명적 움직임에 적극 가담하였으나, 각국에서 잇달아 내려진 추방령으로 인해 결국 1849년에 영국으로 망명하였다.

영국에서의 망명생활 초기에 마르크스는 『경제학 비판』, 『자본론』 등의 저서를 집필하며 왕성한 활동을 보였다. 그러나 말년의 마르크스는 만성적인 정신적 침체에 빠졌던 것으로 보이며 아내와 장녀의 잇따른 사망 소식의 충격에서 회복하지 못하고 1883년 망명지 런던에서 그의 평생의 동료 엥겔스가 지켜보는 가운데 생애를 마쳤다.

회에서는 결코 중립적일 수가 없다. 계급 사회 내에서 기술은 유산 계급(부르주아)에 의해서는 억압의 수단으로 사용될 수도 있지만 혁명 계급(프롤레타리아)에 의해서는 혁명의 봉기를 일으키는 수단이 될 수도 있기 때문이었다. 즉 기술은 어떤 계급이 그것을 사용하는가에 따라 정반대의 성격을 지닐 수 있는 매우 정치적인 활동 및 지식인 것이다. 마르크스는 이와 같은 기술의 두 가지 측면 중 주로 첫번째의 것, 즉 부르주아가 프롤레타리아를 억압하기 위한 수단으로서의 기술에 대해 논의를 집중했다.

마르크스는 개인적으로는 그가 살던 시대의 기술에 크게 매혹되어 있었고, 그 시대 기술의 성격을 이해하려고 부단히 노력했던 사람이었다. 또한 그는 19세기 상업의 급격한 발전에 대해서도 깊은 감명을 받았다. 새롭게 개통되거나 제작된 도로, 교량, 운하, 철도, 그리고 선

부르주아(Bourgeois)**와 프롤레타리아**(Proletaria)

부르주아 현대 자본가 계급, 즉 사회적 생산수단의 소유자이자 임금노동의 고용자. 원래는 중세 프랑스에서 내성과 외성 사이의 도시(bourg)에 살던 주민을 지칭하던 말로 이들은 대개 의술이나 공예술로 생활했으며 지주와 농촌 주민의 중간적 지위를 가짐. 부르지아지(Bourgeoisie)는 부르주아의 집합 명사.

프롤레타리아 자신의 생산수단을 소유하지 않아 살기 위해 부득이 자신의 노동력을 판매해야 하는 현대 임금노동자 계급. 원래는 고대 로마에서 빈곤하고 토지가 없는 자유민, 즉 노예제의 확대로 점차 빈곤해진 수공업자들과 소상인 같은 로마 시민의 최하층을 지칭하던 말. 프롤레타리아트(Proletariat)는 프롤레타리아의 집합명사.

박은 수많은 사람들과 상품들을 이전에 비해 훨씬 빠른 속도로 실어 나르고 있었다. 마르크스는 이러한 토목과 운송 관련 엔지니어링의 급격한 발전을 단순한 기술의 발전이 아닌 상업자본주의의 힘의 표출로 받아들였다. 실제 『공산당 선언』에서 마르크스와 엥겔스는 이러한 기술상의 발전에 대하여 다음과 같이 말하고 있다.

> 부르주아지는 백 년도 채 안 되는 자신들의 지배 기간 동안 과거의 모든 세대들이 이룩해냈던 것보다도 더 어마어마하고 거대한 생산력을 창조해 냈다. 자연력에 대한 인간의 정복, 기계장치, 농업과 공업에 대한 화학의 응용, 증기선을 이용한 항해, 철도, 전신, 대륙 전체에 대한 개간, 하천을 관통하는 운하, 땅에서 갑자기 솟아나듯이 불어난 인구—이런 생산력이 가능하리라는 것을 이전의 어느 세기가 알아차렸을까?[14]

그렇지만 마르크스는 이러한 기술적 진보가 자동적으로 사회의 발전을 가져온다고 보지는 않았는데, 그 이유는 그가 기술과 그에 기반을 둔 생산력의 발전이 인류 전체 문명의 진보에 기여하는 것에 비해 자본가들의 생산과 상업 체계의 확장에 훨씬 더 크게 기여했다고 보았기 때문이었다. 기술적 진보의 결과물들은 겉으로 보기에는 공공 대중을 위한 것처럼 보이지만, 실제로 그러한 기술 발전에 숨겨져 있는 실제 원동력은 몇몇 개인의 자본 축적을 돕는다는 것이었다. 즉 마

---

[14] Karl Marx and Frederich Engels, *The Communist Manifesto*(Arlington : Harlan Davidson, 1955), p. 12.

르크스에게 당시 기술의 발전은 사회의 일부분에 해당하는 자본가들의 부를 늘려주기 위한 수단으로 생각되었던 것이다.

이러한 관점에서 마르크스는 19세기 중반의 기술과 기계제 공장에 대해서 매우 부정적인 평가를 내렸다. 당시의 기술과 공장은 부르주아가 소유하고 있었기 때문이었다. 마르크스가 저술활동을 시작할 당시 가장 대표적인 공장이었던 방직 공장의 경우 남성과 여성, 그리고 아이들까지 보잘것없는 금액의 보수를 받으며 하루에 12시간 이상 노동해야만 했다. 마르크스에게 이와 같은 상태를 불러온 기술과 공장은 다름아닌 계급 억압의 수단으로 비추어졌던 것이다.

그러나 마르크스가 기술 '자체'에 대해 부정적인 시각을 가지고 있었던 것은 아니었다. 마르크스 역시 기술적 발전에 의해 인류의 문명이 상당히 진보하고 있다는 점은 부정하지 않았고, 그에게 문명의 진보는 긍정적인 변화로 인식되고 있었기 때문이다. 그가 부정적으로 평가하고 있던 기술은 부르주아의 손에 의해 좌지우지되는 기술이었다. 이러한 이유로 마르크스는 당시 혹은 미래의 기술과 관련된 문제들을 해결하기 위해서 부르주아적 기술을 파괴하거나 중단할 것을 요구하지는 않았다. 그는 모든 문제를 당시 기술의 성격, 그리고 소유권과 통제권을 변화시킴으로써 해결할 수 있다고 믿었다. 마르크스는 진행되고 있는 기술적 발전이 소수의 자본가가 아닌 다수의 대중을 위해 진행되어야 한다고 주장했으며, 그러기 위해서는 생산과 개발 수단의 소유권이 자본가에서 사회 전체로 이전되어야 함을 역설했다.

이와 같이 마르크스는 기술의 소유자가 누구인가에 의해 기술이 긍정적인가 부정적인가를 판단했다. 여기서 기술의 소유자란 기술적 변화의 방향을 결정하는 데 지배적인 역할을 담당하는 조직이나 단체를 말한다. 마르크스는 이와 관련해서 기술적 변화의 방향은 기술의 소유자가 추구하는 이익에 의해 결정된다고 주장했고, 당시의 기술은 바로 부르주아의 이익만을 위해 발전되고 있음을 지적했다. 반면에 마르크스는 사회주의 사회에서는 이러한 문제들이 모두 사라질 수 있을 것이라 믿었는데, 이는 사회주의 사회에서는 기술이 대중들과 사회 전체의 이익을 위해서 사용되어질 수 있다고 생각했기 때문이었다. 사회 전체의 이익을 가장 잘 대변하는 프롤레타리아 계급이 기술을 소유하게 될 때 가장 긍정적인 방향의 기술적 발전이 달성될 수 있었다.

그렇다면 이러한 마르크스의 기술에 대한 입장은 이후에 어떻게 이해되고 있을까? 가장 널리 알려진 해석은 마르크스주의적 기술관을 기술결정론의 일환으로 이해하려는 것이다. 마르크스는 실제로 한 저작에서 "손방아는 봉건 영주의 사회를 낳고 증기방아는 자본가의 사회를 낳는다"라고 언급한 적이 있고,[15] 이 구절은 마르크스주의를 기술결정론으로 해석하는 근거가 되어왔다. 이밖에도 마르크스는 "생산관계의 총체가 사회의 경제 구조를 구성한다…… 물질적 생활의 생산양식은 사회적, 정치적, 지적 생활의 일반적 과정을 조건짓는다"라고 함으로써 생산력의 기반인 기술이 사회 변화의 일차적 요인이라는 기술결정론적인 해석의 여지를 더욱 넓혀놓은 것이 사실이다.

그러나 앞에서 지적했듯이 최근에 와서는 마르크스의 저작 중 상당

---

[15] Karl Marx, *The Poverty of Philosophy*(New York, 1971), p. 109.

수는 단순한 기술결정론으로 해석되기 어려운 내용을 담고 있다는 주장들이 설득력 있게 제기되었다. 우리가 앞서 살펴보았던 대로 마르크스는 그가 살았던 시대의 가장 중요한 기술 변화인 기계제 대공업을 설명함에 있어서 기술이 사회적 관계를 형성했다고 주장하기보다는, 반대로 부르주아가 프롤레타리아 계급을 착취하는 사회적 관계가 오히려 기술을 부정적인 방향으로 수단화했다고 주장하고 있다. 즉 마르크스에게 역사적 발전을 결정짓는 것은 기술 자체의 변화가 아닌 그로부터 파급된 생산력의 발전과 그것을 사용하는 계급간의 갈등이고, 이러한 점을 고려한다면 마르크스의 기술관을 기술결정론과 동일시하는 것은 문제가 있는 해석이라고 할 수 있다.

마르크스를 기술결정론으로 해석하는 주장자들은 '생산력＝기술'이라는 등식에 입각해서 대부분의 논의를 펼쳐왔다. 기술결정론적 해석을 반대하는 비판자들도 앞서 지적한 대로 생산력의 발전이 마르크스주의에서 매우 중요한 사회의 변동 요인임은 인정하고 있다. 그러나 이들은 마르크스의 경우 생산력이 기술, 기계뿐만 아니라 노동자의 노동력, 숙련지식, 경험까지도 포함하는 개념이라는 점을 들어 기술결정론자들의 주장의 기반인 생산력과 기술은 동일하다는 등식을 반박하고 있다. 생산력이 인간의 노동을 포함한다면 이는 역사의 변동 요인으로서 의식적인 인간의 존재를 인정하는 것이고, 이는 기술결정론과는 상당히 거리가 먼 주장이 된다는 것이다.[16]

---

[16] 특히 McKenzie, "Marx and the Machine"이 마르크스의 기술관을 기술결정론으로 보는 시각을 강도 높게 비판하고 있다.

지금까지 마르크스주의에서 기술을 바라보는 관점을 살펴보았고, 이를 기술결정론으로 해석하려는 입장의 문제점을 지적했다. 그렇다면 마르크스주의적 기술관은 기술과 사회를 이해하는 데 우리에게 어떠한 함의를 가지는 것일까? 마르크스는 기술이 어떠한 계급에 의해 소유되고 통제되는가에 따라 긍정적인 역할과 부정적인 역할을 동시에 담당할 수 있다는 점을 주장했다. 이는 기술이 정치적인, 조금 더 넓게 보아서는 사회적인 성격을 가지고 있다는 점을 지적하고 있는 것이다. 이로부터 우리는 기술적 활동 역시 사회적인 활동이며 사회적 관계와 기술 변화가 변증법적인 과정을 통해 서로 영향을 주고받는 관계에 있음을 이해할 수 있다. 또한 마르크스주의적인 기술관은 우리에게 기존의 기술이 어떻게 존재해왔고 어떻게 사회적으로 형성되었는가를 이해할 수 있는 안목을 제시해줌으로써 미래의 기술 구조를 재정립하는 데에도 도움을 줄 수 있다.

2-4 기술의 사회적 구성론

기술결정론을 비판하는 논리 중 하나는 사회가 기술을 구성함을 보이는 것이다. '기술의 사회적 구성론(social construction of technology, SCOT)'은 바로 이렇게 기술결정론에 대한 비판에서 출발하여 기술 변화의 과정에 정치적, 경제적, 조직적, 문화적 요소가 개입하는 현상을 분석함으로써 궁극적으로는 기술이 사회적 과정의 일종이라고 주장하는 이론이다. 이 이론은 핀치(Trevor J. Pinch)와 바이커(Wiebe E. Bijker) 같은 과학기술사회학자들이 중심이 되어 개발한 것으로 과학

지식사회학에서 비롯된 사회구성주의를 기술의 영역으로 확장시켜, 과학적 사실이 사회적으로 구성되는 것처럼 기술적 인공물도 사회적으로 구성된다고 보는 것이다.

"기술이 사회적으로 구성된다"고 주장하는 기술의 사회적 구성론에 대한 논의를 진전시키기 위해 몇 가지 철학적인 사고를 해보자. 무엇이 기술적 발전을 추동하는가? 왜 우리는 150볼트가 아닌 110볼트 또는 220볼트 전기 체계를 가지고 있는가? 한때 많은 사람들이 비행기가 발전해서 결국 누구나 소형 자가용 비행기를 갖게 될 것이라고 예상했음에도 불구하고 어째서 비행기의 크기는 커졌는가? 자전거가 처음 만들어진 19세기 말에는 다른 형태의 자전거도 많이 있었는데 어째서 다이아몬드 형태의 틀과 고무 타이어를 쓰고 두 바퀴의 크기가 비슷한 안전 자전거(safety bicycle) 모델이 지금은 보편화되었는가?

이런 문제에 대한 상식적인 답은 대체로 지금 우리가 쓰는 모델이 다른 모델보다 편하고 안전하다는 것이었다. 간단히 말해 이것이 다른 것보다 더 효율적이기 때문에 경쟁에서 이겼다는 것이다. 사실 우리의 자본주의 사회에서 효율성이란 좋은 것, 합리적인 것, 추구해야 할 것, 심지어 운명지어진 어떤 것을 의미한다. 그렇지만 이런 관점은 논쟁적인 기술을 분석할 때 문제를 발생시킨다. 핵무기와 독가스도 효율적인 기술이라고 볼 수 있을까? 인간복제 기술도 필연적인 것으로 받아들여야 하는 것인가? 이런 기술들 모두가 다른 기술과의 경쟁과 승리해서 오늘날 우리가 가진 기술이 되었는가? 지금 우리가 가진 기술이 다 효율적인 것이라면, 왜 재앙에 가까운 기술적 실패가 종종 발생하는가?

기술결정론에서는 기술의 발전은 물론 기술이 사회에 미치는 영향이 이미 기술 속에 결정되어 있음을 강조한다. 반면에 기술의 사회적 구성론은 기술 발전의 궤적이 이미 기술 내에 결정되어 있다는 식의 '본질주의(essentialism)'를 비판하면서 시작한다. 대신, 기술의 사회적 구성론은 기술의 발전에서 중요한 역할을 한 사회 집단들을 강조한다. 기술의 사회적 구성론을 정립하는 데 선구적인 논문을 쓴 핀치와 바이커는 자전거의 변천에 관한 사례연구를 통해 기술의 구성 과정을 다음과 같이 분석하고 있다.[17] 자전거의 발전 과정을 분석할 때 가장 중요한 요소는 자전거를 둘러싼 다양한 사회 집단이다. 여기에는 자전거를 만든 기술자, 남성 이용자뿐 아니라 여성 이용자, 스포츠 자전거 이용자, 심지어 자전거 반대론자도 포함된다. 이들은 모두 특정한 자전거 디자인에 대해 그들 나름의 선호와 이해관계를 가지고 있었는데, 예를 들어 스포츠 자전거 이용자들은 56인치짜리 커다란 앞바퀴가 달려서 페달을 밟는 것이 운동이 되는 모델을 좋아했다. 그렇지만 앞바퀴가 큰 자전거는 치마 입은 여성 이용자들을 위해서 특별히 설계된 모델을 개발해야 했는데, 당시 여성들은 보통 긴 치마를

---

17 Trevor F. Pinch and Wiebe E. Bijker, "The Social Construction of Facts and Artifacts: Or How the Sociology of Science the Sociology of Technology Might Benefit Each Other," Wiebe E. Bijker, Thomas p. Hughes, and Trevor J. Pinch eds., *The Social Construction of Technological Systems: New Directions in the Sociology and History of Technology* (Cambridge, MA: MIT Press, 1987), pp. 17~50. 이 논문은 송성수 편저, 『과학기술은 사회적으로 어떻게 구성되는가』(새물결, 1999), 39~80쪽에 번역되어 있다.

[그림 2-3] 앞바퀴가 큰 초기의 자전거 모델

입고 있었기 때문이다.

　이런 식으로 자전거의 발달을 이를 둘러싼 사회 집단의 맥락 속에서 분석해보면, 자전거의 초기 발전 단계는 표준 자전거로의 단선적 발전을 반영한다기보다 오히려 인공물(artifact)과 사회 집단, 그리고 풀어야 할 기술적 문제들의 분산된 네트워크를 반영함을 알 수 있다. 예를 들어 지금은 공기 타이어가 자전거에 보편적으로 쓰이고 있지만, 초기에는 아무도 공기 타이어가 자전거 설계에 없어서는 안 될 요소라고 생각지 않았다. 기술자들에게 공기 타이어는 매우 골치 아픈 문제였고, 스포츠 자전거를 즐겼던 사람들에겐 쿠션을 제공하는 공기 타이어가 오히려 불필요한 것이었다. 큰 자전거를 타고 언덕을 오르내리는 스포츠 자전거를 타던 사람들에겐 타이어가 아닌 자전거의 용수철 프레임이 울퉁불퉁한 길을 지나는 문제를 해결해주었기 때문이

[그림 2-4] 치마 때문에 앞바퀴가 작은 자전거를 선호하던 당시 여성들

다. 이렇게 서로 다른 사회 집단은 자신의 이해관계에 따라 동일한 기술이 지니고 있는 문제점을 서로 다르게 파악하며, 따라서 이에 대한 해결책도 다르게 제시한다. 그러므로 기술이 발전하는 과정에서 사회 집단들 사이에는 그 기술이 가진 문제점과 해결책이 다르다는 점 때문에 갈등이 발생한다.

이러한 갈등은 집단적이며, 사법적, 도덕적, 정치적 성격을 가지는 협상이 진행되는 매우 복잡한 과정을 거쳐 결국 어느 정도 합의에 도달한 기술적 인공물의 형태가 선택된다. 이처럼 논쟁이 종결되는 단계, 즉 안정화 단계에 이르게 되면 관련된 사회 집단들은 자신들이 설정한 문제점이 해결되었다고 인식하게 되며 이전과는 다른 차원의 새로운 문제를 제기하기 시작한다. 그렇다면 어째서 이 초기의 불안정한 네트워크가 안정적인 것으로 될 수 있을까? 어떻게 논쟁의 종결이 일어나는 것일까? 기술의 사회적 구성론자들은 안전 자전거가 더 효율적이어서 자전거 디자인에 대한 '합의'가 일어난 것이 아니라, 자전거 경주와 같은 외적 요소가 논쟁의 종결에서 중요한 역할을 했다고 본다. 당시에 자전거 경주가 사람들의 관심을 끌면서 공기 타이어를 장착한 안전 자전거가 다른 자전거보다 빠르다는 것이 경주를 통해 입증되었다. 이 과정에서 초기 자전거 설계에서 중요하게 고려되지 않았던 속도가 자전거의 가장 중요한 특징으로 새로이 부각되었는데, 그 결과 자전거 설계에서 속도가 다른 특징들보다 중요해졌고, 이는 속도를 더 낼 수 있는 안전 자전거 쪽으로 경쟁을 종결시키는 방향으로 나아갔다는 것이다.

기술 디자인을 종결하는 데 중요했던 또 다른 요소는 여성 자전거 애호가들이었다. 자전거를 격렬한 스포츠로 여기던 남성들은 큰 앞바퀴가 있는 자전거를 선호했지만, 여성들은 치마라는 복장 때문에 앞바퀴가 작고 타이어가 쿠션 역할을 해주는 안전 자전거를 선호했던 것이다. 그러므로 안전 자전거가 다른 자전거보다 우월하다는 결론은 기술적 논리(가령 효율성)에 의해서가 아니라 사회 집단, 이들의 이해관계, 그리고 자전거라는 인공물 사이의 상호 작용에서 나온 여러 가지 우연한 사건들에 의해 도출된 것이라고 볼 수 있다. 안전 자전거가 다른 자전거보다 더 효율적이라는 담론은 논쟁이 종결된 후에 그 과정을 정당화하기 위해서 재구성되었다는 것이 핀치와 바이커의 주장이다.

이를 조금만 일반화시켜보자. 기술적 인공물을 둘러싼 사회 집단에는 이를 만들고 판매하는 엔지니어와 기업가만 있는 것이 아니라 다양한 유형의 소비자도 있다. 이 각각의 사회 집단은 어떤 한 가지 기술과 관련해서 자신들이 해결하고 싶은 문제들이 있는 사람들이며, 이러한 문제 각각에는 다양한 해결 방식이 있을 수 있다. 이렇게 한 가지 문제를 여러 가지 기술적인 방식으로 해결할 수 있다는 점을 '기술적 유연성(technological flexibility)'이라고 부른다. 이런 다양한 유연성들은 기술을 둘러싼 사회 집단들 사이의 해석차와 갈등으로 나타나는데, 이러한 갈등은 핵심적인 문제가 새로운 기술에 의해서 해결됨으로써 해소되며, 그 결과는 특정 기술이 표준으로 채택되는 것으로 나타난다. 논쟁의 종결은 기술 그 자체의 논리에 의한 것이라기보다는 기술을 둘러싼 사람들 사이의 일종의 합의 과정이다. 즉 기술의 방향, 내용, 그 결과가 사회 그룹들의 상호 작용에 의해 사회적으로 구성되는 것이다.

기술의 사회적 구성론이 기술결정론의 한계를 극복하는 데 도움을 주지만, 그 자체에 아무런 문제가 없는 것은 아니다. 기술의 사회적 구성론은 다양한 학문적, 실천적 배경을 가진 연구자들에 의해 비판을 받아왔으며, 기술의 사회적 구성론의 대표적 연구자인 핀치와 바이커는 이러한 비판에 적극적으로 대응해왔다. 이와 관련된 주요 논점은 다음의 세 가지로 요약될 수 있다.[18]

---

[18] 이에 대해서는 송성수, 「사회구성주의의 재검토: 기술사와의 논쟁을 중심으로」, 『과학기술학연구』 제2권 제2호(2002), 55~89쪽을 참조했다. 송성수는 위 논문에서 기술의 사회적 형성론(social shaping of technology), 기술의 사회적 구성론(social construction of technology), 행위자-연결망 이론(actor-

첫째는 기술의 사회적 구성론이 취하는 방법론이 너무 형식적이라는 점이다. 즉 기술의 사회적 구성론은 사회 집단이나 행위자들이 특정한 인공물을 어떻게 해석하고 있고 이에 대한 논쟁이 어떤 식으로 전개된 후 종결되었는가를 살펴보는 데 치중하고 있다는 것이다. 기술철학자 위너(Langdon Winner)는 이러한 방법론이 서로 다른 기술에 대해서 항상 같은 식으로 '기계적으로' 적용됨을 비판하면서, 이를 '상상력이 부족한 대학원생'에게나 적합한 방법론이라고 혹평하였으며, 자전거의 역사를 오랫동안 연구한 닉 클레이턴(Nick Clayton) 같은 학자는 사회적 구성론이 기술의 변화에 대한 이해를 깊게 하는 데 실제로 기여한 바가 없다고 주장하였다. 그는 연구자의 관점에 따라 자의적인 개념화가 이루어지며, 특정한 개념에 맞추기 위하여 역사적 사실이 왜곡되고, 역사적 자료가 충분히 그리고 엄밀하게 사용되지 않고 있다는 점 등을 들어 기술의 사회적 구성론을 비판하였다.[19]

둘째는 기술의 사회적 구성론이 기술의 출현에 중점을 두고 기술의 영향에는 무관심하다는 점이다. 즉 특정한 기술이 선택된 이후에 그

---

network theory), 기술 시스템 접근(technological system approach), 페미니스트 기술학(feminist technology studies) 등을 포괄하는 '사회구성주의 기술학'이라는 표현을 썼으나 여기서는 '기술의 사회적 구성론'으로 바꾸어 표현하였다. 기술의 사회적 구성론이 사회구성주의 기술학의 대표적인 이론이기 때문에 이와 같이 표현을 바꾸어도 문제가 되지 않을 것이다.

[19] Langdon Winner, "Upon Opening the Black Box and Finding It Empty : Social Constructivism and the Philosophy of Technology," *Science, Technology and Human Values* 18(1993), pp. 362~378 ; Nick Clayton, "SCOT : Does It Answer?," *Technology and Culture* 43(2002), pp. 351~360.

것이 개인의 경험이나 사회적 관계를 변경하는 방식은 기술의 사회적 구성론에서 논의되지 않고 있다는 것이다. 기술의 사회적 구성론자들은 이러한 비판을 수용하고 있으며 1990년대 이후에는 이와 관련된 몇몇 사례연구를 추진하고 있다. 예를 들어 바이커는 처음 개발된 형광등이 확산되면서 새로운 사회적 문제가 등장하고 이를 해결하기 위하여 다른 유형의 형광등이 발명되었다는 점에 주목하고 있으며, 기술사학자 로널드 클라인(Ronald Kline)과 핀치는 공동 연구를 통해서 포드가 생산한 모델 T 자동차가 처음에는 운송수단의 의미를 가지고 있었지만 농촌 지역에 확산되면서 다른 기계를 작동시키는 동력의 역할도 담당했다는 점을 강조하고 있다.[20]

셋째는 기술의 사회적 구성론이 기술 변화에 수반되는 사회 구조나 권력 관계를 무시하며, 기술을 둘러싼 정치적 문제에 대하여 불가지론적 입장을 보인다는 점이다. 즉 기술의 사회적 구성론은 기술 변화에 대한 서술과 설명에 그치고 있으며, 기술 변화의 방향을 어떻게 재정립할 것인가에 대해서는 무관심하다는 것이다. 비판자들은 기술학의 핵심적인 문제가 "기술이 어떻게 구성되는가"가 아니라 "우리의 기술 중심적인 사회를 어떻게 재구성할 것인가"에 있다고 주장한다.

---

[20] Wiebe E. Bijker, "The Social Construction of Fluorescent Lighting, or How an Artifact Was Invented in Its Diffusion," Wiebe E. Bijker and John Law, eds., *Shaping Technology/Building Society: Studies in Sociotechnical Change*(Cambridge, MA: MIT Press, 1992), pp. 75~102; Ronald Kline and Trevor J. Pinch, "Users as Agents of Technological Change: The Social Construction of the Automobiles in the Rural United States," *Technology and Culture* 37(2002), pp. 763~795.

[그림 2-5] 시골에서 트랙터로 쓰인 포드 T 자동차 광고(1917년)

그러나 구성론자들은 자신들이 이러한 문제에 전적으로 무관심한 것은 아니라고 주장한다. 예를 들어 바이커 및 존 로(John Law)는 "기술이 지금과 다를 수도 있다"는 점이 자신들의 핵심 관심사라고 주장하고 있으며, 바이커는 구성론자들이 구성적 기술영향평가(constructive technological assessment)나 과학기술학의 중등교육 확산에 관여하고 있다는 점을 강조하면서 기술의 사회적 구성론의 미래를 "더 좋은 사회에 공헌하는 구성적 과학기술학"에서 찾고 있다.[21]

---

[21] Wieber E. Bijker and John Law, "General Introduction," in *Shaping Technology/Building Society*, pp. 1~14. 구성주의 기술영향평가에 대해서는 A. Rip, T. J. Misa, & J. Schot eds., *Managing Technology in Society: The Approach of Constructive Technology Assessment*(London: Pinter, 1995) 참조.

기술의 사회적 구성론에 가해진 또 다른 비판은 사회구성론자들이 개별 기술에만 관심이 있을 뿐 기술 시스템의 발전과 같은 주제를 무시한다는 것이었는데, 다음 절에서 기술 시스템 이론을 살펴본 뒤에, 이렇게 서로 다른 이론들의 취약한 점을 보완해서 기술과 사회와의 관계를 총체적으로 바라볼 수 있는 개념적 틀을 생각해보자.

2-5 기술 시스템과 모멘텀

앞에서 살펴본 기술결정론과 기술의 사회적 구성론의 대안으로 등장한 것이 미국의 기술사학자 토머스 휴즈(Thomas P. Hughes)에 의해 제안된 기술 시스템(technological system) 이론이다. 휴즈는 기술이 일방적으로 사회를 변화시킨다고 주장하는 기술결정론이나 반대로 사회가 기술을 탄생시킨다고 주장하는 기술의 사회적 구성론은 둘 다 받아들이기 어려운 이론이며, 사회는 기술 형성에 영향을 줄 뿐 아니라 또한 기술로부터 영향을 받는다는 점에 근거를 두고 기술 시스템 이론을 전개시켜나가고 있다.[22]

우선 그가 제안한 기술 시스템에 대하여 알아보자. 기술이 발전하면서 이전에는 없던 연관이 개별 기술들 사이에 만들어지는데, 이를

---

[22] Thomas p. Hughes, *Networks of Power: Electrification in Western Society*, 1880~1930(Baltimore: Johns Hopkins University Press, 1983); Hughes, "The Evolution of Large Technological Systems," in *Social Construction of Technology*, pp. 51~82. 이 글은 송성수 편저, 『과학기술은 사회적으로 어떻게 구성되는가』(새물결, 1999), 123~172쪽에 번역되어 있다.

보다 분명히 이해하기 위해서 산업혁명의 예를 들어보자. 잘 알려져 있다시피 당시 증기기관은 광산에서 더 많은 석탄을 캐내기 위해서 (광산 갱도에 고인 물을 더 효율적으로 퍼내기 위해서) 개발되었고 그 용도에 사용되었다. 증기기관이 광산에 응용되면서 석탄 생산이 늘었고, 공장은 수력 대신 석탄과 증기기관을 동력원으로 이용했다. 이제 광산과 도시의 공장을 연결해서 석탄을 수송하기 위한 새로운 운송기술이 필요해졌으며, 철도는 이러한 필요를 충족시킨 기술이었다. 이렇게 광산기술, 증기기관, 공장, 운송기술이 발전하면서 이 개별 기술들이 서로 밀접히 연결되는 현상이 나타났던 것이다. 비슷한 발전을 철도와 전신의 경우에도 볼 수 있다. 철도와 전신은 서로 독립적으로 발전한 기술이었지만 곧 서로 통합되기 시작했다. 우선 전신선이 철도를 따라 놓이면서, 철도 운행을 통제하는 일을 담당했다. 이렇게 철도 운행이 효율적으로 통제되면서, 전신은 곧 철도회사의 본부와 지부를 연결해서 상부의 명령이 하부로 효율적으로 전달되게 하는 역할을 했고, 이는 회사의 조직을 훨씬 더 크고, 복잡하고, 위계적으로 만들었다. 철도회사는 전신에 더 많은 투자를 하고, 전신기술을 발전시키는 데 중요한 역할을 담당했다.

이렇게 기술이 연결되어 시스템을 만든다는 점을 휴즈는 통찰력 있게 파악하고 '기술 시스템'이란 개념을 정교하게 주장했는데, 휴즈는 에디슨의 전력 시스템의 예를 들면서 기술 시스템의 개념을 설명했다. 전신과 축음기의 발명에서 볼 수 있지만, 에디슨은 발명에 천재적인 소질을 가진 발명가였다. 그렇지만 그가 기술사에서 차지하는 위치는 단순한 발명가를 뛰어넘는 것인데, 그 이유는 그가 전력 시스템

[그림 2-6] 에디슨의 멘로 파크 연구소와 연구원들

을 건설한 '시스템 건설자(system builder)'이기 때문이다. 전력 시스템이 전등과 다른 점은, 전력 시스템은 전기의 생산, 송전, 소비, 측정 기술이 네트워크로 연결된 기술 시스템이라는 데 있었다. 에디슨은 전기 생산을 위해서 당시 장난감 수준에 불과한 발전기를 수천 개의 전등을 켤 수 있는 발전기로 개량했고, 송전을 위해서 3선 송전 방식을 만들었으며, 소비를 위해 수명이 긴 진공 램프를 발명했다. 이 램프의 필라멘트를 발명하기 위해서 그는 천 가지 이상의 물질을 테스트해야 했다. 또 그는 전기화학의 원리를 이용해서 전기의 소비를 측정하는 미터기를 개발했다. 이 복잡한 일련의 작업들은 멘로 파크(Menlo Park)에 있던 그의 실험실에서 많은 연구원들의 공동 작업으로 진행되었다.[23]

휴즈는 에디슨의 전력 시스템의 발전 과정을 일반화해서 기술 시스

템의 특성을 개념화했다. 우선 중요한 점은 기술 시스템이 물리적인 인공물의 집합체만이 아니라는 점이다. 기술 시스템은 회사, 투자회사, 법적인 제도, 정치, 과학, 자연자원 등 무형 인공물까지 전부 포함하는 것이며, 따라서 기술 시스템에는 기술적인 것(the technical)과 사회적인 것(the social)이 결합해서 공존하고 있다. 이러한 의미에서 기술 시스템은 사회기술 시스템(sociotechnical system)이라 불리기도 한다. 사회기술 시스템의 특징은 그 시스템의 구성 요소로 기능하는 하나하나의 인공물이 다른 인공물들과 긴밀하게 상호 작용을 하며, 모든 인공물은 시스템 전체의 목표에 기여한다는 것이다. 따라서 만일 하나의 구성 요소가 시스템에서 제거되거나 그 특성이 바뀐다면 시스템 내부의 다른 요소들도 그에 따라 특성이 바뀌어야 한다. 예를 들어 전등 및 전력 시스템에서 저항이나 부하가 변하면 그에 따라 송전, 배전, 발전 부문의 구성 요소들도 변하게 된다.[24] 사회적인 요소에 대해서도 마찬가지다. 예컨대 투자은행의 전략 변화는 전기기기 제조업체의 판매 행위에 영향을 미치게 될 것이므로 이 두 가지 요소 사이에는 시스템적인 상호 관계가 존재한다고 할 수 있다. 예를 들어 한 전기기기 제조업체가 발전소를 매수하는 데 만약 투자은행이 막대한

---

[23] William S. Pretzer ed., *Working at Inventing: Thomas A. Edison and the Menlo Park Experience*(Baltimore: Johns Hopkins University Press, 2002).

[24] 전기 에너지의 특성상 각 순간마다 발전되는 에너지와 소비되는 에너지는 같아야 된다. 따라서 부하가 증가되거나 감소되면 그에 따라 발전기의 제어 시스템이 작동되어 발전량을 조절하게 된다.

자금을 지원했다면 투자은행은 틀림없이 제조업체와 회사를 공동으로 소유하거나 겸직 이사진을 두어 제조업체의 기술 개발이나 경영에 깊숙이 관여할 것이며, 이를 통하여 투자은행과 전기기기 제조업체 사이에는 긴밀한 상호 작용을 유지하게 될 것이다.

기술 시스템의 구성 요소들이 이와 같이 긴밀하게 상호 작용하기 때문에 각 구성 요소의 특성은 시스템 전체 속에서만 제대로 파악될 수 있다. 전등 및 전력회사의 관리 구조나 조직 형태는 거대한 전력기술 시스템 안에서 어떤 기술이 새로이 등장하고 어떤 기술이 무대 뒤로 사라지느냐에 따라 한 부서가 생기기도 하고 없어지기도 한다. 동시에 기술 시스템 내의 관리자들은 종종 관리 구조나 조직 형태를 뒷받침하는 기술적 요소들을 선택한다. 구체적인 예를 들면, 전력회사의 관리 구조는 발전소가 시스템 내부에서 차지하는 경제적 역할을 반영하는 반면, 발전소는 그 기업의 관리 구조에 적합한 방식으로 설계된다. 또한 한 기업에서의 기술적 하드웨어의 구조는 그 기업의 사업 전략과 상호 작용을 하기도 한다. 이처럼 구성 요소들 사이의 다양한 차원의 구조와 전략이 기술 시스템을 구성하며 그 시스템의 스타일 형성에 기여하게 된다. 최근 우리나라 전력 시스템의 개편 과정에서 일어나고 있는 여러 가지 변화를 자세히 살펴보면 이러한 특성을 부분적으로나마 파악해볼 수 있을 것이다. 요즘 한국전력이라는 거대한 조직이 몇 개의 발전회사 및 송배전회사로 분리되면서 전력 시스템의 개편에 대한 논의가 활발히 진행되고 있는데, 이는 지금까지 중앙집중식으로 운영되던 시스템이 분산 시스템으로 바뀌어 나가면서 이러한 변화를 뒷받침할 수 있는 분산 기술이 필요하게 되고 또 분산

시스템에 맞는 경쟁적인 경영 방식이 채택되고 있다고 볼 수 있다.[25]

두번째로 기술 시스템은 고정된 것이 아니라 진화하고 발전한다는 사실이다. 기술 시스템은 대략 네 단계를 거치며 진화한다. 첫번째 단계는 기술 시스템이 탄생하고 성장하는 발명, 개발, 혁신의 단계이며, 두번째는 한 지역에서 성공적이었던 기술 시스템이 다른 지역으로 이동하는 기술이전의 단계이고, 세번째는 기술 시스템들 사이에 경쟁이 벌어지는 단계이며, 마지막은 이 경쟁에서 승리한 기술 시스템이 모멘텀(momentum)을 가지고 공고화되는 단계이다.

이렇게 기술 시스템의 진화를 몇 가지 단계로 나누는 것은 각각의

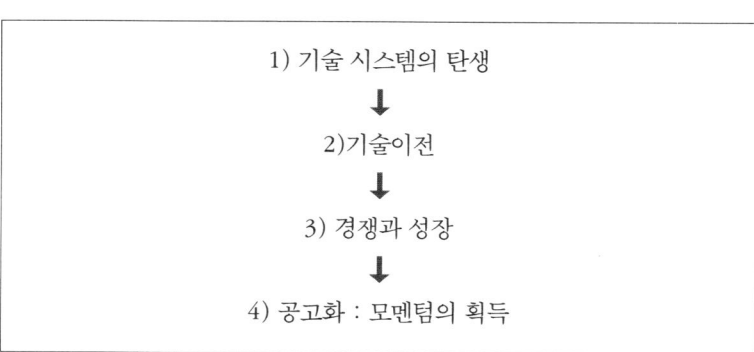

[25] 지난 2001년 한국전력공사의 발전 파트가 한국전력거래소, 한국남동발전(주), 한국중부발전(주), 한국서부발전(주), 한국동서발전(주), 한국수력원자력(주), 전력정보센터로 분사되어 각각 독립적으로 경영을 하고 있다. 이러한 분산 체제에 따라 전기 생산이 다양화되고 있으며, 이를 뒷받침하는 대표적인 새로운 기술이 소형 발전 시스템이다. 산업체별, 아파트 단지별, 각 가정별로 발전기를 설치하여 전기를 사용하며, 모자라는 전기는 송전선에서 받아쓰고, 남는 전기는 전력회사에 파는 분산 발전 시스템에 대한 연구 개발이 현재 활발히 진행되고 있다.

단계에 고유한 특성을 더 잘 이해할 수 있게 해준다. 무엇보다도 중요한 것은 각각의 단계에서 핵심적인 역할을 하는 사람들이 다르다는 것이다. 첫번째와 두번째 단계에서는 시스템을 디자인하고 이 초기 발전을 추진하는 기술자들의 역할이 중요하지만 기술 시스템의 경쟁 단계에서는 기업가들의 역할이 더 중요하게 부상하며, 시스템이 공고해지면 자문 엔지니어(consulting engineer)와 금융전문가의 역할이 중요해진다. 19세기 말과 20세기 초에 걸친 기간에 독립적인 전문 발명가들에 의한 획기적인 발명이 많았으며, 이러한 발명 중 대부분이 주요한 기술 시스템을 출발시켰다. 이 초기 시스템의 대부분은 나중에 대기업이 장악하게 되었고, 이러면서 시스템은 안정화되고 모멘텀을 얻었다.

　주요한 기술 시스템을 출발시킨 대표적인 독립발명가들과 그들의 발명품을 예로 들어보면, 벨(Alexander Graham Bell)과 전화, 에디슨과 전등 및 전력 시스템, 테슬라(Nikola Tesla)와 교류전동기, 파슨스(Charles Parsons) 및 드라발(Karl Gustaf Patrik de Laval)과 증기터빈, 라이트(Wright) 형제와 비행기, 마르코니(Guglielmo Marconi)와 무선전신, 안쉬츠-캠페(H. Anschütz-Kaempfe) 및 스페리(Elmer Sperry)와 자이로콤파스 유도제어 시스템, 제펠린(Ferdinand von Zeppelin)과 비행선, 그리고 휘틀(Frank Whittle)과 제트엔진이 있다. 이들 발명가 중에는 초기의 기술 개발 단계를 넘어 기업가로 변신한 사람도 있고 그렇지 않은 사람도 있다. 전화기를 발명한 벨 같은 경우는 그의 발명으로부터 막대한 수입을 얻은 후에는 발명가로서의 삶을 그만두고 여생을 편히 즐기는 쪽을 택했다. 그러나 스페리, 에디슨, 마르코니 같은 발명가들은 19세기 말에서 20세기 초에 걸친 긴 기간 동안 자기가 발명한 것들을 성공적으로 사업화시키며 직접 사업을 이끌어나갔다. 이런 기술자들은 발명에도 능하고 동시에 사업에도 능한 사람이라는 의미에서 '발명가 겸 기업가(inventor-entrepreneur)'라고 불린다. 이와 같이 발명가가 자신의 발명품을 적극적으로 활용하여 번창하는 회사로 발전시킨 경우도 있었지만, 발명가가 직접 설립하여 운영한 회사의 상당수는 망했고 이런 경우에 발명가는 창업과 독립을 반복하는 상황을 겪곤 했다. 이들 중에는 이런 과정을 반복하다가 기술상담역으로 활동하거나 소규모 연구개발회사를 설립한 사람도 있었다. 이는 기술 시스템의 진화 과정에서 핵심적인 역할이 바뀌어감을 보여주는 것이다.

한편 각각의 단계에서 해결되어야 하는 문제도 다르다. 첫번째 시스템의 성장 단계에서는 시스템 전체를 디자인하는 역할이 중요하고, 기술이전 단계에서는 서로 다른 지역들 사이의 문화적, 제도적, 법률적 차이를 이해하는 것이 중요하다. 세번째 경쟁 단계에서는 '역돌출(reverse salient)'이라는 문제를 해결하는 것이 매우 중요하며, 마지막으로 시스템이 성장하면 이윤 증가와 시장 장악이 중요해지고, 따라서 기술자보다 매니저와 금융전문가의 역할이 증대된다.

이 중 역돌출에 대하여 좀더 알아보자. 통상적으로 돌출은 기하학적 도형이나, 전투에서 최전방의 전선, 혹은 일기 예보를 위한 기상에서 사용되는 전선 등에서 튀어나온 부분을 일컫는 말이다. 그런데 기술 시스템이 확장되면서 나타나는 역돌출은 거꾸로 시스템의 다른 요소들에 비해 뒤처져 있거나 다른 요소들과 제대로 상호 작용을 해내지 못하는 요소를 말한다.[26] 예를 들어 1890년대에 절정에 달했던 직류와 교류 시스템의 전쟁에서 직류는 송전선의 열손실 때문에 전력 송신 반경이 매우 짧아 전기를 멀리 보낼 수 없다는 역돌출이 있었고, 반면에 교류는 그 당시 공장이나 전차에서 많이 쓰이던 전동기가 발명되지 않아 그 사용이 제한되어 있다는 역돌출이 있었다. 이렇게 역돌출이 분명해지면 많은 엔지니어들이 이 문제를 해결하기 위해서 노력을 집중시키게 된다. 직류의 문제는 5선 송전 시스템(5-wired system)으로 부분적으로 해결되었고, 교류전동기는 테슬라에 의해 발명됨으로써 그 역돌출이 해결되었다.

20세기에 세워진 기업의 연구소는 이러한 역돌출을 조직적인 연구를 통해 해결하기 위한 기관이라고 볼 수 있다. 19세기 말엽, 전화회사의 역돌출은 장거리 전화의 신호가 들을 수 없을 정도로 약해진다는 것에 있었다. 벨 전화회사는 연구활동을 이 문제에 집중시켜서 1900년에 가는 코일을 꼬아 만든 장하코일(loading coil)을 발명해냄으로써 신호의 감쇠를 줄일 수 있었다. 벨 사는 이를 가지고 뉴욕-시카고 장거리 전화를 개통했다. 그런데 이 장하코일을 가지고도 뉴욕-캘리포니아 장거리 전화는 불가능했으며, 회사의 연구진들은 이 새로

---

[26] 역돌출은 불규칙적이고 동적인 변화를 암시하기 때문에 병목 현상(bottleneck)과 같은 보다 고정적이고 시각적인 개념보다 시스템에 더욱 어울리는 말이다. 역돌출이라는 용어는 확장되는 시스템 내에서 주의를 요하는 요소를 묘사할 때 사용되는 다른 개념들, 예컨대 지연 요소(drag), 잠재적 한계(limits to potential), 긴급한 문제(emergent friction), 시스템 효율(systemic efficiency) 같은 용어들과 비견될 수 있을 것이다.

운 역돌출을 해결하기 위해서 더 좋은 증폭장치를 발명하는 일에 몰두하기 시작했다. 이 문제는 드포리스트(Lee de Forest)가 발명한 3극 진공관을 사용해서 해결되었고, 1915년에 벨 사는 뉴욕-캘리포니아 장거리 전화를 개통했다.[27] 또 다른 기업 연구소인 제너럴 일렉트릭 (General Electric) 연구소의 엔지니어들과 과학자들은 연구소가 설립

역돌출(reverse salients)

앞서 소개한 바 있는 기술사학자 토머스 휴즈가 기술 시스템을 건설하는 과정에서 발생하는 기술 변화의 패턴을 설명하면서 사용했던 개념이다. 원래 역돌출이란 말은 군사적으로 사용되던 용어였다. 군사적으로 역돌출은 군대가 앞으로 전진할 때 형성된 전선 중에서 아직 아군이 미처 점령하지 못한 지점을 말한다. 전쟁의 초반에는 선봉대가 특정 지역을 점령함으로써 전선에 있어서 앞으로 튀어나온 돌출 지점이 생긴다. 하지만 전쟁이 승리 상태로 지속되게 되면 후반부에는 대부분의 전선은 처음보다 앞으로 배치되지만 아직까지 적군이 점령하고 있기 때문에 뒤로 돌출된 부분이 생기게 되고 이 지점이 바로 역돌출이 된다. 보통의 경우 전쟁의 후반부에 장군들은 바로 이러한 역돌출 부위에 군사력을 집중시켜 완전한 승리를 추구하게 된다. 휴즈는 군사력이 역돌출에 집중되듯이 시스템 건설자 역시 기술적 역돌출 지점에 자신의 노력을 집중하여 '결정적 문제(critical problem)'를 풀면서 난국을 타개한다고 설명했다.

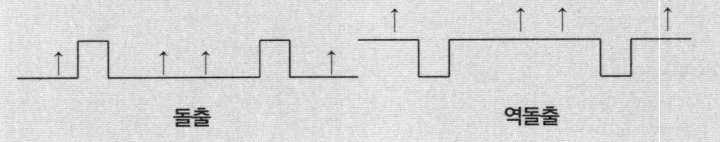

돌출   역돌출

27 James E. Brittain, "The Introduction of the Loading Coil: George A. Campbell and Michael I. Pupin," *Technology and Culture* 11(1970), pp. 36~57.

된 1900년경에 전등 및 전력 시스템에서 나타난 역돌출을 해결하려고 노력했다. 이 역돌출에는 백열전구의 필라멘트 및 진공의 개량, 수은증기를 넣은 전구의 기능 향상 등이 포함되어 있었다.[28]

지금까지 기술적인 역돌출에 대하여 살펴보았는데, 역돌출은 기술적인 문제에 국한되는 것이 아니라 기술 시스템의 조직이나 재정과 관련되어 발생할 수도 있다. 만약 역돌출이 성격상 시스템의 조직이나 재정과 관련된 것이라면, 문제의 해결을 시도하는 사람은 창의적인 해결책을 제시하는 전문 관리자나 재정가가 될 것이다. 즉 기술 시스템의 경쟁과 성장 단계에 집중적으로 나타나는 역돌출은 그 유형에 따라 발명가, 엔지니어, 관리자, 재정가, 법률가 등 다양한 문제 해결사들을 요구하게 되는 것이다.

기술 시스템은 오랜 기간의 성장과 공고화를 거치면서 모멘텀을 가지게 된다. 기술 시스템은 그 속에 수많은 기술적, 조직적 요소들을 포함하고 있으며, 특정한 방향이나 목표를 가지고 있고, 지속적인 속도로 성장해 나간다. 높은 수준의 모멘텀을 가진 시스템은 마치 운동하는 물체가 가지는 관성과 유사한 특성을 갖는다. 기술 시스템에서 이러한 관성을 만들어내는 것은 시스템에 다양한 이해관계를 가지고 있는 조직과 사람들이다. 전력 시스템의 경우를 보더라도 현재와 같은 높은 수준의 모멘텀을 가진 시스템으로 성장하는 데 정부, 전력회사, 전기기기 제조업체, 건설업체, 기업 연구소와 정부 연구소, 투자

---

[28] George Wise, *Willis R Whitney: General Electric & the Origins of US Industrial Research*(New York: Columbia University Press, 1985).

기관과 은행, 대학의 전기공학과, 전기학회와 같은 전문 단체 등이 크게 기여했다. 발명가, 엔지니어, 과학자, 경영에 참가한 매니저들, 기업가들, 주식에 투자한 투자자들, 공무원, 심지어 정치가까지 모두 전력 시스템에 모멘텀을 실어준 것이다.

또 다른 예로 자동차를 생각해보자. 지금의 자동차는 개별 기술이라기보다는 '자동차 시스템'이라고 부를 만하다. 이 시스템은 자동차 디자인 및 연구, 핵심 부품 및 기타 사양, 도로, 도시·토목 공학, 국토 개발에 관한 장단기 계획, 도시 구조, 주택 구조, 주유·정유 체계, 신호 체계, 주차 등 수많은 제도와 인적 자본이 얽혀 있는 시스템이다. 넓은 의미에서 볼 때, 지금 미국의 직장 중 20%가 자동차 시스템을 만들고 유지하는 데 필요한 직장이라고 보는 사람도 있을 정도다. 자동차가 수많은 문제를 안고 있지만, 지금까지 대체 교통수단이 발달되지 않았던 이유도 자동차 시스템이 엄청난 모멘텀을 가지고 있다는 사실에서 찾아볼 수 있다. 이 시스템의 모멘텀은 바로 자동차 시스템의 생산과 유지를 위한 일을 하는 수많은 사람, 기업의 이해관계에서 비롯된다고 할 수 있다.

높은 수준의 모멘텀을 지닌 성숙된 기술 시스템들은 관성에 의해 자신의 발전 경로를 흔들림 없이 밟아나가고 있는 것처럼 보인다. 즉 현대의 자본집약적인 기술 시스템들은 쉽게 제거될 수 없는 많은 수의 대규모 인공물들로 이루어져 있어 외부 요인이나 주변환경으로부터 쉽게 영향을 받지 않을 뿐 아니라 오히려 필요에 따라 그것들을 시스템 안으로 흡수시키고, 만약 흡수되지 않고 확장에 방해가 되는 주변환경이 있다면 그 힘을 축소시켜버리는 막강한 힘을 지니고 있다.

그리하여 이와 같이 높은 모멘텀을 가진 기술 시스템은 자신의 '궤적(trajectory)'을 형성해 나간다.

기술 시스템은 바로 이러한 이유 때문에 인간이 만들었지만 인간의 통제를 거역하고 인간을 지배하는 듯 보인다. 기술 시스템 태동과 발전을 주도해온 미국의 경우를 좀더 자세히 살펴보자. 미국의 기술 시스템은 정부가 이를 지원하려는 노력을 기울이면서 새로운 국면으로 접어들게 되었다. 대공황 기간 동안 프랭클린 루스벨트(Franklin Roosevelt)는 테네시 강 유역 개발공사를 출범시켰는데, 이 기구는 광범한 테네시 강 유역의 자원을 체계적으로 개발하기 위해 정부가 자금 지원, 설계, 건설, 운영까지 전 측면을 담당한 프로젝트였다. 이로써 미국은 다시 한번 전 세계에 현대 기술의 모델을 제공했다. 제2차 세계대전기에 미국은 전례가 없는 막대한 자원을 역시 전례가 없는 규모의 기술 시스템인 맨해튼 프로젝트에 쏟아 부었다.[29] 1961년에 아이젠하워(Dwight D. Eisenhower) 대통령이 군산복합체(military-industrial complex)의 모멘텀이 점차 증가하고 있음을 미국 국민들에게 경고했을 때, 그가 경계 대상으로 지목했던 것은 맨해튼 프로젝트를 모델로 한 거대 군비생산 시스템의 부상이었다. 1980년대 들어 레이건 행정부가 추진했다가 실패한 전략방위계획(SDI), 일명 '스타워스 계획'은 가장 최근의 군산(학)복합체의 사례를 보여주고 있다.

히로시마와 나가사키에 원자폭탄이 떨어진 사건은 정부가 관련된

---

[29] Richard G. Hewlett and Oscar E. Anderson, Jr., *The New World, 1939~1946*(Pennsylvania State University Press, 1962), pp. 624~638.

기술 프로젝트 및 시스템의 통제되지 않은 파괴성이 내포하는 위협을 많은 사람들에게 극명하게 드러내 보이는 계기가 되었다. 뒤이어 벌어진 핵무기 억제를 위한 노력들이 실패로 돌아가면서 그와 같은 우려는 더욱 높아졌다. 『침묵의 봄 *Silent Spring*』(1962)을 쓴 레이첼 카슨(Rachel L. Carson)과 그녀의 뒤를 따른 많은 사람들은 대규모 생산기술이 야기하는 환경적 비용에 대한 우려를 증가시켰다. 그리고 베트남을 황폐화시키는 데 동원된 군사기술은 그간 증가해온 반발을 정점에 올려놓은 기폭제가 되었다. 미국과 다른 여러 나라들에서 등장한 1960년대의 반성적 급진파들은 현대 기술을 공격했고 그와 연관된 질서, 시스템, 통제의 가치에 비난의 화살을 퍼부었다. 대항문화는 기계적인 것 대신에 유기체적인 것, 중앙집중화된 시스템 대신에 작고 아름다운 기술, 질서 대신에 자발성, 효율성 대신에 공감을 요구했다.

예술가이자 사회비평가인 폴 굿먼(Paul Goodman)과 급진적 철학자 헤르베르트 마르쿠제(Herbert Marcuse)를 비롯한 대항문화의 지적 영도자들은 자신들의 공격 대상을 기술적 합리성과 시스템에 정조준했다. 대항문화의 시대가 도래하기 이전에 이미 기술과 사회에 대한 비판적 우려를 표명한 바 있던 멈포드 역시 1960년대에 거대기계(mega-machine)에 관한 『기계의 신화 The Myth of the Machine』(1967)라는 책을 썼다. 엘룰도 기술 시스템을 비판했는데, 그와 멈포드는 이러한 기술 시스템이 역사의 경로를 결정하고 있다는 우려를 공유했다. 이들 초기 기술철학자들은 이러한 거대 기술 시스템의 특성을 인지하고 이를 '독재적 기술'이라는 개념으로 표현했다.

무척 복잡한 기술 시스템의 초기 발전 단계에서는 전체 시스템을 디자인하는 '시스템 빌더(system-builder)'의 역할이 중요하지만, 시스템이 성숙해지고 복잡해지면서 그것이 세분화되고 잘게 쪼개져서 그 각각이 전문가들에 의해 다루어지는 것이 보통이다. 그런데 이러한 전문화와 파편화는 종종 전체를 볼 수 없게 만들어 큰 사고를 불러일으키게 되고 어 경우 그에 대한 책임이 실종되는 결과를 낳기도 한다. 이렇게 기술 시스템이 낳는 위험에 대한 분석은 현대 기술과 사회의 상호 작용을 이해하는 데 가장 핵심적인 문제이며, 이 책의 후반에서 더 상세히 다루어질 것이다.

2-6 공학기술과 사회의 관계에 대한 종합적 관점

지금까지 살펴본 기술결정론과 기술의 사회적 구성론에 대한 비판을 토대로 기술과 사회를 바라보는 포괄적인 이론틀을 만들어보자.

새로운 기술이 처음에 디자인될 때는 다양한 사회문화적 요소가 영향을 미친다. 이 경우 시장의 수요가 중요하지만, 이것이 전부는 아니다. 기술특허의 90%는 만들어지지도 않은 것들이고, 지금도 많은 기술이 시장을 고려한 결과라기보다는 꿈과 상상력의 산물이라는 것을 부인할 수 없다. 기술을 둘러싼 다양한 사회적 그룹의 이해관계가 기술 디자인에 영향을 미치는 결과가 이 시기에 나타난다. 기술 디자인은 기본적으로 열린 것이고 유연하다(open and flexible). 사회구성주의 방법론은 초기 디자인 시기의 기술을 분석하는 데에는 유용하다.

이렇게 도입된 기술은 우리가 사는 사회를 바꾼다. 새로운 기술의 도입은 우리에게 새로운 가능성을 열어주면서, 우리가 가지고 있었던 기존의 가능성 중 특정한 것을 무력화시킨다. 전화가 일반화되면서 멀리 있는 친구나 친척과 전화로 통화하는 것이 가능해졌지만, 이들을 실제로 만나는 빈도는 줄어든 것을 생각해볼 수 있다. 새로운 기술은 과거에는 하지 못했던 새로운 일을 하게 해주지만, 과거에 할 수 있었던 일 중 어떤 특정한 것을 사라져버리게 하는 것이다. 기술이 사회에 미치는 영향은 낙관적 영향 혹은 비관적 영향만이 존재하는 것이 아니라, 가능성을 열어주는 면과 기존의 현실 중 일부를 무력화시키는 측면이 공존한다. 즉 새로운 기술은 우리를 둘러싸고 있는 '기술적 환경(technological environment)'을 바꾸고 새로운 환경을 형성한다.

기술적 환경이 바뀌면서 기술을 둘러싼 사회 세력들, 사회 조직간의 역학 관계가 바뀐다. 새로운 기술 때문에 더 힘을 얻게 된 그룹과 그렇지 않은 그룹이 생기며, 이에 따라 사회의 역학 관계와 사회 구조가 바뀐다. 산업혁명기에 공장에 도입된 기계는 자본가들의 힘을 강화시켰으며, 초기 정보 처리 기술은 국가 관료제의 힘을 강화시켰다. 또 새로운 기술은 우리의 사회적 경험도 바꾼다. 들판을 가로지른 철도는 '자연'이라는 것에 대한 우리의 정신적 이미지를 바꾸었고, 달에서 찍은 푸른 지구 사진은 '지구'에 대한 인류의 경험을 바꾸면서 지구 공동체라는 개념을 만들었다. 컴퓨터는 사람과 사람을 새롭게 만나게 하고 있다.

즉 새로운 인간관계, 권력 관계, 경험을 만들면서 기술은 우리 사회를 바꾼다. 종종 이러한 기술은 기술 시스템으로 진화하고, 원숙한 기술 시스템은 엄청난 모멘텀을 가진다. 이렇게 변화된 사회 구조는 다시 기술이 발전하는 새로운 조건을 만든다. 기술과 사회의 상호 작용은 이렇게 서로가 서로를 바꾸며 나선형으로 얽히면서 발전하는 양상을 보인다.

이제 이러한 인식을 최근 많은 사회 문제를 야기시키는 정보기술에 적용시켜보자. 정보기술이 정보의 집중을 낳기 때문에 필연적으로 인간을 감시하고 통제하는 정보 파놉티콘(panopticon)[30]으로 귀결된다

---

[30] 영국의 공리주의 철학자 제러미 벤덤(Jeremy Bentham)이 설계한 원형 감옥. 감옥의 중심에는 간수가 죄수를 감시하는 공간이 있고 죄수의 방은 감옥의 원주를 따라 둘레에 설계되었다. 간수의 감시 공간은 항상 어둡게 유지되고 죄수

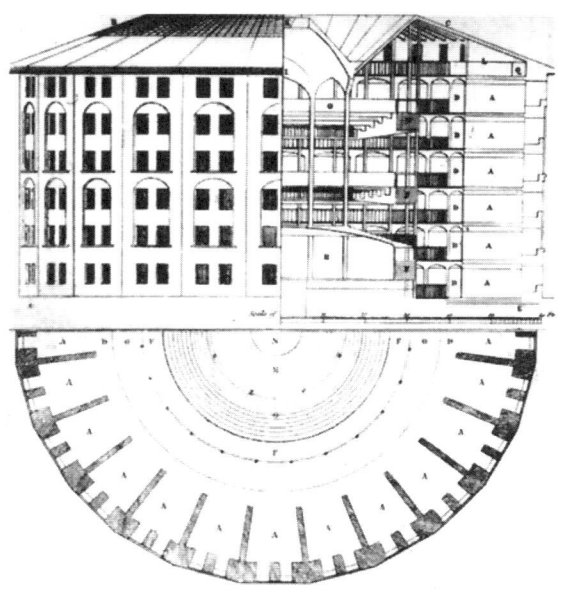

[그림 2-8] 제러미 벤덤이 설계한 원형 감옥 파놉티콘

는 주장은 기술 발전의 내적 논리의 필연성에 근거한 기술결정론적인 생각이다. 우리는 기술의 역사를 통해 어떤 기술이 처음에 예상했던 것과는 다른 사회문화적 영향을 낳는 경우를 종종 볼 수 있다. 기술의 궤적은, 앞에서 지적했듯이, 기술이 새롭게 열어주고 힘을 부여하는 사회 세력들과 동시에 그 기술 때문에 힘을 잃게 되는 사회 세력들 사이의 상호 작용을 통해 가지치기식의 불규칙한 경로를 따른다. 기술의 궤적에 더 중요한 것은 기술을 둘러싼 다양한 사회 세력들 사이의

의 방은 항상 밝게 유지되어, 간수는 언제든지 죄수를 볼 수 있지만 죄수는 간수가 자신을 보고 있는지 아닌지도 알 수 없게 되어 있다.

힘의 관계이지, 기술의 초기 디자인에 각인된 발전 방향성이 아닌 것이다.

따라서 정보기술 중에는 권력자가 민중을 감시하는 목적으로 사용된 것도 있지만, 역으로 민중이 권력자를 감시하는 '역파놉티콘(reverse panopticon)'으로 쓰인 경우도 있다. 정보기술이 파놉티콘으로 쓰이는가 혹은 역파놉티콘으로 쓰이는가를 결정하는 것은 기술 그 자체의 논리가 아니라 항상 기술과 사회 세력들의 다양한 개입 사이의 상호 작용이다.

그렇지만 정보기술이 역파놉티콘으로 쓰일 수 있기 때문에 우리가 기술에 대해서 아무런 일을 하지 않아도 된다고 생각하는 것은 위험하다. 무엇보다 기존에 힘을 가진 권력자가 다수에 대한 정보를 수집하는 감시용으로 정보기술을 사용하기가, 권력에 대한 역감시의 도구로 이를 사용하는 것보다 더 용이한 것이 현실이다. 그러므로 역파놉티콘의 가능성은 열려 있지만, 그것이 자동적으로 이루어지지는 않음을 인식하는 것이 중요하다. 시민운동과 다양한 비정부기구(NGO)들에 의한 행정 및 사법 권력에 대한 감시, 대기업의 횡포와 통신·인터넷 기업의 개인정보 유출에 대한 감시, 의정과 언론에 대한 감시, 시민운동의 또 다른 권력화에 대한 끊임없는 성찰과 자기 감시, 인터넷과 같은 새로운 미디어의 통제에 대한 반대운동, 정보의 수집을 제한하는 강력한 프라이버시법의 입법화, 그리고 역감시를 위한 정보공개권의 확보 등이 결합될 때 역파놉티콘이 제 기능을 발휘할 것이다.

2-7 정리

기술은 양날의 칼이고 따라서 가치중립적일까? 우리는 이 질문과 관련해 무조건적으로 기술을 가치중립적으로 받아들이는 것은 무책임한 태도이며 엔지니어는 자신의 기술이 양날의 칼이 아니라 혹시 한쪽 방향으로만 쓰일 개연성이 큰 기술인가를 세밀하게 관찰하고 주시해야 하는 책임이 있음을 확인했다. 그런데 엔지니어가 기술에 대한 책임감을 확실히 인지한다는 것은 다시 말해 기술이 사회에 어떤 영향을 미치는가에 대한 이해를 필요로 한다. 이러한 이유로 이번 장에서는 기술과 사회의 관계를 바라보는 다양한 관점을 소개했다.

가장 먼저 살펴본 기술결정론은 기술이 사회 변화의 작인 중 가장 중요한 원인임을 주장하는 이론이다. 그러나 본문에서 지적했듯이 기술결정론은 인간의 의식적인 활동, 기술과 관련된 여러 사회경제적 이해관계를 간과했다는 한계를 가지고 있었다. 한편 흔히 기술결정론자로 언급되는 마르크스의 기술관 역시 노동자의 노동력, 숙련지식, 경험 등의 인적 요인을 많이 포함하고 있다는 점에서 단순히 기술결정론으로 치부되기는 어렵다는 점을 확인했다.

기술결정론을 비판하는 가장 대표적인 논리인 기술의 사회적 구성론은 기술 변화의 과정에 정치적, 경제적, 조직적, 문화적 요소가 개입하는 현상을 분석함으로써 궁극적으로는 기술이 사회적 과정의 일종이라고 주장하는 이론이다. 하지만 이 이론 역시 너무 극단적인 입장으로 인해 기술과 사회의 관계에 대한 충분히 적절한 설명을 제시하지는 못하였고, 이를 극복하기 위해서 등장한 것이 기술 시스템과 모멘텀 이론이었다. 이 이론에서는 기술이 발전하면서 이전에는 보이지 않던 연관이 개별 기술들 사이에 만들어져 거대한 시스템을 구성하게 된다는 점을 지적했다. 한편 여러 기술과 사회적인 요소들을 포함해가며 거대해진 기술 시스템은 스스로 모멘텀을 가지게 되고, 이 단계에 이르면 기술 시스템은 외부의 환경을 종속시키며 자신만의 궤적을 그리게 된다.

이러한 논의들을 종합해서 생각해볼 때 다음과 같은 기술과 사회의 관계를 전반적으로 파악하는 시각을 제시할 수 있다. 새로운 기술은 다양한 사회문화적 요소의 영향을 받으며 디자인된다. 이렇게 도입된 새로운 기술은 기존의 기술적 환경을 바꾸고 새로운 환경을 형성하며 사회를 변화시키게 된다. 또한 이러한 기술은 종종 기술 시스템으로 진화하고, 원숙한 기술 시스템은 엄청난 모멘텀을 가진다. 기술 시스템은 사회 구조를 변화시키고, 변화된 사회 구조는 다시 기술이 발전하는 새로운 조건을 만든다. 기술과 사회의 상호 작용은 서로가 서로를 변화시키는 나선형으로 얽혀 있는 과정인 것이다.

1. 기술에 대해서 엔지니어가 책임을 져야 하는 세 가지 이유를 대보라. 그리고 정치인과 엔지니어 중 누구의 책임이 더 크다고 생각하는지 논해보라.

2. 초기 산업기술이 노동 통제에 사용되었다는 주장에 동의하는가? 이 주장을 검증하기 위해서는 어떠한 종류의 역사적 연구가 수행되어야 한다고 생각하는가?

3. 마르크스의 기술관에 대해 논해보라. 그리고 "기술은 필연적으로 정치성을 띤다"는 그의 주장을 나름대로 지지하거나 비판해보라.

4. 20세기의 대표적인 기술인 텔레비전과 자동차 중 어느 기술이 우리 삶에 더 큰 변화를 불러왔는가? 또한 그러한 변화의 사회적 결과는 무엇인가? 이러한 결과는 텔레비전이나 자동차라는 기술만이 원인이 되어 도출된 것인가, 아니면 기술이 다른 변화의 원인들과 상호 작용했기 때문인가?

5. 기술이 '유토피아'와 '디스토피아' 중 어느 것을 만드는 데 좀더 기여할 수 있을지 예를 들어 논해보라.

6. 정치적인 지지를 받지 못했기 때문에 잠재적으로 매우 중요함에도 불구하고 무시되었던 기술의 예를 들 수 있는가? 만약 있다면 그 기술은 어떻게 정치적인 지지를 확보할 수 있을까?

7. 기술 시스템 이론에 대해 구체적인 예를 들어가며 설명해보라. 그리고 시스템 이론에 대한 자신의 견해를 피력하라.

3 성공한 발명, 혁신, 엔지니어

공학은 발명(invention)이고 엔지니어는 발명가일까? 공학을 한다고 하면 보통 밤을 새워서 발명을 하는 사람을 떠올리며, 유능한 엔지니어라고 하면 보통 '발명왕'을 생각한다. 그렇지만 엔지니어가 수행하는 일은 발명이 전부가 아니다. 엔지니어는 기존의 기술, 공정, 제품을 개선해서 더 효율적인 기술, 공정, 제품을 만들고, 자신이 발명한 것을 생산이나 시장과 결합시켜서 경제적 이익을 가져오는 일을 담당하는 경우가 더 많다. 이렇게 발명이나 기존의 기술을 개량해서 생산성을 향상시키고 시장을 더 확대하거나 새로운 시장을 만드는 작업을 '혁신(innovation)'이라고 한다.

혁신에 대해서는 이미 1장에서 다루었지만, 여기서 반복하자면 기술혁신에는 보통 다음과 같은 다섯 가지 특성이 있다. 1) 영웅적인 발명이 개별 발명가에 의해서 이루어지는 경우가 많음에 비해 혁신은 주로 그룹의 협동에 의해 이루어진다. 2) 혁신은 발명을 포함한다. 그렇지만 혁신에는 개별 발명보다 다양한 발명의 결합이 더 중요하다. 3) 혁신 과정은 급격하기보다는 연속적이고 점진적인 경우가 많다. 4) 그렇지만 혁신은 급진적 혁신(radical innovation)과 점진적 혁신(incremental innovation)을 구별할 수 있다. 급진적 혁신은 새로운 기술을 개발해서 이를 통해 새로운 산업 영역을 만드는 종류의 것이며, 점진적 혁신은 기존의 생산에서 필요한 기술을 조금씩 개량·개선해 나가는 종류이다. 5) 혁신의 주체는 많은 경우에 기업이며, 혁신은 생산이나 마케팅과 밀접히 연결되어 있다.

이번 장에서는 구체적인 사례를 가지고 엔지니어의 혁신과 리더십을 살펴보려 한다. 엔지니어 중에는 역사에 남는 놀라운 발명을 하거나 혁신을 이룬 사람들이 많다. 그렇지만 여기서도 문제가 되는 것이 이들의 활동이 항상 균일하지 않다는 것이다. 엔지니어나 기술자 중에는 과학 이론에 가까운 이론적인 혁신을 이룬 사람도 있었고, 이론에는 밝지 않았지만 뛰어난 발명을 통해서 혁신을 이룬 사람도 있었기 때문이다. 또 서로 다른 공학 분야들, 예를 들어 기계공학, 화학공학, 컴퓨터공학을 같은 차원에서 비교하기도 쉽지 않다.

따라서 이 장에서는 역사적으로 중요하다고 간주되는 서구의 기술혁신의 예와 이를 주도한 엔지니어들을 분석하고, 국내의 대표적 기술혁신의 예를 분석한 뒤에, 이러한 사례에서 공통적으로 볼 수 있는 요소를 추출해서 이를 토대로 혁신의 일반 과정을 제시할 것이다. 증기기관을 개량해서 산업혁명의 문을 연 영국의 제임스 와트, 무선전신을 발명하고 이를 기반으로 세계를 덮는 전파 왕국의 제왕으로 군림했던 굴리엘모 마르코니, 사진기의 대중화 시대를 열었던 코닥 카메라의 발명자 조지 이스트먼의 성공적인 발명과 혁신의 사례와, 우리나라가 자랑하는 반도체와 CDMA의 개발 과정이 여기서 살펴볼 혁신 사례이다. 마지막으로 미국의 엔지니어 프레드릭 터먼에게서 볼 수 있는 엔지니어의 성공적인 리더십의 예를 소개한 뒤에 성공적인 혁신이 가지는 공통점을 분석할 것이다.

3-1 성공적인 발명과 혁신 I : 제임스 와트

산업혁명은 대략 1770년경에 영국에서 시작되었다. 산업혁명을 거치며 서구 사회는 농경 사회에서 산업 사회로 변모했으며, 이 거대한 변화를 가능하게 한 기술혁명은 1) 방직 · 방적기술, 2) 제철 · 제련기술, 그리고 3) 증기기관이었다. 광산에서 물을 퍼내는 데 사용되던 증기기관은 엔지니어 제임스 와트(James Watt, 1736~1819)에 의해서 혁신적으로 개량되어 광산은 물론 공장의 에너지원으로 사용되었고, 스티븐슨에 의해서 기차에도 사용되었다. 증기기관 덕분에 철광석이나 석탄과 같은 원자재를 채취하는 방식이 혁신적으로 개량되었으며, 기차를 이용해서 이를 공업도시로 실어 날랐고, 공장에서 다시 증기기관의 연료로 사용되기 시작했다. 증기기관은 원료 생산지와 소비지, 제품 생산지와 소비지, 도시와 농촌을 잇는 거대한 변화를 촉발시킨 기술이었으며, 산업혁명을 상징하는 기술이었다고 해도 과언이 아니다.

이 거대한 변화를 촉발시킨 제임스 와트는 1736년 스코틀랜드에서 태어났다. 그의 아버지는 측량기사였기 때문에, 와트는 어릴 적부터

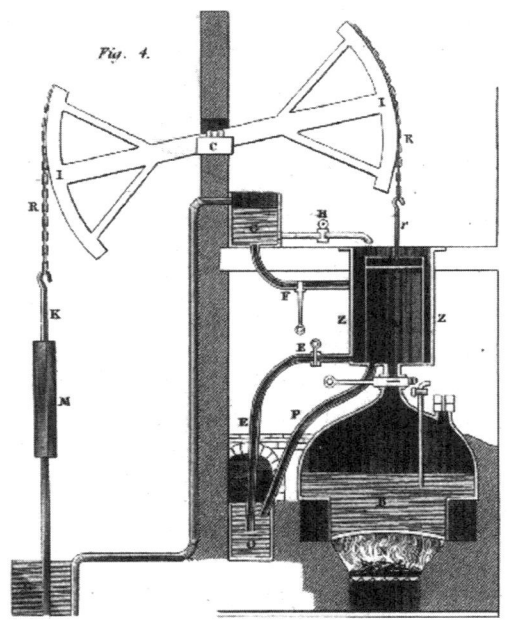

[그림 3-1] 뉴커멘 엔진

작업장에서 기계를 다루면서 기계에 친숙해질 수 있었다. 와트는 19세에 글래스고라는 스코틀랜드의 대도시에서 과학기기를 제작하는 일을 시작했으며, 곧 이 일에 재능을 보여 이십대 초반에는 직접 자신의 가게를 열었다. 1763년 27세가 되었을 때, 그에게는 뉴커멘 엔진(Newcomen engine)이라는 증기기관을 수리할 기회가 생겼다. 뉴커멘 엔진은 1712년 영국의 엔지니어 토머스 뉴커멘이 발명한 증기기관으로 광산의 갱도에 고인 물을 퍼내는 데 사용되고 있었는데, 그 효율이 낮아 널리 사용되지는 않고 있었다.

  뉴커멘 엔진은 물을 끓여 거기서 나온 증기로 실린더 내의 피스톤을 위로 밀어 올렸다. 문제는 이렇게 올라간 피스톤을 어떻게 다시 밑으로 떨어뜨리는가에 있었는데, 뉴커멘 엔진은 실린더에 난 작은 구멍을 통해서 찬 물을 실린더 내부에 뿜어 실린더의 온도를 떨어뜨림으로써 피스톤을 밑으로 하강시키는 방법을 이용했다. 이럴 경우 문제는 피스톤을 위로 올리기 위해서 실린더를 덥혀야 하고, 이를 떨어뜨리기 위해서는 실린더를 다시 차게 만들어야 한다는 것이었다. 즉 열의 상당 부분이 차가워진 실린더를 다시 덥히는 데(즉 아무런 일도 하지 못하고) 사용되었던 것이다. 뉴커멘 엔진이 열효율이 낮았던 것은 바로 이러한 이유 때문이었다.

뉴커멘 엔진을 수리하면서 와트는 이 문제를 해결하면 엔진의 효율이 놀랄 만큼 높아질 수 있다는 것을 인식했다. 그렇지만 어떻게 이 문제를 해결할 수 있는가? 피스톤을 떨어뜨리기 위해서는 실린더를 되도록 차게 유지해야 하며, 이를 밀어 올리기 위해서는 되도록 실린더를 데워야 한다. 어떻게 냉각과 가열을 동시에 만족시킬 수 있는가? 이 두 가지 모순되는 상황을 어떻게 한 가지 기술에 구현할 수 있는가?

서로 양립할 수 없어 보이는 조건을 하나의 엔진에 구현하는 이 문제를 오래 고민하다가 와트는, 피스톤이 운동하는 실린더를 항상 덥게 유지하고 공기를 냉각시켜주는 콘덴서를 따로 분리해서 이를 항상 차게 유지하면 이 문제가 해결될 수 있다는 것을 인식했다. 그는 수개월간의 연구 끝에 '분리 콘덴서(separate condenser)'를 발명함으로써 결국 이 문제를 해결했다. 와트는 분리 콘덴서를 가진 증기기관에 대한 첫 특허를 1769년에 취득했다.[1]

이제 문제는 돈이었다. 와트는 부유하지 않았기 때문에 다른 곳에

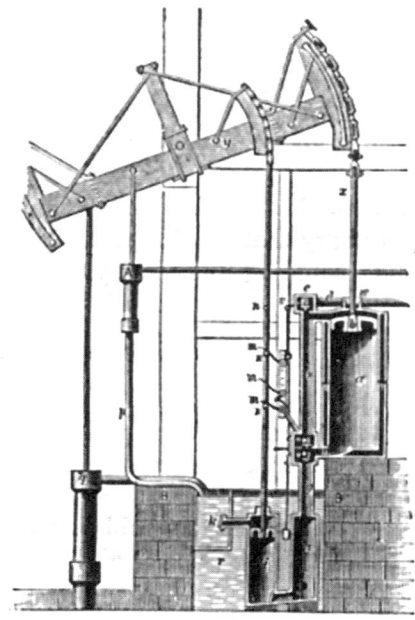

[그림 3-2] 분리 콘덴서를 적용한
와트의 증기기관

서 재원을 마련해야 했다. 마침 스코틀랜드에서 철광업을 하던 존 로벅(John Roebuck)의 재정적 후원을 얻을 수 있었지만, 로벅은 1773년에 파산했다. 그렇지만 곧바로 와트는 자신의 아이디어를 가지고 버밍엄의 부유한 사업자인 매튜 볼턴(Matthew Boulton)과 동업을 시작하는 데 성공했다. 금속세공과 도자기 공업을 운영하던 볼턴은 와트의 증기기관의 가치를 단숨에 알아차렸다. 볼턴의 공장에서 제작된

---

1 와트의 증기기관에 대해서는 Eugene S. Ferguson, "The Steam Engine Before 1830," in Melvin Kranzberg and Carroll W. Pursell Jr., eds., *Technology in Western Civilization* Volume 1(New York: Oxford University Press, 1967), pp. 245~263 참조.

와트의 증기기관은 놀랄 만큼 인기를 끌었는데, 그 이유는 이것이 뉴커멘 기관보다 네 배 이상 효율적이었기 때문이다. 와트는 1775년에 자신의 기관에 대한 포괄적인 특허를 취득했고, 이를 기반으로 25년간 증기기관의 생산을 독점할 수 있었다.

그렇지만 와트가 이 첫 특허만을 이용해서 부를 축적했다고 생각해서는 안 된다. 와트의 발명은 여기서 끝나지 않았기 때문이다. 그가 처음 만든 기관은 상하 수직 운동만을 수행했고, 따라서 이 첫 엔진은 광산의 물을 퍼내는 데는 적합했지만 공장에 사용될 수는 없었다. 그는 이 문제를 해결하기 위해서 1781년에 회전 운동을 하는 증기기관을 만들었다. 회전 운동을 하는 증기기관의 발명은 증기기관을 방적 공장과 같은 곳에서 방적기를 돌리는 데 사용될 수 있도록 탈바꿈시켰다. 발명가이자 기업가였던 리처드 아크라이트(Richard Arkwright)는 와트의 증기기관의 중요성을 인식하고 1790년에 노팅엄에 있는

제임스 와트에 대한 몇 가지 신화

가장 잘못 알려진 사실은 "와트가 최초로 증기기관을 발명했다"는 얘기다. 우리가 보았다시피 와트는 증기기관을 발명한 것이 아니라, 기존에 존재하던 뉴커멘 증기기관을 개량했다. 또 와트의 발명이 주전자에서 물이 끓는 것을 보고 영감을 얻어 이루어졌다는 얘기도 근거 없는 신화이다. 어떤 사람들은 와트가 당시 화학자였던 조셉 블랙(Joseph Black)의 잠열(latent heat) 이론을 공부한 뒤에 증기기관을 발명했다고 주장하지만, 이 역시 근거가 희박하다. 와트는 기존의 뉴커멘 증기기관의 문제를 인식하고, 이를 해결하기 위해서 오래 노력한 결과 '분리 콘덴서'를 발명했으며, 이후 자신의 기관을 여러 단계에 걸쳐서 개량하고 또 개량했다.

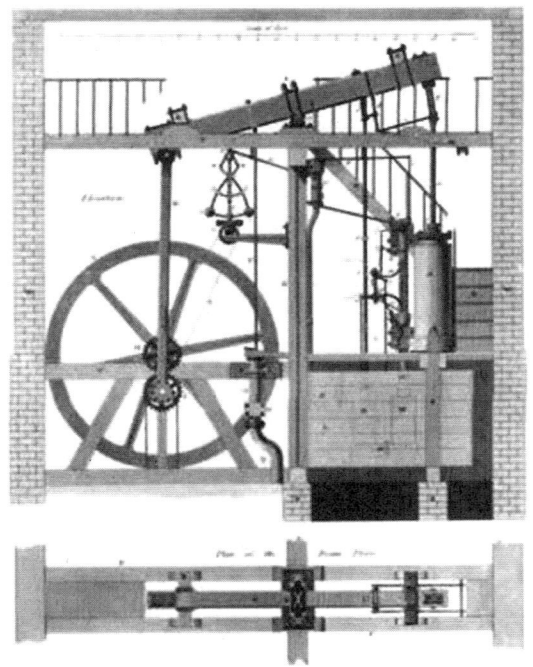

[그림 3-3] 와트의 회전 증기기관

자신의 방직공장에 최초로 증기기관을 설치했다. 1800년이 되면 5백 기 이상의 와트 기관이 영국의 공장과 광산에서 사용되고 있었다. 와 트는 1788년에 피스톤 운동의 속도를 자동으로 조절하는 조속기(調速 機)를 발명했고, 복동식 엔진(피스톤이 위로 올라갈 때와 아래로 떨어질 때 모두 엔진을 작동시키는 것)과 평행 운동 메커니즘(회전 운동을 직선 왕복 운동으로 바꾸어주는 것으로 기차에 사용될 수 있음)을 발명했다. 그는 1790 년에 이미 백만장자가 되었고, 1800년에는 회사에서 은퇴해서 자신 의 연구에 전념했다.

와트의 성공은 그가 뉴커멘 엔진의 낮은 열효율의 원인을 정확하게 인식하고 이를 해결하기 위해 오랫동안 노력한 데에서 출발했다. 그렇지만 이러한 한 가지 발명이 그의 성공의 전부는 아니었다. 무엇보다 그가 볼턴이라는 유능한 기업가와 역사에 남을 파트너십을 만들었던 것이 성공의 중요한 요인이 되었다. 와트는 발명과 혁신에 능했고 볼턴은 비즈니스에 능했다. 이러한 상보성은 와트-볼턴 회사의 성장의 동력이었다. 또 와트는 유능한 기계공 출신의 윌리엄 머독(William Murdoch) 같은 능력 있고 충직한 조수를 고용했으며, 당시 영국의 특허법을 잘 이용해서 자신의 발명을 25년간 독점할 수 있었다.

그렇지만 가장 중요한 것은 그가 지속적으로 기술혁신에 매진했다는 것이다. 그는 뉴커먼 기관을 개량한 데에서 머문 것이 아니라 증기기관을 보편적인 동력원으로 만들기 위해서 회전 증기기관을 개발했고, 복동기관을 만들고, 그 속도를 일정하게 유지하는 조속기를 개발하고, 평행 운동 메커니즘을 개발하고, 증기기관의 힘을 재는 '마력(馬力)'이라는 단위를 만들었다. 이러한 지속적인 혁신은 와트와 볼턴이 증기기관의 생산을 30년 가까이 독점할 수 있었던 가장 중요한 요소가 되었다.

와트가 발명해서 특허를 낸 증기기관은 저압력(low pressure) 증기기관이었다. 한 가지 흥미로운 사실은 와트가 자신의 발명품인 저압력 기관에만 신경을 썼기 때문에 다른 형태의 증기기관에 무관심했으며, 심지어는 적대적이기까지 했다는 점이다. 와트는 증기기관차를 만들려는 시도에 격렬하게 반대했는데, 그 이유는 증기기관차를 만들기 위해서는 고압력(high pressure) 엔진을 사용해야 했기 때문이었다. 실제로 와트의 조수인 머독은 고압력 증기기관을 개발했지만, 와트는 머독의 연구를 격려하기는커녕 이를 적극적으로 말렸고 심지어 머독이 특허를 내지 못하도록 압력을 가하기도 했다. 와트에 대한 충심이 강했던 머독은 결국 자신의 고압력 기관 연구를 포기하고 말았다. 고압력 기관은 와트의 특허가 말소된 1800년 이후에야 발명되었고, 결국 와트의 저압력 기관을 대체하게 되었다. 우리는 혁신적인 기술을 발명한 엔지니어가 그 기술만을 고집하고 다른 가능성에 눈을 감아버리는 '보수적인' 태도를 취하는 것을 기술의 역사를 통해서 종종 볼 수 있다.

3-2 성공적인 발명과 혁신 II : 굴리엘모 마르코니

20세기 무선전신과 라디오의 아버지라 불리는 마르코니(Guglielmo Marconi, 1874~1937)는 어릴 적부터 과학과 발명에 관심이 많았다.[2] 이탈리아의 부유한 집에서 태어난 그는 부자 아버지를 둔 덕분에 자기 집에 있는 다락방을 자신의 실험실로 꾸미고 다양한 화학 실험과 전기 실험에 몰두할 수 있었다. 마르코니는 20세가 되던 1894년 여름에 독일 물리학자 헤르츠(H. Hertz)의 조사(弔辭)가 실린 잡지를 우연히 보게 되었다. 독일의 천재 물리학자 헤르츠는 1888년에 전자기파를 발견해서 전 유럽을 흥분시킨 장본인이었는데, 불행히 1894년에

---

[2] 마르코니의 발명과 혁신에 대한 상세한 분석은 Sungook Hong, *Wireless: From Marconi's Black-box to the Audion*(Cambridge, MA : MIT Press, 2001) 특히 1~3장을 볼 것.

36세의 젊은 나이로 요절했다. 그는 마치 곤충의 날개 모양으로 펼쳐진 콘덴서에 유도 코일로부터 얻어낸 고전압을 축전해서 방전시킴으로써 고주파 전자기파를 얻어냈다. 헤르츠는 눈에 보이지 않는 전자기파를 이용해서 멀리 떨어진 곳에 스파크를 일으킴으로써 그 존재를 증명할 수 있었으며, 전자기파가 빛의 속도로 전파된다는 것을 실험을 통해 보일 수 있었다.

헤르츠의 발견 이후에 유럽 최고의 물리학자들이 전자기파를 가지고 다양한 종류의 물리 실험을 했다. 이들의 실험은 주로 전자기파가 빛과 같은 성질을 지닌 파동인가 그렇지 않은가라는 문제에 집중되어 있었다. 그렇지만 어느 누구도 전자기파를 통신에 사용할 수 있다고는 생각하지 않았다. 우선 전자기파의 전파 거리가 불과 수십 미터 정도로 너무 짧았다. 그리고 물리학자들은 전자기파의 파장을 더 짧게 해서 전자기파의 편광, 굴절, 산란과 같은 문제를 분석함으로써 전자기파와 빛 사이의 유사성을 탐구하는 문제에 관심이 많았다. 반면에 (유선)전신 기술자들은 물리학자들이 실험실에서 사용하는 전자기파에 별 관심이 없었다. 19세기 말엽에 전신은 대서양을 가로질렀고 전 세계를 거미줄같이 덮고 있었기에, 전신 기술자들이 전파 거리가 수십 미터밖에 안 되는 전자기파에서 새로운 통신의 가능성을 찾을 이유가 없었던 것이다.

마르코니는 볼로냐 대학의 물리학자 리기(A. Righi) 교수에게 전자기파 실험에 대한 물리학을 배웠지만, 대학에서 배운 물리학이 아닌 자신만의 실험을 통해 무선전신을 발명했다. 그는 헤르츠의 실험에 대한 기사를 읽자마자 이를 통신에 사용할 수 있다는 가능성을 직감

[그림 3-4] 청년 마르코니와 그의 초기 무선전신 시스템

했었다. 하지만 문제는 전자기파의 전파 거리가 너무 짧다는 것이었다. 이 문제를 인식한 뒤에 마르코니는 이 거리를 늘리는 쪽으로 연구를 집중했다. 우선 발진기의 유도 코일의 크기를 늘리고 그 절연을 완벽하게 함으로써 더 강력한 스파크를 얻어낼 수 있었다.

그 다음 문제는 수신기였다. 당시의 수신기는 무척 불안정하고 비효율적이었으므로 마르코니는 수신기의 민감도를 높이는 데 총력을 기울였다. 수신 튜브의 크기를 작게 하고, 약 3백에서 4백 가지의 재료에 대한 실험을 거쳐 니켈과 은가루를 혼합한 후 여기에 수은을 몇 방울 떨어뜨려주면 가장 좋은 수신기를 만들 수 있다는 사실을 알게 되었다. 그는 수신기를 두드리는 태퍼(tapper)를 발명하여 이를 계전기(relay, 미세한 전류를 큰 전류로 바꾸어주는 기계)와 연결시켰고, 발진기에 날개 모양의 금속 콘덴서를 달았으며, 비슷한 날개를 수신기에도 연결했다. 실험을 하면서 마르코니는 이 날개 중 한쪽을 땅에 묻으면 송수신 거리가 훨씬 더 늘어난다는 것을 알게 되었다. 이 날개 모양의 콘덴서가 뾰족한 안테나로 진화한 것이다. 약 1년 가까이 온갖 회로를 다 실험한 뒤에 마르코니는 대략 2마일 정도 거리에서 전자기파를 이용해서 모스 코드(Morse Code)를 보내고 받는 데 성공했다.

그렇지만 주위의 반응은 냉담했다. 마르코니의 아버지를 비롯해서 이탈리아의 학자들은 마르코니의 발명을 장난감으로 취급했다. 이탈리아에서 특허를 내는 것이 어렵다고 생각한 마르코니는 자신의 발명품을 가지고 영국으로 건너갔다. 이때 그는 불과 22살이었다. 마르코니는 영국 체신국 엔지니어들 앞에서 자신의 발명을 선보였고, 체신국을 통해 자신을 홍보했다. 전선 없이 공중을 가로질러 1~2마일씩 메시지를 송신하는 마르코니의 발명은 곧바로 영국 과학자들과 기술자들의 관심을 끌었다. 특히 해안에 끼는 안개 때문에 생기는 선박의 난파 사고로 골머리를 앓았던 영국 정부는 마르코니의 발명품이 배와 부두, 등대 사이의 통신을 가능하게 해준다는 이유로 이 발명에 많은 관심을 보였다. 무선전신의 틈새시장이 열린 것이다. 영국 체신국은 마르코니의 발명을 싼값에 사려는 계획을 세웠다.

마르코니가 영국으로 와서 매스컴의 관심을 끌기 전에 그가 했던 일은 영국 특허를 신청한 것이었다. 그는 몰턴(F. Moulton)이라는 당시 영국 최고의 변리사를 고용해서 자신의 특허를 무선전신의 거의 모든 것을 포함하는 완벽한 것으로 만들었다. 1897년 가을에 이 특허가 인가되면서 마르코니는 아일랜드의 부유한 사촌의 투자를 받아 자신의 회사를 만들면서, 영국 체신국과 인연을 끊었다. 마르코니를 후원했던 체신국은 마르코니를 설득해서 특허를 매입하려고 노력했지만 허사였다. 이탈리아에서 온 청년이 무선전신을 독점하는 것을 우려한 영국의 체신국과 해군은 마르코니의 특허를 무효로 만들기 위해 여러 방안을 강구했지만, 성공하지 못했다. 마르코니의 친구였던 해군의 잭슨 선장(Henry Jackson)이 소송을 막는 데 중요한 역할을 했기 때문이었다.

마르코니는 회사 지분의 10%를 가진 부호가 되었지만 여기서 멈추지 않았다. 당시 무선전신의 문제는 크게 두 가지가 있었다. 하나는 전파들 사이에 혼선과 교란이 심하고 누구나 도청이 가능하다는 것이었다. 두번째 문제는 수신 거리가 아직도 무척 제한되어 있다는 것이었다. 1897년부터 2년간 마르코니는 이 문제를 해결하기 위해 수많은 실험을 직접 수행했다. 회사의 대표였던 마르코니는 고위 관리와의 파티보다 실험에 몰두했다. 그는 조수와 함께 호수에서 작은 보트를 타고 자신의 신기술의 효용을 테스트하는 일을 반복했다. 그의 조수들은 마르코니의 집중력과 끈기에 놀라곤 했다. 이런 노력 끝에 그는 교란이나 도청이 어렵고, 동시에 100마일 이상 송신할 수 있는 '공조 시스템'을 개발해서 특허를 내는 데 성공했다.[3] 마르코니는 1900년에 새 공조 시스템에 대한 특허를 받았는데, 공교롭게도 그 특허의 번호가

---

[3] 공조 시스템이란 마치 우리가 라디오의 주파수를 맞추듯이 특정한 주파수의 전파를 보내고 이를 골라서 수신할 수 있는 무선전신 시스템을 말한다. 1900년에 마르코니가 첫번째로 실용적인 공조 시스템을 발명하기 전까지 과학자들과 엔지니어들은 실용적인 공조 시스템이 불가능하다고 생각했었다.

행운의 숫자인 7이 네 번이나 겹친 7777번이었다. 이 공조 시스템은 무선전신 분야에서 마르코니의 독점을 더 공고한 것으로 만들었다.

1900년까지 마르코니의 사업 전략은 무선전신을 통해 기존 통신의 틈새시장을 공략하는 것이었다. 당시에는 전신이 전 세계를 거미줄처럼 덮어 제국과 식민지를 연결하고 있었으며, 도시에서는 전화가 빠른 속도로 보급되고 있었다. 무선전신은 배와 부두 사이의 통신처럼 기존의 전신이나 전화가 담당할 수 없는 영역에 국한되어 사용되었다. 이는 당시까지 무선전신의 거리가 대략 100마일 정도로 제한되어 있기 때문이기도 했다. 무선전신을 개발하던 엔지니어 대부분은 무선전신이 이렇게 틈새시장에서 제한적인 용도로 사용되는 것에 대해서 특별한 문제의식을 갖지 못하고 있었다.

그렇지만 마르코니는 이 시점에서 근본적인 문제를 제기했다. 왜 무선전신은 일반 전신과 경쟁을 하면 안 되는가? 왜 무선전신을 사용해서 대서양을 가로질러 메시지를 송수신할 수 없는가? 이에 대해서는 두 가지 반론이 있었다. 우선 무선전신 송신기가 낼 수 있는 에너지가 무척 제한되어 있다는 것이었다. 기존의 송신기로는 대략 150~200마일이 그 한계였다. 그리고 더 큰 문제는 전파가 직진한다는 데 있었다. 즉 지구의 곡률 때문에 영국에서 강력한 전파를 보내도 그것은 미국에 도착하는 것이 아니라 우주로 발산된다는 것이었다.

그렇지만 마르코니는 이러한 반대에 뜻을 굽히지 않았다. 첫번째 송신기 문제에 대해서 마르코니는 그의 과학자문이었던 플레밍(J. A. Fleming)에게 자문을 구했고, 그로부터 기존의 송신기의 4백 배 이상의 출력을 내는 송신기의 제작이 가능하다는 답을 얻었다. 플레밍은

[그림 3-5] 강풍에 무너지기 직전의 폴듀 송신소와 안테나

거대한 발전소의 송전 시스템을 전공했던 전기과학자 출신이었다. 두 번째 문제는 더 심각한 것이었다. 전자기파가 직진한다는 것은 뉴턴의 법칙만큼이나 확고한 사실이었다. 그렇지만 마르코니는 여러 실험을 통해 전파가 지구의 곡률을 따라, 즉 지구 표면을 따라 움직인다고 이미 확신하고 있었다.

반대하는 회사 이사들을 설득해서 마르코니는 1900년부터 대서양 횡단 무선전신의 실험에 착수했다. 1년에 걸쳐 마르코니와 플레밍은 영국 남단에 있는 작은 도시 폴듀(Poldhu)에 거대한 송신소를 건설하고, 미국의 케이프코드(Cape Cod)에 같은 규모의 전신소를 만들었다.

[그림 3-6] 세인트존스 시그널 힐에서 수신 실험을 하는 마르코니(맨 왼쪽)

그러나 실험을 두어 달 앞두고 두 전신소의 안테나가 강풍에 맥없이 쓰러지고 말았다. 모든 사람이 "이제 실험이 실패했구나"라고 느낄 시점에서, 마르코니는 폴듀에 임시 안테나를 만들어 세웠고, 두 명의 조수와 함께 캐나다 동쪽 끝에 있는 작은 도시 세인트존스로 건너갔다. 1901년 12월 12일, 악천후의 기후 속에서 마르코니는 최초로 대서양을 가로질러 도달한 무선전신 메시지 'S…S…S'를 수신했다.[4] 이후 마르코니는 장거리 무선전신 서비스를 제공하기 시작했으며, 무선 전신은 대서양 해저 전신과 경쟁 관계에 접어들었다.

1901년 이후에도 마르코니의 혁신은 계속됐다. 그는 1902년에 자석 수신기를 발명했는데, 이 수신기는 전자기파가 금속의 자기적(磁氣

---

[4] 실제로 영국에서 보낸 무선전신 메시지가 미국에 도달할 수 있었던 것은 전파가 지구를 따라 전달되었기 때문이 아니라 지구의 대기 상층권에 이온층이 있어서 이것이 전파를 반사했기 때문이었다.

的) 성질을 바꾼다는 과학자 러더포드(E. Rutherford)의 과학적 발견을 잘 이용한 수신기였다. 1904년 마르코니의 과학자문이던 플레밍은 2극 진공관을 발명했는데, 마르코니는 이를 무선전신의 수신기에 접목시켰다. 1907년에는 원판 회전 송신기를 발명했다. 이는 거의 연속적인 무선전신 파형을 가능케 한 발명이었다. 이러한 잇단 발명을 통해 마르코니의 무선전신 시스템은 점점 완벽해졌으며, 마르코니는 세계 무선전신 시장을 거의 독점할 수 있었다.

대서양 횡단 무선전신이 성공하면서 마르코니는 무선전신의 시장을 몇 배 키웠다. 이제 미국과 영국 사이에 직접 송수신이 가능해졌을 뿐만 아니라, 대서양을 항해하는 배가 무선전신을 통해 신문을 받아보는 일도 가능해졌다. 특히 1912년에 있었던 타이타닉 호 참사는 모든 배가 무선전신 설비를 장착하도록 의무화했으며, 이후 해상에서

타이타닉과 무선전신 : 세 명의 용감한 무선전신 기사들

타이타닉 호의 참사(1912)에서 가장 영웅적인 활동을 했던 사람들은 무선전신 기사였다. 타이타닉 호의 무선전신 기사 잭 필립스는 구명선을 타라는 선장의 명령을 거역하면서 전신기를 두드렸고, 결국 타이타닉과 운명을 같이 했다. 잭의 조수였던 해롤드 브라이드는 마지막까지 전신기에 붙어 있다가 마지막 순간에 구명선에 의해서 구조되었다. 이들이 보낸 구조 메시지는 중급 여객선인 '카페이티아'에 의해서 포착되었는데, 카페이티아의 무선전신 기사인 해롤드 코템은 일을 끝내고 자리에 든 이후에 자기 배의 시계를 인접 배의 시계와 비교하기 위해 무선전신실을 찾았다가 긴급 구조 메시지를 들었다. 코템이 메시지를 듣지 못했다면 구명선을 탔던 대부분의 타이타닉 승객도 얼음장처럼 찬 바다에서 운명을 달리 했을 것이다.

마르코니 사의 독점은 더욱 강화되었다. 마르코니는 1909년에 노벨 물리학상을 수상했으며, 1929년에는 이탈리아 학사원의 원장으로 추대되었다. 그는 1937년 7월 20일에 사망했는데, 마르코니가 사망한 이틀 뒤인 22일 6시 정각에 당시 지구를 뒤덮고 있었던 모든 라디오 방송은 그를 기리기 위해서 2분 동안 모든 방송을 중단하고 어떤 전자기파도 내보내지 않았다. 아주 잠깐 동안 세상은 마르코니의 발명 이전으로 되돌아갔던 것이다.

마르코니의 성공에는 와트의 성공과 흡사한 점이 많다. 우선 마르코니는 무선전신이라는 급진적 혁신을 가능케 한 첫 특허를 출원했다. 그리고 자신의 주변 사람들과의 관계를 잘 활용해서 자신의 발명을 선전하고 회사를 차렸다. 자신의 사촌들, 변리사 몰턴, 해군의 잭슨 선장, 과학자문 플레밍, 수년간 마르코니의 실험을 옆에서 도왔던 조수 플러드페이지와 같은 사람들을 발굴하고 적재적소에 사용하는 능력도 뛰어났다. 그리고 다른 사람들이 무선전신은 틈새시장에 만족해야 한다고 생각할 때, 과감하게 대서양을 가로지르는 전신과의 경쟁을 선포했다. 또 무엇보다 하나의 발명에 그친 것이 아니라, 공조 시스템의 발명, 장거리 송신 체계의 발명, 자기 수신기의 발명, 2극 진공관의 수신기에의 사용과 같이 발명에 혁신을 거듭했다. 그가 영국에 건너온 지 15년 만에 전 세계 무선전신 제국의 '황제' 자리까지 오른 것에는 이러한 이유가 있었던 것이다.

그렇지만 마르코니도 와트처럼 새로운 기술혁신에 대해서 '보수적인' 면을 보이기도 했다. 스파크를 이용한 당시 무선전신의 큰 한계는 전화처럼 목소리를 실을 수 없다는 것이었다. 1900년대 초엽부터 각국의 엔지니어들은 이 한계를 극복하기 위해서 '연속파'를 만드는 방법을 고안하기 시작했는데, 마르코니는 유독 연속파에 대해서 부정적이었다. 마르코니는 연속파가 실현될 수 없는 것이라고 생각했으며, 자신의 스파크 발진기를 좀더 완벽하게 하는 데 온 힘을 쏟았다. 결국 연속파 발진기는 마르코니 사가 아닌 덴마크와 미국의 기술자들에 의해서 발명되었으며, 이후 1920년대 라디오 혁명의 모태가 되었다. 덧붙여서 마르코니는 단파(短波)에 대해서도 부정적이었는데, 그 이유는 마르코니의 초기 성공이 파장을 더 길게 함으로써 가능했기 때문이었다. 마르코니는 수많은 사람들이 단파를 여러 가지 용도로 사용한 뒤에야 단파 무선전신을 시작했다. 이렇게 발명에 혁신을 거듭했던 마르코니도 자신의 성공이라는 한계에 갇혀 있는 특성을 보였다는 점은 무척 흥미로운 역사적 아이러니라고 볼 수 있다.

3-3 성공적인 발명과 혁신 III : 조지 이스트먼

"여행에서 남는 것은 사진밖에 없다"는 얘기가 있을 정도로 우리는 사진 없이는 살 수 없다. 여행을 가도, 졸업식에 가도, 생일 파티를 해도 우리는 사진을 찍는다. 최근에는 사진기가 발명된 이후 가장 큰 혁명이라고 할 수 있는 디지털 사진기가 급속도로 보급되고 있으며, 디지털 사진기는 휴대폰이나 MP3 플레이어와 결합해서 급속하게 소형화되고 있다.

사진의 역사는 18세기 초엽으로 거슬러 올라간다. 18세기 초엽 독일의 화학자 슐츠(J. H. Schultz)는 은화합물인 은염에 빛을 쪼이면 빛을 받은 부분이 검게 변한다는 것을 발견했다. 그렇지만 당시에는 그의 발견이 실용화되지 못했다. 1800년에 영국의 도기 산업가 조사이어 웨지우드(Josiah Wedgewood)의 아들 토머스 웨지우드(Thomas Wedgewood)는 작은 어둠상자 속에 질산은 용액을 바른 종이를 놓고 어둠상자를 외부에 노출시켰을 때 외부의 배경이 종이에 상으로 남는다는 것을 발견했지만, 이 상을 영구적인 것으로 만드는 법을 개발하지는 못했다. 1817년에 프랑스의 석판공 조제프 니에프스(Joseph N. Niépce)는 납과 주석의 합금판에 원판의 이미지를 자동적으로 고정시키는 헬리오그래피(heliography)라는 사진법을 발견했고, 이를 이용해서 1827년에 8시간의 노출 끝에 풍경 사진을 얻어내는 데 성공했다.

현대적인 의미의 사진기는 프랑스의 발명가 루이스 다게르(Louis J. M. Daguerre)에 의해서 1839년에 만들어졌다. 다게르는 풍경화를 그리던 화가로 니에프스와 공동 연구를 수행했으며, 니에프스가 사망한 뒤에 독자적으로 연구를 계속해서 은을 사용한 독자적 방법을 개발했다. 그의 방법은 은판 위에 요오드 증기를 쬐어 감광선이 있는 옥화은 층을 만들고 여기에 상을 노출시킨 뒤에 수은 증기로 현상해서 수은과 은의 화합물로 상을 고정시키는 것이었다. 당시 프랑스 최고의 물리학자였던 아라고(Arago)는 다게레오타입(은판 사진, daguerreotype) 사진법을 과학 아카데미에 소개했고, 프랑스 정부로 하여금 다게르의 발명권을 매입하고 그의 발명을 전 세계에 홍보하도록 종용했다. 다게레오타입이라고 이름 붙여진 다게르의 사진술은 순식간에 세계로 퍼져나갔다. 초기 다게레오타입은 노출 시간이 길다는 문제가 있었지만, 렌즈의 사용으로 이 문제가 어느 정도 해결되었다. 약 10년 후인

[그림 3-7] 1839년 파리의 거리를 촬영한 다게레오타입

1850년경이 되면 미국에서만 1만여 명의 사진사가 다게레오타입 사진을 찍고 있었다.[5]

다게레오타입의 가장 큰 문제점은 사진을 찍는 과정이 매우 복잡했다는 것이다. 건판은 은도금된 동판에 요오드 증기를 쬐어서 옥화은 층을 만든 것을 사용했다. 이것을 어둠상자(카메라 옵스큐라)에 넣고 노출을 오래 해서 사진을 찍었는데, 보통 몇 분 동안 노출을 해야 했고 따라서 인물 사진을 찍기 위해서 사람들은 몇 분 동안 꼼짝 않고

---

[5] 사진의 역사에 대한 짧고 유용한 개괄로는 홍미선, 「1839년, 사진이 탄생하다」, 이인식 외 지음, 『세계를 바꾼 20가지 공학기술』(생각의 나무, 2005), 175~198쪽이 있다.

있어야 했다. 이 과정이 완료되면 감광된 은판에 수은 증기를 쐬어 현상을 시켰고, 상을 정착시키는 과정은 염화나트륨이나 황산나트륨 용

작가들이 본 사진술

사진의 발명은 세상을 놀라게 했다. 문인들은 사진이 가지고 온 변화를 문학적인 언어로 표현했는데, 이 중에는 긍정적인 평가도 있었지만 부정적인 평가도 있었다.

미국의 문호 에드거 앨런 포(Edgar Allen Poe, 1809~1849)는 사진을 무척 높게 평가했다. "그 어떤 언어도 진실의 개념을 있는 그대로 정확하게 전달하기에는 부족하다. 그리고 이것은 그리 놀라운 일이 아니다. 이 경우 시각 자체의 근원이 그 시각을 구성하는 사람에게 있다는 것을 생각하면 말이다. 사물이 완벽한 거울에 반영될 때 보여주는 그 명확한 상태를 떠올린다면 우리는 그 어떤 매체를 이용할 때보다도 사실에 가까이 접근할 수 있을 것이다. 사실상 다게레오타입은 인간이 손으로 직접 그린 어떠한 그림보다도 무한히 더 정확하게 사물을 묘사하기 때문이다." 이 논평은 기술에 대한 열정적 낙관론을 잘 보여준다.

반면 프랑스의 작가 보들레르(Charles Baudelaire, 1821~1867)는 사진에 대해서 비판적, 회의적이었다. "사진 사업은 자칭 화가라고 말하는 사이비 화가들, 재능이 없거나 너무 게을러서 자신의 작품을 완성할 수 없는 모든 화가들의 도피처였기 때문에 대부분의 사람들이 이처럼 사진에 열중하는 것은 무지와 어리석음의 상징일 뿐만 아니라 복수를 하는 것처럼도 보인다. 잘못 응용된 사진술의 발전이 물질적이기만 한 다른 모든 것과 마찬가지로 지금도 부족한 프랑스의 예술적인 재능을 더욱 허약하게 만드는 데 크게 기여했다." 보들레르는 기술이 인간성을 황폐화시킨다는 비관론을 대변하고 있다.[6]

---

[6] 앞의 책, 188~190쪽.

액을 사용했다. 다게레오타입은 1860년대에 이르러 더 좋은 기술로 부분적으로 개량되었는데, 알부민을 사용한 인화지, 콜로디온 습판, 젤라틴 건판 등이 이러한 새로운 기술이었다.

지금도 세계적인 기업으로 그 명성을 유지하는 코닥 사의 설립자 조지 이스트먼(George Eastman, 1854~1932)은 아버지의 사업이 파산한 이후 14살부터 보험회사와 은행에서 사무원으로 일하면서 무척 평범하게 십대와 이십대 전반을 보냈다. 다만 그는 사진 찍는 것을 취미로 삼을 정도로 사진에 흥미가 많았다. 사진 찍는 것을 좋아했던 그는 우연한 기회에 사진 사업에 뛰어들게 되었다. 당시에는 영국에서 막 젤라틴 건판이 발명되었으며, 젤라틴 건판은 그전까지 널리 사용되던 콜로디온 습판을 대체해서 빠르게 보급되었다. 습식 콜로디온 방식은 할로겐염이 든 콜로디온을 유리판 위에 부어 음화 감광물질을 준비하고 이 음화 물질이 마르기 전에 사진을 찍는 것으로, 이를 사용한 사진기는 거대했으며 사진사는 감광물질과 인화지를 수작업으로 만들 줄 알아야 했다. 한마디로 콜로디온 습판을 이용한 사진 찍기는 무척 복잡한 과정이었다. 이스트먼은 당시 영국에서 개발된 젤라틴 건판에 대한 소식을 듣고, 이를 개량하기 시작했다. 낮에는 은행에서 일하고 밤에는 자신의 실험실에서 각고의 노력을 한 결과 그는 아주 뛰어난 젤라틴 건판을 개발하는 데 성공했다. 이스트먼은 자신이 만든 건판에 특허를 내고 작은 빌딩의 한 층을 세내서 이를 제작하기 시작했다. 사업 자금은 지역의 기업가인 헨리 스트롱(Henry A. Strong)과 파트너십을 맺음으로써 다행히 해결되었다. 1881년 1월 1일에 이스트먼 건판회사가 공식 설립되었고, 그해 가을 27살이었던 이스트먼은 은행에

[그림 3-8] 조지 이스트먼

사표를 제출하고 사업과 연구에 전념하기 시작했다.[7]

　1881년부터 1883년까지 젤라틴 건판을 제조하던 이스트먼 건판 회사는 미국 전역에 명성을 확립했으며, 그 결과 매출과 이윤도 증가했다. 그러나 건판 산업은 기본적으로 진입장벽이 매우 낮은 산업이었다. 따라서 곳곳에서 사업의 이윤이 크다는 점에 끌린 많은 수의 신생 기업들이 이 산업으로 몰려들었다. 이스트먼의 회사는 처음에는 전국 단위의 도매상과 독점 관계를 맺고 있어 여전히 우위를 점할 수

---

[7] 이스트먼의 생애와 기술혁신에 대한 훌륭한 논의는 Reese Jenkins, "Technology and the Market: George Eastman and the Origins of Mass Amateur Photography," *Technology and Culture* 16(1975), pp. 1~19에 실려 있다. 더 자세한 논의는 Jenkins, *Images and Enterprise: Technology and the American Photographic Industry, 1839~1925*(Baltimore: Johns Hopkins University Press, 1987)을 볼 것.

있었으나, 1883년을 기점으로 1884년에 이르면 가격 경쟁이 치열해지고 이윤 폭이 급락하면서 이와 같은 이점을 고수하기 힘들게 되었다. 이스트먼은 이윤 감소에 직면해 자신의 사업을 재검토하고 틀을 다시 짜야 했다.

이스트먼은 이러한 사업상의 위협에 대해 단기 전략과 장기 전략 두 가지로 대응해 나갔다. 단기 전략은 다른 생산업체들과 함께 사진 건판 생산업체 연합을 결성하여 가격을 안정시킴으로써 가격 경쟁을 일시적으로 완화시키는 것이었다. 장기 전략은 "나중에 유리 건판을 대체하게 될 필름 사진 시스템의 완성을 목표로 실험을 진행하는 것"이었다. 즉 전혀 새로운 종류의 필름을 개발하는 것이었다. 이스트먼은 이를 위해 건판 생산업자인 윌리엄 워커(William Walker)를 영입하여 개발 업무를 진행시켰다. 이 과정에서 중요했던 것은 이미 이스트먼이 제품의 설계, 생산 방식, 시장에 대한 고려라는 삼자간의 상호 관계에 대한 비전을 가지고 있었다는 점이다.

이스트먼과 워커의 목표는 유리나 금속이 아니라 종이처럼 둘둘 말 수 있는 롤필름을 개발하는 것이었다. 이들은 롤필름 시스템의 구성 요소를 1) 롤 홀더 메커니즘 2) 롤필름 3) 롤필름 생산기계의 세 가지로 나누었다. 이스트먼과 워커는 공동으로 작업했고 이 세 개의 기본 구성 요소들에 대한 특허 출원에서도 이름을 같이 올렸다. 이러한 공동 작업은 그들이 구성 요소들간의 개념적 상호 관계를 인식하고 있었고, 전체 시스템의 구성 요소 각각을 (공동 명의로) 특허 출원함으로써 시스템 전체를 모방하려는 시도로부터 자신들의 발명을 지킬 수 있을 것으로 믿었기 때문이다. 새로운 형태의 사진술에 대한 특허를 체계적으로 구축하는 것은 이스트먼의 전체 발명 및 기술혁신 전략에서 매우 중요한 부분이었다. 이스트먼은 시스템 전체의 강점과 완전성을 보존하기 위해서는 시스템의 모든 특징에 대한 특허를 통제하는 것이 중요하다는 확신을 가지고 있었으며, 따라서 특허 침해의 우려가 있는 다른 특허들을 사들이는 데 많은 노력을 기울이기도 했다. 이와 같은 전략은 나중에 대중 아마추어 시장에서 이스트먼 코닥 사가 지배적인 위치를 점하는 데 중요한 기여를 했다. 1884년 초가을이 되자 이 세 가지 구성 요소의 개발이 일단락되었고 이들에 대한 특허가 미국과 서유럽에서 출원되었다.

연구 개발이 끝나자 이스트먼은 이스트먼 사진 건판 및 필름회사라는 새로운 회사를 만들었다. 이스트먼은 외부와의 마케팅 담당 계약을 해지하고 독자적인 판촉부서를 만들었으며 유럽에도 도매점을 열어 국제적인 영업을 시작하였다. 회사의 새로운 도약이 눈앞에 펼쳐지는 순간이었다. 그렇지만 성공은 이렇게 쉽게 주어지는 것이 아니었다.

이스트먼의 롤필름 시스템은 초기에는 시장에서 호의적인 반응을 얻었다. 그러나 예상치 못한 문제가 발생했다. 그것은 롤필름이 전문 사진사들을 전혀 만족시키지 못했다는 것이다. 이들은 필름의 조작과 처리 과정이 너무나 복잡하다는 점을 지적했고, 무엇보다 사진의 질이 떨어진다고 불평하기 시작했다. 이스트먼은 애초에 모든 전문 사진가들이 간편한 필름으로 전환하리라고 기대했으나 상대적으로 적은 수의 사람들만이 롤필름으로 전환했던 것이다. 수년간에 걸친 노력과 사업이 물거품이 되는 순간이었다.

[그림 3-9] 1888년에 나온 첫 코닥 카메라. 지금의 500달러에 해당하는 25달러에 팔렸다.

　그렇지만 바로 이 시점에서 이스트먼은 혁신적으로 새로운 방식으로 롤필름을 바라보기 시작했다. 사진은 1) 감광물질(예를 들어 건판이나 필름)을 준비하는 과정 2) 카메라로 사진을 찍는 과정 3) 현상, 인화의 과정이라는 세 가지 활동으로 이루어져 있었다. 이 중 이스트먼 사는 롤필름을 통해서 1)과 3)을 이미 간편하게 하는 데 성공했다. 그렇다면 이제 2)만(즉 카메라만) 간단한 것으로 만들면 더 많은 대중을 사진의 세계로 끌어들일 수 있지 않을까? 왜 사진은 전문 사진가에게만 국한되어야 하는가? 조지 이스트먼은 이에 대해 다음과 같이 회고했다. "우리가 필름 사진술 개발 계획을 시작했을 때 우리의 기대는 전문 사진가들이 필름으로 바꿀 거라는 것이었다. 그러나 우리는 필름으로 전환한 사람들의 수가 상대적으로 적다는 사실을 알게 되었고, 사업을 크게 키우기 위해서는 일반 대중에게 접근해 새로운 고객층을 창출해야 함을 깨닫게 되었다."

　이스트먼이 개발한 기술은 기존의 시장(즉 전문 사진사)의 수요에 적합한 것은 아니었지만, 훨씬 더 규모가 큰 완전히 새로운 시장(아마추어 대중 사진사들)을 여는 기술로 탈바꿈할 수 있는 것이었다. 실패를

[그림 3-10] 코닥 카메라의 광고. "누구나 할 수 있다"는 문구가 두드러진다.

[그림 3-11] 당시 코닥의 로고

대성공으로 뒤집는 전략이었다. 이스트먼은 자신이 이미 보유하고 있던 자원들을 활용하여 전문가용이었던 롤필름 시스템을 아마추어 사진 시스템으로 변형시키는 방법을 생각해냈다. 이스트먼은 새로운 아마추어 롤필름 카메라를 만들어 이를 '코닥(Kodak)'이라고 이름 붙였다. 이제 초심자들도 카메라를 사물 쪽으로 향한 후 버튼을 누르기만 하면 사진을 찍을 수 있었고, 다 쓴 필름이 든 카메라를 돈과 함께 공장으로 보내기만 하면 현상된 사진과 함께 새 필름이 들어간 카메라를 집으로 배달받을 수 있었다. "셔터만 누르십시오. 나머지는 우리가 맡겠습니다"가 당시 코닥 카메라의 광고 문안이었다. 1888년에 백 장의 사진을 찍을 수 있는 롤필름을 포함해서 개당 25달러에 시장에 나온 코닥 카메라는 엄청난 성공을 거두었으며 이는 사진술에서 대중 시장의 출현을 알리는 신호탄이 되었다.

이스트먼의 혁신은 여기서 끝나지 않았다. 그는 사진 산업이 무척 경쟁이 심한 영역이라는 것을 잘 알고 있었기 때문에 매년 새로운 제품을 내야 다른 회사가 자신을 쫓아오지 못한다고 판단했다. 1889년 이스트먼은 헨리 라이헨바흐(Henry Reichenbach)와 함께 셀룰로이드 필름을 개발했으며, 1892년에는 이스트먼코닥회사를 설립했고, 1895년과 1897년에 각각 포켓용 카메라와 접는 카메라를 출시했다. 1901년에는 6장의 필름이 든 브라우니 카메라를 시장에 내놨는데, 당시 카메라의 가격은 불과 1달러였다. 브라우니 카메라는 거의 모든 사람을 사진사로 탈바꿈시킬 정도로 전 세계적으로 대히트를 쳤다. 이미 1901년에 코닥회사는 전 세계에서 판매되는 필름의 80% 이상을 생산하고 있었다. 그는 1912년에 컬러필름 시대에 대비하기 위해서 회사 내에 연구소를 만들고 대학에서 고등교육을 받은 과학자들을 연구원으로 고용했다.

이스트먼의 성공은 건판에 대한 특허, 워커와의 공동 작업을 통해 드러난 기술적 능력, 특허의 확보, 이스트먼의 야심적인 사업 목표와 전통적인 기술적 틀에서 그들이 처음 맛보았던 실패, 그리고 기술과 시장의 상호 관계를 고려한 이스트먼의 발상의 전환, 새로운 수요의 창조, 지속적인 혁신 등이 함께 작용한 결과였다. 특히 이스트먼은 기술과 시장의 상호 관계에 대한 이해를 통해 자신의 기술적 자원과 사업 자원을 연이어 개편하면서 방향을 다시 설정할 수 있었고, 이를 통해 결국 대중 아마추어 시장을 인식해 이를 성공적으로 공략할 수 있었다. 이스트먼의 예는 기술혁신이 단순한 개량이 아니라 새로운 종류의 '인간'(여기서는 아마추어 사진사들)과 새로운 종류의 인간활동을 만들어내는 행위임을 잘 보여준다.

3-4 성공한 기술혁신 I : 삼성 반도체

이제 우리의 관심을 한국으로 돌려보자. 한국에는 에디슨과 같은 세계적으로 유명한 발명가도, 마르코니나 이스트먼 같은 혁신가도 아직은 찾아볼 수 없다. 그렇지만 최근 한국의 몇몇 기술혁신의 사례는 전 세계적인 주목을 받고 있다. 그중 하나가 한국을 대표하는 산업인 IT이다. 2004년 IT 수출은 2003년보다 29% 증가해서 사상 처음으로 700억 달러를 돌파한 743억 달러를 기록했다. 여기에 가장 크게 기여한 효자 품목은 반도체와 휴대폰이었는데, 반도체는 이 중 268억 4천만 달러, 휴대폰은 223억 6천만 달러어치를 팔았다. 반도체 수출은 총 수출의 약 10%에 이르고 있다. 이미 오래 전인 1995년에 삼성전자의 반도체 부분 순이익이 2조 7천억원에 이르렀으며, 2004년에는 삼성전자의 순이익이 월 1조를 넘어 총 연 12조가 넘는 순이익을 거뒀다. '삼성'이란 브랜드 네임은 이제 국제시장에서 소니와 어깨를 겨누고 있다.

우리의 반도체는 수출의 효자 품목이기 때문에 중요한 것이 아니다. 반도체가 정말 중요한 이유는 기술 후발국인 우리가 기술 선진국을 추격할 수 있다는 사실을 보여주기 때문이다. 초기에 64K D램의 개발에서 한국은 선진국과 6년 격차를, 양산에서는 4년 격차를 보였다. 4M D램은 개발에서 2년, 양산에서 1년 격차를 보였다. 그렇지만 우리의 16M, 64M D램의 개발과 양산은 선진국의 선도 기업과 동일한 시기에 이루어졌으며, 256M, 1G D램부터는 선진국을 추월해서 우리의 기업이 세계시장을 선도하는 선도기업으로 부상했다.[8] 삼성과 같은 우리 기업이 세계 유수의 기업을 추월해서 메모리 반도체의 경우 세계 제1위의 기업으로 성장했다는 것은 사실 '기적'에 가까운 것이며, 따라서 이 과정을 자세히 분석해볼 필요가 있다.[2]

한국의 대기업들은 1983년 이후 반도체 설비와 연구 개발에 과감히 투자하기 시작했는데, 이 일차적 동기는 일본 기업들이 반도체에 투자하는 것을 보면서 이후 다가올 컴퓨터 혁명에서 반도체의 중요성

---

[8] 반도체 산업은 부가가치가 크며 기술력과 지식을 활용한다는 점에서 무척 중요하다. 그렇지만 한국의 반도체 산업에 대해서는 긍정적인 면과 함께 그 한계도 지적된다. 긍정적인 면으로는 반도체 산업이 한국 경제에 크게 기여하며, 우리도 세계 최고의 한국산 제품을 만들었다는 자긍심을 가질 수 있게 하고, 이를 기반으로 세계를 제패할 또 다른 기술의 출현을 기대할 수 있게 되었다는 것이다. 부정적인 면으로는 메모리 반도체는 세계 시장의 20%에 불과하므로 우리가 아직은 진정한 의미의 반도체 강국은 아니라는 점, 국내 수요를 위한 반도체 수입 역시 수출 규모에 못지않게 크다는 점, 반도체 생산에 소요되는 재료와 장비를 수입에 크게 의존하고 있다는 점, 시장의 부침이 커서 시장 침체시 국민경제에 미치는 영향이 크다는 점이 지적된다.

[2] 이 절의 논의는 최영락, 「한국인의 자긍심, 반도체 신화」, 서정욱 외 지음, 『세계가 놀란 한국 핵심산업기술』(김영사, 2002), 133~175쪽; 이은경 · 최영락 지음, 『세계 1위 메이드 인 코리아, 반도체』(지성사, 2004)를 참조했다.

을 어렴풋하게나마 인식했기 때문이었다. 특히 삼성은 이병철 총수를 중심으로 1년에 걸친 치밀한 사전 조사를 한 뒤에, 1983년 2월 8일 이병철 회장의 이른바 '도쿄 선언'을 시점으로 반도체 산업에 진출했다. 삼성은 이때 선진국을 따라잡기 위해서는 VLSI급으로의 진출이 필요하다고 결론내린 후 바로 64K D램에 도전했다. 1983년에 개발된 64K D램은 미국과 일본에 이어 세계 세번째로 개발에 성공한 것이었다.

그렇지만 외국 기업의 역공이 시작되었다. 일본 기업들은 64K D램을 덤핑으로 판매했다. 후발 기업의 시장 진출에 목을 죄는 작전이었다. 특허권 침해 소송도 잇달았는데, 특히 1986년에 미국 IT 사의 특허권 침해 제소로 삼성은 막대한 기술료를 지불했다. 경쟁은 국내에서도 거세어져서, 현대와 금성, 대우와 같은 대기업들도 반도체의 개

삼성 반도체의 신화

일본과 미국에 비해 반도체 분야에 후발주자로 뛰어든 삼성은 끊임없는 추격과 기술 개발을 통해 1992년 이후에는 메모리 분야에서 시장 점유율 세계 제1의 기업으로 성장했다.

삼성은 64M, 256M, 1G D램을 세계 최초로 개발했으며, 16M, 64M, 256M, 1G D램을 세계 최초로 상용화했고, 1993년 8인치 웨이퍼 양상 라인을 세계 최초로 완공했다. 삼성은 일본 오키 사에 싱크로너스 설계기술을 수출하는 등 기술 역수출의 예를 보여주었으며, 지금은 삼성의 기술이 사실상의 세계 표준으로 결정되는 경우도 종종 발생하고 있다.

2004년 삼성전자의 순이익은 매월 평균 1조가 넘어서, 1년 순이익이 12조를 넘는 기염을 토했다.

발과 생산에 참여하기 시작했다. 금성은 일본 히다치 사로부터 기술을 지원받아 D램의 개발과 생산에 참여했고, 현대는 선진국 기업과의 OEM 생산을 추진하여 D램 개발과 생산에 참여했다. 대우도 1986년 이후에 반도체 산업에 참여해서 주로 통신기기에 사용되는 고부가가치 소량생산 제품에 주력하기 시작했으며, 아남전기도 반도체 조립 생산 분야에 뛰어들었다.

삼성이 반도체로 주력한 뒤에 몇 가지 기술 선택의 과정이 있었다. 우선 첫번째로 삼성은 사업 품목으로 메모리 분야를 할 것인가 아니면 ASIC(주문형 반도체칩)[10] 분야를 할 것인가를 선정해야 했다. 삼성은 이때 사업 자체의 수익성과 재투자 재원의 확보 가능성의 기준을 적용해서 메모리 분야가 유리하다고 판단했다.

메모리 분야로 사업을 정하고 나니 이번에는 메모리 분야 내에서 주력 사업을 D램으로 할 것인가 S램으로 할 것인가의 문제가 기다리고 있었다.[11] 초기의 입장은 D램 시장에서 미국과 일본의 경쟁으로 인해 후발자의 참여가 쉽지 않기 때문에 S램이 유리할 것이라는 판단이 우세했다. 그렇지만 S램은 그 시장 규모가 D램의 절반도 안 된다는 문제를 안고 있었다. 결국 이러한 문제를 고려해서 삼성은 중점 사업 분야를 D램으로 결정했고, 당시 선진국에서 개발을 시작하던 64K

---

[10] 특정한 전자정보통신 제품에 사용할 목적으로 설계된 비메모리 반도체칩.

[11] D램은 Dynamic RAM으로 주기적으로 데이터를 재기록해야 기억내용이 유지되는 램으로 주로 PC의 주메모리로 사용된다. 반면 S램은 Static RAM으로 전원이 공급되는 한 저장된 내용을 계속 기억하는 램으로 캐시(임시저장)메모리로 쓰인다.

D램에 도전하기로 방침을 정했다.

　삼성이 256K D램의 개발을 결정했을 때 또 다른 문제가 닥쳤다. 그것은 웨이퍼(wafer)[12]의 크기를 결정하는 것이었다. 당시 미국과 일본은 256K D램 웨이퍼로 6인치를 채택하고 있었으나 64K D램 당시에 4인치 웨이퍼를 채택한 삼성이 5인치를 거치지 않고 바로 6인치 기술을 습득할 수 있는가에 대해서는 회의적 분위기가 지배적이었다. 그렇지만 삼성은 선도 기업을 따라잡기 위해서는 새로운 기술에 도전해야 하는 것이 불가피하다는 판단 아래 웨이퍼의 크기를 6인치로 결정했다. 더 나아가서 삼성은 1993년에 6인치 웨이퍼에서 8인치 웨이퍼로 전환을 단행했다. 8인치 웨이퍼는 생산성은 1.8배 높지만 공정이 복잡하고 깨지기 쉬우며 수율 및 제품의 균일성을 확보하기 힘들며 엄청나게 큰 투자 규모를 필요로 한다는 단점이 있었다. 그렇지만 삼성은 위험 부담을 안고 8인치로 전환했으며, 이는 결과적으로 1995년 이후 반도체가 호황을 맞았을 때 급속하게 늘어난 수요에 맞추어 공급을 할 수 있도록 해줌으로써 반도체 시장을 석권하는 데 크게 기여했다.

　네번째 선택은 1M D램을 개발할 때 찾아왔다. 그것은 1M D램의 기본 트랜지스터를 N-MOS로 하는가 혹은 C-MOS로 하는가라는 것이었다.[13] 당시 새로운 기술의 주류는 C-MOS였지만, 삼성은 처음에 64K, 256K D램에서 자신들이 사용했던 N-MOS 기술을 토대로 1M

---

[12] 반도체의 원재료로 사용되는 실리콘의 단결정으로 된 원판 모양의 기판.
[13] N-MOS와 C-MOS는 반도체 메모리를 구성하는 트랜지스터를 만드는 방법을 나타낸다.

D램을 설계했다. 그렇지만 결국 오랜 격론 끝에 기술의 주류를 따라가야 한다는 기본 방침에 입각하여 삼성은 N-MOS를 버리고 C-MOS를 채택했다. 이 선택은 삼성이 이미 익숙해져 있는 기술을 과감히 탈피해서 최신 기술의 주류로 옮겨가는 결단을 내렸음을 보여준다.

마지막으로 4M D램을 개발할 때는 정보 저장 방식을 트렌치(Trench) 방식으로 할 것인가 아니면 스택(Stack) 방식으로 할 것인가를 놓고 선택해야 했다.[14] 삼성은 내부의 격심한 논의와 심층 조사를 통해 스택 방식을 선택했는데, 이후 4M, 16M, 64M D램에서 스택 방식이 기술의 주류로 굳어짐으로써 삼성은 선도 기업의 위치를 지킬 수 있었다. 이러한 일련의 선택 과정들이 큰 위험성을 수반한 어려운 일이었음에도 불구하고, 삼성은 올바른 결정을 통해서 빠르게 변화하는 추세에 대응했고, 기술 주류에 신속하게 동참함으로써 결국 선도 기업으로 부상하고 그 지위를 유지할 수 있었다.

안팎으로 경쟁이 거세지던 상황에서 삼성이 성공할 수 있었던 것은 오직 끊임없는 기술 개발 덕분이었다. 기술 개발을 효과적이고 신속하게 하기 위해서 삼성은 '병렬적 기술 개발 시스템'을 도입했다. 이는 신제품을 개발할 때 하나에만 주력하는 것이 아니라 여러 개를 동시 다발적으로 개발하는 방식이었다. 예를 들어 삼성은 반도체가 '메가(M)'급으로 넘어온 뒤에 1M, 4M, 16M 개발 팀을 동시에 운영했으며, 한국 본사와 해외 연구소에서 동일한 제품을 병행하여 개발하게

---

[14] 트렌치 방식은 도랑과 같이 트렌치를 판 후 정보를 저장하는 방식으로 기술적으로는 우수하나 대량생산 초기에 수율을 높이는 데 불리하며, 스택 방식은 박막을 싸서 박막 사이에 정보를 저장하는 방식으로 이는 대량생산에 유리하다.

했다. 이러한 전략은 서로 다른 팀들 사이에 상호 협력과 동시에 경쟁을 유도하기 위한 것이었으며, 위험을 분산시킴으로써 실패 확률을 낮춘 것이었다. 삼성은 또 제품의 개발과 대량생산 라인의 건설을 병렬적으로 추진했다. 즉 제품 개발이 끝난 다음에 생산공장의 건설에 들어간 것이 아니라, 이 둘을 동시에 진행시켰던 것이다. 이는 개발이 성공하지 못할 경우에는 생산공장이 쉬게 된다는 위험이 있었지만, 개발이 성공할 경우에는 다른 나라의 기업에 비해서 제품을 빨리 생산할 수 있다는 이점을 가진 전략이었다.

경영자들과 엔지니어들의 기술 선택의 배경에는 철저한 기술 학습이 있었다. D램에서 경쟁력의 핵심은 암묵적 생산 노하우를 공유하는 것이었는데, 삼성의 경우 생산현장에서의 실습(on-the-job-training)을 이러한 목적에 사용해서 기술 축적을 이루었다. 가장 대표적인 학습 모임은 개발 인력과 생산 인력이 모이는 '일레븐 미팅(eleven meeting)'으로, 이들은 매일 밤 11시에 모여서 하루의 성과와 진척도를 점검하고 다음날의 작업을 토의했다. 이 모임은 9시로 당겨졌고, 이후에 7시로 다시 당겨졌다. 신제품 개발을 담당하는 연구소의 임원과 간부들은 매주 수요일 저녁 7시부터 수요공정회의라는 것을 했다. 이 회의는 개발 방법이나 방향에 대한 사소한 의견 대립이 심각한 갈등으로 확대되는 것을 최소화하기 위한 커뮤니케이션의 장으로 시작했으며, 회의 주제는 처음에는 설계와 공정 개발 중심이었으나 점차 신기술 연구, 경쟁업체 기술의 벤치마킹 등으로 확대되었다.

또 삼성은 '문제 해결' 위주의 기술 습득을 강조했다. 즉 문제가 발생했을 때 전체 공정을 대상으로 한 대규모의 검색 및 해답을 찾기 위한 작업을 수행하는 것인데, 이는 수백 개의 복잡한 공정이 존재하고 기술적 지식과 경험이 부족한 상황에서 매우 어려운 작업이었다. 그렇지만 엄청난 양의 인력과 시간, 자금을 투여해서 삼성은 D램 기술을 단기간에 이해하고 배웠으며, 신속하게 생산기술을 확립하게 되었다. 이 과정에서 신제품을 위한 신기술 개발의 주역은 '태스크 포스 팀(task force team)'들이었다. 이 태스크 포스 팀들은 신제품 개발의 모든 것을 책임지고 수행했고, 연구 개발, 생산 노하우 개발, 대량생산 공정상의 구체적 기술적 사양까지 개발하는 책임을 맡았다. 이 팀은 비록 한시적 조직이지만 전적인 책임과 권한이 부여되어 신제품의 개발에서 생산까지를 총괄했으며, 그 팀장에는 기술적 안목뿐 아니라 경영감각도 갖춘 최고의 인재를 임명했다.

삼성의 성공 비결 중 하나는 이렇게 인력을 가장 효율적으로 활용했다는 것인데, 이는 회사 내부에만 국한된 것은 아니었다. 삼성은 외부 자원도 적극적으로 활용해서, 외국인 직접 투자, 합작 투자, OEM보다는 기술을 구매하는 방식을 추진했다. 해외 기술의 활용은 적극적으로 추진하되 단기간에 자체 기술을 축적하겠다는 경영 방침을 잘 반영한 전략이었다. 4M D램 개발 이후 기술 도입 의존도가 낮아졌음에도 불구하고 오히려 기술 도입을 꾸준히 확대했는데 이는 선진국들과의 특허 분쟁 문제를 해소하기 위해 기초 기술이나 기본 설계 기술을 도입했기 때문이었다. 삼성은 기술 격차를 빨리 줄이기 위해서 기술 도입, 현지 법인 연수, 독자 개발 등 가능한 한 모든 방법을 동원하는 입체적인 접근 방식을 택했다. 또 원천 기술에의 접근을 용이하게 하기 위해 실리콘 밸리에 해외 연구소를 설립해서 이를 신제품 개발,

외국 기술 도입의 창구 역할, 국내 인력의 훈련 장소로 활용했으며, 연구 개발에 필요한 세계 최고 품질의 장비를 확보했다. 삼성은 이 모든 것을 위해서 엄청난 규모의 자금과 최상의 인력을 그룹 전체에서 투자, 배치했으며, 최고경영자가 메모리 산업에 직접 깊은 관심을 가지고 엄격한 품질 관리를 지시했다. 심지어 품질 기준에 부합하지 않는다는 이유로 두 번에 걸쳐 생산 제품 전량에 대한 폐기 처분 명령이 내려진 적도 있었다.

　정부의 정책도 중요한 요소였다. 정부는 반도체 사업을 수도권에 허가하고, 토지, 용수, 전력을 지원했으며, 수입 장비와 재료에 대한 관세 감면 조치로 반도체 산업의 인프라를 조성했다. 정부는 1983년에 반도체산업육성계획을 발표한 이래 저리 자금대출과 우대세제를 도입했으며 산학협동을 장려했다. 그리고 1986년에는 '4M D램 공동 개발 사업'을 착수해서, 정부 및 공공기관, 삼성, 금성, 현대가 함께 참여해서 넘기 힘들었던 벽인 4M D램을 개발하는 데 성공했다. 이때 기업과 한국전자통신연구소와 같은 정부출연 연구기관, 서울대학교와 같은 학계가 공동 연구를 수행했다. 이 과정을 거쳐서 삼성으로부터 금성과 현대로 기술이 이전되었으며, 이러한 기술이전은 기업의 연구 개발 활동을 촉진하는 데 기여했다. 정부는 그 이후에도 16M, 64M D램도 공동 개발을 추진했으며, 256M D램을 개발하는 차세대 반도체 기반기술 개발사업에서는 약 1천억원에 가까운 연구비를 지원했다. 삼성은 1990년 이후에는 대부분의 공정기술을 독자적으로 개발했으며, 최근에는 신세대 메모리 반도체 개발 등 다각화, 차별화 정책을 꾀하고 있다. 특히 최근 디지털 기기와 기능들이 합쳐지는 디지털 컨버전스(digital convergence) 현상은 반도체의 잠재적 수요를 창출하면서 삼성에게 또 다른 기회를 부여하고 있다.

정리하자면 큰 위험을 안고 있었지만 바람직한 방향으로 이루어진 일련의 기술 선택들, 부단한 노력의 산물인 기술 개발, 열심히 일하는 기업 문화, 혁신적인 기술 학습과 기술 습득, 이를 달성하기 위한 실험적인 조직과 운영 체계, 국내·외국 재원의 효율적 활용, 기술과 경영의 절묘한 조화, 정부의 정책이 맞아떨어지면서 삼성은 한 기업의 영역에 머물지 않는 한국의 반도체 신화를 우뚝 세울 수 있었다.

3-5 성공한 기술혁신 II : CDMA의 개발

기술 표준을 놓고 벌어지는 경쟁은 기술의 승패를 가름하는 전투가 되는 경우가 많다. 잘 알려져 있듯이 지금 널리 쓰이는 영문 키보드인 QWERTY 키보드[15]는 초기 타자기의 막대 사이의 엉킴을 방지하기 위해서 잘 붙여 쓰는 알파벳을 떨어뜨려서 만들었지만, 전동타자기가 개발되어 막대가 사라진 뒤에는 물론, 컴퓨터가 득세하는 지금도 계속 사용되고 있다. 그 이유는 한번 이 자판에 익숙해진 사람들이 다른 자판으로 바꾸기 힘들었기 때문이다. 남북전쟁 이전의 미국의 북부 지역은 스티븐슨의 폭 1.44m 철로를 썼고 남부 지역은 브루넬의 폭 2.2m짜리 철로를 표준으로 썼는데, 전쟁에서 북부가 승리하면서 미국의 철도는 스티븐슨의 폭이 좁은 철로로 통일되었다.

---

[15] 영문 키보드의 맨 윗줄이 왼쪽부터 QWERTY 순으로 되어 있어서 붙은 이름.

[그림3-12] CDMA 서비스 개통식 전경

현재 우리가 사용하는 휴대폰의 표준은 CDMA(Code Division Multi-ple Access)인데,[16] 이는 정부 주도로 이루어진 대형 연구개발사업을 통해 우리나라가 독자적인 기술 표준을 획득한 사례라고 할 수 있다. 1989년부터 1996년까지 체신부(현 정보통신부)가 담당한 CDMA 기술 개발사업은 정부와 기업이 내놓은 연구개발비만도 약 996억원에 달하고 연 인원도 1,042명이 투입된 거대 프로젝트였다. 이 프로젝트는 이동통신 교환기, 기지국, 단말기를 아우르는 독자적인 디지털 이동통신 시스템 개발을 목표로 해서 이루어졌는데, 정부가 출연(出捐)한 전자통신연구소(ETRI)와 다른 민간 기업들이 미국 퀄컴 사의 원천 기술을 바탕으로 공동 연구를 진행했다.

비록 퀄컴 사가 원천 기술을 개발했다고 해도 당시 그 상용화는 불

---

[16] 코드(부호) 분할 다중접속 방식으로 불리는 무선통신의 표준으로 다른 방식에 비해 주파수 이용 효율이 높고 통신 비밀 보호가 잘 되는 특성을 지닌다.

확실한 상황이었다. 그러나 우리나라는 이를 국내의 교환 기술 및 상업화 능력과 결합시켜서 1996년 1월부터 CDMA 디지털 이동전화 서비스를 세계 최초로 완성해 당시 급증하던 이동통신 서비스 수요를 외국에만 의존하지 않고 충족시키는 데 성공했다.[17]

CDMA 기술개발사업의 성과는 실로 대단한 것이었다. CDMA 기술개발사업의 성과가 본격적으로 나타나기 전인 1996년까지만 해도 국내 단말기 시장은 모토롤라가 지배하고 있었다. 그러나 CDMA 기술개발사업이 성공적으로 완성됨으로써 모토롤라의 국내시장 점유율은 42%에서 6%로 곤두박질했다. 게다가 CDMA 기술의 개발은 이동전화 단말기 분야를 반도체 산업 이후 국내의 주력 수출산업으로 부각시키고 있다. 2001년 한국의 휴대폰 수출 총량은 85억 1천5백만 달러였다. 2004년에는 휴대폰 수출이 200억 달러를 넘어서, 전체 수출의 10% 가까이 차지했으며, 이는 2002년에 수출 100억 달러를 돌파하고 불과 2년 만의 쾌거였다. 휴대폰은 단일 항목으로 국내 3위 수출품이 되었으며, 한국의 휴대폰은 전 세계 시장의 25%를 점하고 있다.

휴대폰은 앞에서 살펴본 반도체에 이어서 세계 제1의 한국 기술로 국내외에서 모두 높게 평가되고 있다. CDMA 기술 개발로 인해 한국은 세계 1위 단말기 생산 국가로 부상할 만큼 이동통신 산업이 육성

---

[17] 이 절의 논의는 송위진, 「기술혁신에서의 위기의 역할과 과정: CDMA 기술 개발 사례 연구」, 『기술혁신연구』 제7권 제1호; 송위진, 「국가연구개발사업의 정치학: CDMA 기술개발사업의 사례 분석」, 『한국행정학보』 제33권 제1호 (1999); 서정욱, 「CDMA 성공신화—이동통신」, 서정욱 외 지음, 『세계가 놀란 한국 핵심산업기술』(김영사, 2002), 179~244쪽을 참조했다.

되었고, 통신서비스 산업의 경쟁력도 높아졌다. 이는 다른 산업계에 좋은 자극이 되었으며, 한국 기업 브랜드의 인지도나 제품 경쟁력 향상에 기여했고, 국민들에게는 미지의 분야에 도전할 수 있다는 자신감을 확보하게 했다. 그렇지만 원천 기술을 가지고 있지 못하기 때문에 지금도 퀄컴 사에 상당한 로열티를 지급하고 있다는 문제도 안고

세계의 휴대폰 전쟁

세계 휴대폰 시장은 연간 6억 8천만 대에 이른다. 2004년 1위는 핀란드의 노키아가 차지하고 있는데, 노키아는 1998년 이후 1위를 내내 고수하고 있다. 2004년 동안 노키아는 2억 7백만 대의 휴대폰을 팔아 30.4%의 시장 점유율을 올렸다. 2위는 모토롤라로 점유율 15.3%를 차지했으며, 삼성전자와 LG전자는 각각 12.7%, 6.49%로 3위, 5위를 기록했다.

그렇지만 세계시장에서 삼성전자와 LG전자의 점유율은 계속 상승세를 타고 있다. 2003년에 노키아의 점유율은 34.8%였지만, 2004년에는 30.4%대로 떨어졌다. 2003년에 삼성전자와 LG전자는 각각 10.8%, 5.3%의 점유율을 보였고, 둘을 합쳐봐야 노키아의 절반도 안 되는 16.1%였다. 그러나 2004년에는 노키아의 점유율이 30.4%로, 삼성과 LG를 합친 점유율은 19.19%로 증가했다. 노키아와 '한국연합군'의 격차가 불과 1년 만에 18.7% 포인트에서 11.21%포인트로 크게 좁혀졌다. 더욱이 지금까지 OEM(주문자상표부착생산)/ODM(제조자설계생산) 방식으로 휴대폰을 수출했던 팬택 등의 회사가 자체 브랜드로 제품을 수출할 계획을 잡고 있어, 이런 경우 격차는 더 좁혀질 예정이다.

2005년 삼성은 시장 점유율 15%를 목표로, LG전자는 10%로 3위 진입을 목표로 하고 있다. 특히 컴퓨터를 뜯어봐야 알 수 있는 반도체와 달리 휴대폰은 한국이라는 브랜드를 달고 세계시장을 누비고 있기 때문에 한국 상품 전체에 대한 브랜드 가치를 높여주는 직접적인 계기가 되고 있다.

있다. 이는 원천 기술을 확보하는 것이 21세기 기술 경쟁에서 우위를 점할 수 있는 지름길임을 뼈저리게 상기시켜주고 있다.

CDMA 기술 개발은 1989년 전자통신연구소(ETRI)가 디지털 방식 이동전화에 대한 연구를 시작한 시기로 거슬러 올라간다. 1991년 3월에 이 연구소는 CDMA 원천 기술을 보유한 미국 퀄컴과 1단계 기술 도입 및 공동 개발 협약을 체결하고, CDMA에 기반한 이동통신 시스템을 개발하는 작업을 시작하였다. 당시 이동통신 표준은 TDMA (Time Division Multiple Access)에 기반한 GSM(Global System for Mobile) 방식이 지배적이었다.[18] 이는 특히 유럽의 표준으로 받아들여져서 널리 사용되고 있었는데, GSM에서 과다한 로열티를 요구하고 또 GSM 방식을 택할 경우 기술 종속이 너무 심각하게 일어날 수 있다는 우려를 받아들여 정부는 1992년에 과감하게 CDMA를 단일 표준으로 채택했다.

그러나 초기에는 기술 개발의 속도가 무척 느렸다. 미국의 작은 벤처회사였던 퀄컴은 이동통신 시스템을 개발·상용화한 경험이 없어서 원천 기술을 개발했지만 상용화 단계에서 별 도움이 되지 못했다. 당시에 퀄컴은 CDMA 시스템을 테스트의 차원에서 구현한 시험 시스템 정도만 개발한 상태였고, 이를 상용화하기 위해서 결정적으로 필요했던 무선전화 교환기 관련 기술을 가지고 있지 못했다. 반면에 전자통

---

[18] CDMA는 한국, 미국, 브라질, 호주, 이스라엘, 중국의 휴대폰 표준이며, 유럽과 동남아는 GSM 표준을 사용하고 있다. GSM은 TDMA(시분할다중접속방식)의 변종으로 데이터를 디지털화하고 압축한 다음에 이것을 두 개의 다른 사용자 데이터와 함께 한 채널을 통해 보내는 방식이다.

신연구소는 자체적으로 개발한 기술이 아닌 외국 회사가 개발했던 CDMA 기술을 충분히 이해하고 있지 못했다. 이러한 불협화음 때문에 본격적인 기술 개발은 계속 지연되었다.

이런 와중에 1992년 12월에 CDMA 기술개발사업 참여 업체들이 선정되었다. 이동통신 시스템 개발업체로 삼성전자, 금성정보통신, 현대전자를, 단말기 개발업체로는 삼성전자, 금성정보통신, 현대전자, 맥슨전자를 선정하였다. 그렇지만 초기에는 전자통신연구소와 이 민간기업들 사이의 협동이 매끄럽지 못했다. 특히 기업들은 퀄컴에게 지불하는 로열티와 민간출연금이 과다하다는 이유로 사업 참여에 소극성을 드러내기도 했으며, 제조 사업자들은 운용 사업자가 포함되지 않은 공동 개발에 불만을 표시하기도 했다. 1993년 3월, 전자통신연구소는 시험 신제품인 KCS-1의 구조를 결정하고 개발하기 시작했는데, 사업에 참여한 위의 민간기업들은 상용제품으로 개발하기에는 KCS-1의 경제성이 낮다고 비판했다. CDMA 개발에 적색 신호가 들어오기 시작했던 것이다.

위기를 극복하는 데 정부가 개입했다. 정부의 개입에 의해서 한국이동통신에 설치된 '전전자교환기사업단'이 사업의 주관을 맡게 되었고, 이후 CDMA 사업이 가속화되어 추진되었다. 이제 막 사업을 본격적으로 추진하는 시점인 1993년 6월 체신부는 CDMA 기술개발사업의 완료 기간을 2년 앞당긴다는 '위험한' 결정을 하였다. 이러한 결정은 체신부와 상공부 사이의 역학 관계를 살펴보아야 이해가 가능하다. 당시 상공자원부는 TDMA 방식의 기술개발사업을 독자적으로 추진하고 있었으며, 따라서 이동통신사업의 관할권을 놓고 체신부와 경쟁하는 관계에 있었다. 체신부로서는 CDMA 방식을 국가 표준으로 선점하는 것이 상공부와의 경쟁에서 승리하는 일이었다. 체신부는 표준을 선점하기 위해서 상용화에 걸리는 연구 기간을 단축한다는 결정을 내렸는데, 만약 약속한 1995년까지 국산 제품이 개발되지 못한다면 외국 장비라도 들여와 서비스를 시작해야 할 것이었다. 외국의 표준이 채택될 경우에는, 표준의 특성상 나중에 우리가 기술을 개발한다고 할지라도 국산 제품이 시장을 장악하는 것은 어려워질 수밖에 없었다.

체신부는 완료 기간을 2년 앞당기겠다는 결정을 하면서 연구 개발 체계를 대폭 바꾸었다. 우선 1993년 8월에 장관 산하에 전파통신기술개발추진협의회를 발족시켰다. 전자통신연구소장과 이동통신기술개발 사업관리단장은 매월 정기적으로 CDMA 기술개발사업의 추진 상황을 체신부 장관에게 보고하게 되었다. 각각의 단위도 변모했다. 전자통신연구소는 개발사업의 추진 현황을 소장에게 보고하는 주간 보고 제도를 도입했다. 또 전자통신연구소는 퀄컴의 시스템이 아닌 독자적인 시스템을 개발한다는 방침을 세우고, 퀄컴이 가지고 있는 기술과 그렇지 못한 기술을 분석해서 퀄컴이 아직 명확한 설계를 제시하지 못하고 있는 부문은 외국의 부품이나 기술을 도입했다.

독자적 설계를 통해 이동통신 시스템을 개발하겠다고 계획을 전환하면서 전자통신연구소에 나타난 새로운 변화들 중 가장 특징적인 것은 과거의 기술혁신 역량과 CDMA 연구가 접목되기 시작했다는 것이다. 전자통신연구소는 1980년대에 유선전화를 위한 TDX(전전자교환기) 기술을 성공적으로 개발한 경험이 있었다. 연구소는 이를 개발하

1970~1980년대 한국 기술의 또 하나의 개가 TDX[19]

TDX(전전자교환기) 개발 프로그램은 1977년부터 1991년까지 15년간 진행된 대규모 기술 프로젝트였다. 1977년 정부는 선진국에서 상용화된 디지털 교환기를 도입하여 도시 지역의 극심한 전화 적체를 해소할 목표를 세웠고, 1980년대 초에 한국전자통신연구소(ETRI) 내에 TDX 개발단을 조직하고 여기에 교환기 생산업체, 체신부 및 한국전기통신공사 요원을 파견하여 공동 연구 개발 체제를 가동시켰다. ETRI는 외국에서 도입한 기술을 기반으로 농어촌용으로 실용화할 수 있는 교환기 TDX-1(1984), TDX-1A(1988)의 개발에 성공했다.

이후 민간 생산업체는 TDX-1A를 개량해서 TDX-1B를 개발하는 일을 맡았고(1989), ETRI는 공동연구단을 구성해서 대용량 교환기 TDX-10을 개발하는 일을 주관했다. 이 공동연구단은 1990년까지 TDX-10의 상용시험을 완료하고 1991년 상용화에 돌입해서 도시 지역에 TDX-10을 공급했다. 1997년 11월에는 국산 전전자 TDX 교환기의 시설 수가 1천만 회선을 돌파할 정도로 TDX는 통화 적체를 해소하는 데 결정적 역할을 했다. TDX 교환기는 현재 전체 교환시설 중 차지하는 비중이 50%에 육박하고 있으며, 1999년에는 차세대 주력 기종으로 사용하게 될 TDX-100 교환기가 개발되었다.

TDX 프로그램 성공의 주요 요인으로는 다음과 같은 점들을 꼽을 수 있다. 우선 개발할 기술과 기술 발전에 대한 면밀한 검토에 입각하여 단계적인 계획을 세워 접근했고, 장기적인 비전을 가지고 파급효과가 매우 큰 제품 기술을 선정하여 기술과 산업에 대한 집중적인 투자를 했으며, 개발 과정에서 중용량 교환기, 대용량 교환기로의 자연스러운 발전 과정을 거침으로써 개발 기술의 효과적인 활용 및 기술 축적이 가능했다. 또 개발 프로그램 초기부터 기술 개발과 기술 도입을 병행하는 전략을 택하여 기술을 축적해 나갔는데,

---

19 이정훈 · 이진주, 「한국통신산업의 기술 발전 과정과 기술혁신 전략 : 전자교환기 개발 사례를 중심으로」, *Telecommunications Review* 2~11(1992), pp. 18~43.

이는 개발도상국가의 국가적 기술 개발에서 매우 실용적인 전략이었다. 선진국 기술을 도입할 때에도 가장 유리한 기술을 선택하는 한편, 이를 토대로 자체 개발의 목표를 더욱 명확히 했으며, 업체에서는 연구소에 연구인력을 파견하여 기술을 획득하는 등 상호 협력 관계를 통하여 자체 개발의 성과를 활용하는 데 주력했다. 또 생산업체와 연구소, 연구소와 학계, 학계와 구매자가 긴밀하게 협력했으며, 생산업체들 사이에는 기술 개발 능력을 위주로 경쟁을 시킴으로써 협력과 경쟁의 창조적인 공존이 있었다.

면서 시스템 개발 방법론, 개발 환경, 시험 환경과 같은 기술 능력과 관리, 리더십의 노하우를 축적했었는데, 바로 이러한 능력이 본격적으로 CMS-2라는 시험 CDMA 기술개발사업에 투입되고 접목되기 시작했다. 이를 위해서 조직의 구조도 바꾸었다. 전자통신연구소에서 TDX 기술 개발을 총지휘했던 책임자가 CDMA 기술개발사업을 총책임 지는 위치에 임명되었으며, TDX-10 기술 개발에 참여했던 인력들이 CDMA 기술개발사업을 담당하는 이동통신기술개발단에 통합되게 되었다. 비록 유선전화를 위한 디지털 교환기였지만 TDX 기술 개발시 축적되었던 기술 역량은 CDMA에 훌륭하게 접목되었으며, 유무선통신 기술이 통합되는 계기를 만들기도 했다. 연구원의 사기도 중요한 역할을 했다. 전자통신연구소의 소장은 CDMA 기술개발사업에 각별한 관심을 보이며 매주 보고서를 받고 직원들을 독려했으며, 연구원들은 CDMA 기술개발사업의 중요성을 인식하고 밤낮없이 작업에 몰두했다.

연구가 가속화되면서 처음에는 갈등 양상을 보였던 '연구 개발'과

'생산' 사이의 관계도 호전되었다. 제조업체의 요구를 반영하기 위해서 '이동통신기술개발 사업관리단'이 조직되었고, 이 사업관리단은 연구소와 업체들의 마찰과 갈등을 어느 정도 조정함으로써 연구 공동체를 하나로 묶어줄 수 있었다. 이것이 가능했던 이유는 사업관리단이 전화 사용자의 입장에서 구체적으로 시스템이 만족해야 할 요건들과 소비자 요구 사항을 제공함으로써 전체적인 발전 방향을 제시해주었기 때문이다. 즉 시스템이 수용할 수 있는 회선 용량과 동시 통화가 가능한 회선 수 등을 결정해줌으로써 기술 개발상에서 연구소와 업체들이 공동으로 준수해야 할 규칙을 제시해준 것이라고 할 수 있다. 이는 기술적 측면만이 아니라 경제적인 측면에서의 기술사양을 결정하는 것이었다.

이렇게 구체적인 청사진을 통해 공동의 목표와 규칙을 세우자 작업은 박차를 가할 수 있게 되었다. 업체의 연구원들은 밀도 있는 근무를 감수하며 상용제품의 개발에 몰두하게 되었다. 빠른 기술 학습과 조정 과정을 통해 결국 체신부는 1993년에 약속한 대로 1995년에 상용제품을 개발해냈고, 1996년 1월부터 세계 최초로 CDMA 방식 이동전화 서비스를 실시했다. 우리나라가 휴대폰 왕국이 된 데에는 이러한 기술 개발이 토대를 만들어주었기 때문이었다.

CDMA가 성공한 데에는 여러 가지 요인이 결합했다. 우선 정부가 국산 이동전화 시스템을 개발하겠다는 의지를 가지고 추진했던 점이 유효했으며, 또 1992년에 GSM과 CDMA가 경쟁할 때 과감하게 CDMA를 표준으로 삼았던 전략도 유효했다. 정부는 또 사업이 지지부진하자 1993년에 운용 사업자 주도 체제로 바꾸었는데, 이 역시 좋은 결과를 낳았다. 전자통신연구소의 축적된 기술 능력을 CDMA 개발 체제에 효율적으로 접목시킨 것도 성공의 열쇠가 되었다. 연구소 임원들의 리더십과 연구원들의 헌신적인 연구도 성공에 박차를 가했다. 연구와 생산 사이의 갈등을 적절한 시기에 잘 해결한 것도 연구팀의 일체화를 가져오면서 좋은 성과를 낸 중요한 요인이었다.

지금 CDMA 개발 때문에 이동전화 시장은 독점에서 경쟁 체제로 전환되었으며, 경쟁은 서비스 개선, 소비자 보호, 이용인구 증가, 요금의 하락, 기지 수의 증가를 가져오고 제조사들의 기술력과 수출 경쟁력을 강화시켰다. 국내시장 확보를 위한 경쟁 과정 중 외국업체인 모토롤라가 급격히 쇠퇴하고 삼성이 급부상했으며, 대기업에서 퇴사한 엔지니어들을 중심으로 다수의 벤처기업들이 휴대폰 시장에 참여해서 대기업과 함께 단말기 사업의 경쟁력 강화에 기여했다. CDMA 성공의 의의는 1) 도전정신으로 기업을 경영하는 풍토를 조성하는 데 기여했고, 2) 트렌드를 읽고 한발 앞서 행동하는 미래에 대한 예측과 비전의 중요성을 일깨웠으며, 3) 기업들이 각자의 역량을 공동의 이익을 위해 집결하고 극대화하는 개발 체제의 가능성을 시사했다는 데 있다.

3-6 엔지니어의 성공적인 리더십 : 프레드릭 터먼

현대 공학기술을 특징짓는 활동은 결코 고립된 엔지니어에 의해서 이루어지지 않는다. 엔지니어는 자신의 프로젝트를 위해서 국가나 기업에서 재원을 조달한다. 이러한 물질적, 경제적, 인적, 제도적 '밑천

(resources)'을 얼마나 잘 만들고 또 이를 어떻게 잘 이용하는가가 엔지니어링 연구나 프로젝트의 성패를 가름한다고 해도 과언이 아니다. 즉 개인적인 창조성에 덧붙여서 다양한 밑천을 잘 동원하고 이를 백 퍼센트 이용하는 능력이 엔지니어링 프로젝트의 성패를 가르고, 나아가 그 엔지니어가 속한 실험실, 연구소, 대학, 기업의 성장을 낳는 밑거름이 된다. 엔지니어의 리더십은 바로 공학 연구를 위한 물질적, 경제적, 인적, 제도적 '밑천'을 잘 활용하는 리더의 능력에 다름아니다.

이 절에서는 프레드릭 터먼(Frederick Terman, 1900~1982)이라는 미국의 엔지니어의 활동을 중심으로 엔지니어의 리더십 문제를 분석해보려 한다. 전자공학자 터먼은 20위권에 머물던 스탠퍼드 대학을 칼텍, MIT, 하버드와 같은 미국의 초일류 대학과 당당히 경쟁하는 대학으로 끌어올린 장본인이다. 스탠퍼드 대학은 1930년대의 불황의 타격으로 제2차 세계대전 무렵에는 미국의 연구대학들 가운데 하위권에 머물고 있었다. 그렇지만 불과 25년이 지난 1960년대 말엽이 되면 스탠퍼드는 MIT, 하버드 등의 대학과 어깨를 겨루는 최고 수준의 연구대학이 되어 있었다. 이러한 발전에는 스탠퍼드 공과대학의 학장과 교무처장을 역임한 터먼의 역할이 결정적이었다.[20]

터먼은 스탠퍼드에서 화학과 전기공학을 공부한 뒤 MIT로 가서 전기공학과의 대학원 과정을 밟아 1925년에 MIT의 바니바 부시(Vannevar Bush)의 지도 하에 박사학위를 받았다. 그는 1926년에 모

---

[20] 터먼을 비롯한 과학기술자들의 리더십에 대한 시론으로 홍성욱, 『과학은 얼마나』(서울대학교 출판부, 2004), 제8장 '과학자의 리더십' 참조.

교인 스탠퍼드로 돌아와서 전기공학 분야의 교수로 부임했다. 터먼은 처음부터 한정된 자원으로 모든 학문 분야를 발전시킬 수 없다고 판단하고 전기공학 중에서도 새로 부상하던 라디오공학 분야와 전자공학을 발전시켜야 한다고 생각한 뒤에, 스스로 통신연구소를 세우고 이에 관련된 연구를 수행했다. 터먼은 대학의 한정된 자원을 대학원에 집중하고, 연구의 '주류'에 서서 몇몇 분야를 '첨탑(steeple)'에 올려놓아야 스탠퍼드가 발전할 수 있다고 믿었던 것이다. 스탠퍼드 대학에 대한 그의 철학은 바로 이 '첨탑 건설(steeple building)'로 요약될 수 있다.

당시 스탠퍼드의 물리학과에는 마이크로파와 전자빔의 물리학을 연구하던 윌리엄 핸슨(William W. Hansen)이 있었다. 핸슨은 1936년 전자를 가속시킬 수 있는 정상파 전기장을 만들어내는 장치인 럼바트론(rhumbatron)을 개발했었는데, 당시 핸슨의 물리학과에 무급 연구원으로 일하고 있었던 러셀 배리언(Russell Varian)이 이 장치에 착안해서 1937년에 마이크로파를 생산, 증폭, 탐지할 수 있는 클라이스트론(klystron)이라는 진공관을 발명했다. 터먼은 물리학자들의 호기심의 산물인 클라이스트론을 실용적인 라디오 장치로 만들기 위해서는 핸슨의 팀과 전자관의 성능을 측정하고 설계할 자신의 통신공학 그룹과의 긴밀한 협동 연구가 필요하다는 판단을 했고, 이러한 판단 하에 자신의 대학원생들을 이 프로젝트에 적극 참가시켰다.

제2차 세계대전이 임박하면서 클라이스트론은 레이더에 사용될 수 있는 마이크로파를 발생시킨다는 이유 때문에 곧 산업체와 군부로부터 주목의 대상이 되었다. 스페리 자이로스코프 회사는 마이크로파를 이용한 비행기의 운행 및 유도 시스템의 개발에 관심을 가졌고, 곧 스탠퍼드의 연구를 후원하기 시작했다. 제2차 세계대전 이전에 주요 군산업체로 자리잡았던 스페리 사는 1938년에 스탠퍼드의 클라이스트론 프로젝트로부터 나오는 고주파 관련 기구들에 대한 로열티와 함께 매년 연구비로 2만 5천 달러를 지불하는 계약을 맺었다. 핸슨과 터먼, 물리학과 전자공학의 협동 연구를 통해 나타난 클라이스트론 프로젝트는 터먼이 지녔던 스탠퍼드 대학의 '첨탑 건설'이라는 이상과 협동 연구의 유용성을 구현한 것이 되었다. 여기에는 과학과 공학의 안배, 최고 수준의 교수와 대학원생, 연구협력자들의 편성, 군부와 산업계의 후원, 그리고 학제간 협동이라는 모든 요소가 녹아 있었다.

이러한 터먼의 이상은 전쟁이 끝난 직후에 스탠퍼드 대학에 만들어진 마이크로파연구소에서도 그대로 구현되었다. 이 연구소의 소장은 물리학과의 핸슨이 맡았지만, 터먼의 학생이던 긴즈튼이 부책임자를 맡음으로써 연구소는 물리학과와 공학부 간의 긴밀한 연결을 유지했다. 연구소의 과학적, 기술적 연구 주제는 핵물리학의 기초 연구부터 마이크로파관에 대한 응용 연구에 이르기까지 매우 다양했다. 연구소에서는 물리학자들과 공학자들의 상호 협동 연구를 통해 마이크로파 공학과 트렌지스터 공학, 플라스마와 레이저 물리학, 응용물리학이 발전했을 뿐만 아니라, 이를 모태로 거대한 연방정부 지원 연구기관인 스탠퍼드선형가속기센터(Stanford Linear Accelerator Center, SLAC)가 출범할 수 있었다. 이 성과들은 터먼과 핸슨이 시작했던 물리학과 전기공학의 협동 연구의 비전과 스탠퍼드의 성공을 가장 잘 보여주는 예였다. 스탠퍼드 대학은 이러한 연구를 통해 자신들만의 독특한 대학-군부(국방부)-전자산업 사이의 삼각형을 발전시켰던 것이다.

제2차 세계대전이 끝난 직후 터먼은 스탠퍼드 공과대학의 학장에 임명되었다. 그는 대학의 연구를 기업으로부터 지원받을 생각을 하고 몇몇 기업에 접근했지만 그 결과는 신통치 않았다. 터먼은 이에 실망하지 않고, 이번에는 연방정부, 특히 군부에 접근했다. 터먼은 우선 자신이 해군연구소와 마이크로파의 이론과 설계에 관한 전기공학 분야의 연구 계약을 체결했고, 이를 통해 매년 22만 5천 달러를 전자공학과에 지원토록 했다. 이 프로젝트는 스탠퍼드의 전자공학연구소를 설립하는 동력이 되었고, 1950년에 터먼은 전자공학연구소에 응용을 담당하는 응용전자공학연구소를 만들어 스탠퍼드의 전자공학과에 대한 지원을 거의 세 배 가까이 증대시켰다.

1950년대에도 대학 개혁의 핵심은 터먼이었다. 1950년대의 가장 중요한 변화는 스탠퍼드 대학과 기업과의 관계가 급진적으로 바뀌었다는 것이다. 터먼은 일찍부터 연방정부와 기업체로부터 연구비를 지원받을 수 있다면 스탠퍼드 주변의 팔로알토(Palo Alto) 지역을 낙후한 농업 지역에서 전자 산업 지역으로 발전시켜 동부에 버금가는 산업단지로 만들 수 있다고 확신했었다. 또한 터먼은 기업이 성장하려면 대학의 과학자, 엔지니어들의 두뇌가 필요하기 때문에 대학과 지역의 기업은 긴밀한 관계를 유지해야 한다고 생각했으며, "만약 서부 지역의 산업과 기업인들이 이 지역의 이익에 보다 효과적이고도 장기적으로 봉사하려면 그들은 재정적으로 또는 다른 방법을 통해 서부에 있는 대학과 긴밀한 유대 관계를 체결해야 한다"고 주장하곤 했었다. 스탠퍼드 대학이 1945~1950년 사이에 군부로부터 많은 연구 자금을 받아 전자공학과 라디오공학 연구를 수행하자, 주변 기업들이 스탠퍼드 대학의 첨단 공학지식을 흡수하고 대학 인력을 유치하기 위해 대학에 접근하기 시작했던 것이다.

1950년경에 터먼은 "산업단지 조성이 기술혁신을 위한 '비장의 무기'이다"라고 하면서, 스탠퍼드 대학 주변에 산업단지를 건설하는 안을 제시했는데, 이는 미국 산업단지로서는 최초의 시도였다. 당시 스탠퍼드 대학은 캠퍼스 내에 660에이커 크기의 부지를 조성하여, 첨단 기술을 개발하는 기업체에게만 입주권을 주기로 결정했다. 당시 스탠퍼드 대학이 제시한 조건은 99년의 임대 기간과 토지세에도 못 미치는 임대료를 받는 것이었는데, 이러한 조건으로 인해 곧 수십 개의 산업체가 여기에 입주하게 되었다.

핸슨의 학생이었던 배리언이 설립한 배리언 회사가 스탠퍼드의 마이크로파 관련 연구를 지원하면서 1951년 처음으로 스탠퍼드 산업단지에 입주한 후 GE, 모토롤라, 그 외 다른 전자공학회사들도 곧 스탠퍼드와의 산학협동을 통해 이익을 얻고자 산업단지에 입주했던 것이다. 1955년에는 터먼의 권유로 쇼클리 반도체 회사가 스탠퍼드 산업단지에 입주했다. 이 산업단지에 입주한 산업체들이 이후 실리콘 밸리를 구축하고 스탠퍼드 대학과 산학협동을 진행시켜나가는 데 중요한 역할을 담당했던 기업이었다. 1956년에는 록히드 항공 연구 시설이 입주했고, 1955년에 이미 IBM은 산 호세(San Jose)에 연구소를 설치했고 ITT, Admiral 및 실바니아 등도 산타 클라라 카운티에 연구개발 시설을 설치했다. 이후 5년 단위로 매년 5천 달러 이상의 돈을 내고 스탠퍼드 전자공학연구의 결과들(당시에 대부분은 고체 그리고 극소

전자공학 분야)을 살펴볼 수 있는 권한을 얻는 산업연계 프로그램에 참여하는 기업들도 늘어났다.

이러한 노력의 결과, 1955년 스탠퍼드 대학의 전자공학과로 대기업의 연구비가 연간 50만 달러씩 지원되었으며, 1965년에는 그 액수가 2백만 달러를 넘어섰고, 1976년에는 총 690만 달러의 연구비가 지원되었다. 산타 클라라 지역의 전자 산업 개발을 위한 터먼의 노력으로 스탠퍼드 대학의 전자공학과는 미국 전역에서 MIT의 뒤를 이어 두번째로 좋은 학과로 육성되었다. 터먼은 1955년에 스탠퍼드 대학의 교무처장으로 임명되었고, 10년간 이 보직을 맡았다. 교무처장으로서 그는 '첨탑 건설'이라는 기존의 목표 외에도 "최고(Harvard, MIT)를 모방하라"는 새로운 목표를 세우고 이를 관철하기 위해서 신임 교수들의 채용, 기존 교수들의 테뉴어(tenure, 종신교수 보장)와 승진에 엄격하고 높은 기준을 적용하기 시작했다. 터먼의 '독재'를 통해, 스탠퍼드 대학의 학과들 대부분이 1957년 10~15위권에서 1969년에는 1~5위권으로 올라섰다.

스탠퍼드 대학을 개혁하려 했던 터먼의 리더십은 1930년대 중엽부터 시작해서 1960년대 중엽에야 그 뚜렷한 결과를 드러냈다. 터먼의 개혁의 핵심은 전자공학과 물리학의 협동 연구를 통해 이 전자/물리 분야를 '첨탑'으로 만들고, 스탠퍼드의 다른 학과들도 이를 모델로 해서 미국의 톱 대학 수준으로 올리는 것이었다. 터먼은 이를 위해 전후에 연방정부로부터 재원을 얻고, 이 재원을 잘 이용해서 전자공학 분야를 끌어올린 뒤에 산업체를 스탠퍼드 산업단지로 유인해서 산업체와 대학 사이의 산학협동을 강화했다. 터먼의 리더십은 스탠퍼드의 전자공학과를 미국의 톱으로 올렸을 뿐만 아니라, 전자공학과 물리학 사이의 스탠퍼드 식의 협동 연구를 정착시켰다.

터먼 개혁의 영향은 스탠퍼드 대학을 넘어서 스탠퍼드의 산업 공원과 실리콘 밸리라는 미국 산업과 경제의 중추 역할을 하는 연구단지를 낳는 힘이 되었다. 앞서 지적했지만 터먼의 권유에 따라서 1955년에 쇼클리 반도체 회사가 스탠퍼드 산업단지에 입주했다. 여기에서 일하던 로버트 노이스(Robert Noyce)는 1957년에 8명의 '배신자'들을 규합해서 쇼클리 회사를 뛰쳐나가 페어차일드 반도체 회사를 설립했다. 노이스는 1959년에 텍사스 인스트루먼트의 잭 킬비(Jack Kilby)

실리콘 밸리와 루트 128(Route 128)[21]

루트 128은 MIT와 밀접한 연결을 맺으면서 보스턴 시 주변에 만들어진 연구단지를 말한다. 실리콘 밸리와 루트 128 단지는 모두 컴퓨터를 비롯한 정보기술 산업 분야에 주력했지만, 1980년대의 위기를 겪으며 운명이 달라졌는데, 실리콘 밸리가 당시 위기를 잘 극복했음에 비해서 MIT 주변의 루트 128은 서서히 경쟁력을 상실해 나갔다.

이는 실리콘 밸리가 소규모의 수많은 기업들의 합병과 분할, 기업들의 끊임없는 학습, 경쟁과 협동의 네트워크에 기반해 새로운 돌파구를 찾아간 반면에 MIT 주변의 루트 128에는 DEC(Digital Equipment Corporation)와 같이 거대하며 비밀을 중시하는 기업이 주를 이루고 있었고, 그 구조는 중앙집중적이었다. 결국 분산적이고 네트워크 구조를 갖춘 실리콘 밸리와 중앙집권적이고 비밀스러운 조직 구조 사이에 승패는 여기서 갈려지게 되었던 것이다.

---

[21] 임경순, 「실리콘 밸리와 지역혁신체계론의 형성」, 『자연과학』 제17호(2004년 가을), 147~156쪽.

와 동시에 IC(집적회로)를 처음으로 개발했으며, 1968년에 앤드류 그로브(Andrew Grove)와 함께 인텔(Intel) 사를 설립했다. 인텔은 실리콘 밸리를 상징하는 회사가 되었는데, 1971년에 최초의 마이크로프로세서인 Intel 4004를 개발했으며, 이는 첫 PC인 알테어에 사용되었다. 컴퓨터 혁명은 이렇게 시작되었다.

1975년에만 해도 실리콘 밸리에 위치한 기업은 8백여 개에 불과했다. 그렇지만 1990년에 실리콘 밸리의 기업은 3천 개로 늘어났고, 고용인의 수도 10만 명에서 26만 명으로 증가했다. 냉전의 종식 등으로 1990년대 초엽에 실리콘 밸리에 위기가 닥쳤지만, 곧 인터넷 혁명으로 이를 타개했다. 이렇게 실리콘 밸리의 지속적인 혁신과 창조적 파괴는 위기를 돌파하는 원동력이 되었으며, 여러 회사가 한 지역에 밀집해 있으면서 경쟁과 협동의 비공식적인 네트워크를 통해서 서로 자극하면서 동시에 정보를 교환하는 등 창의적 혁신에 적합한 지적, 지리적 분위기를 만들어나갔다.

3-7 정리 : 어떤 경우에 기술혁신은 성공하는가?

성공한 기술, 혁신, 엔지니어를 다룬 이 장은 여섯 가지 사례 연구로 구성되었다. 우선 성공적인 발명을 기반으로 기술혁신을 이룬 예로 제임스 와트, 굴리엘모 마르코니, 조지 이스트먼을 분석했다. 이들이 활동한 시기와 분야는 모두 달랐지만 놀라울 정도로 몇 가지 공통점이 발견된다. 1) 이들은 모두 혁신적인 발명을 이룬 뒤에 이에 대한 중요한 특허를 냈다. 증기기관에 대한 와트의 일련의 특허, 무선전신에 대한 마르코니의 첫 특허와 7777 특허, 롤필름 건판을 비롯한 휴대용 카메라에 대한 이스트먼의 특허 등이 이러한 경우이다. 2)이들은 이를 기반으로 기존에 분리되어 있었던 기술과 산업 사이의 연관을 만들어내면서 틈새시장을 개척하거나 새로운 시장을 만들었다. 이 과정에서 이들은 실패에 굴복하지 않았으며, 오히려 실패를 성공으로 뒤집어버리기도 했다. 3)이들은 유능한 기술자나 경영자들과 파트너십을 잘 활용했으며, 특히 인재를 적재적소에 채용했다. 4)이들은 사업을 확장하면서 한 번의 발명에 안주하지 않고 지속적인 연구를 통해 다른 중요한 발명과 특허를 계속 만들어내고, 후발 주자들의 추격을 뿌리쳤다.

반도체와 CDMA의 경우는 개인이 이룩한 혁신이라기보다는 '팀워크'가 적중했던 경우이다. 반도체 개발에는 여러 번에 걸친 적절한 기술 선택, 부단한 노력의 산물인 기술 개발, 이를 달성하기 위한 실험적인 조직과 운영 체계, 국내·외국 재원의 효율적 활용, 정부의 정책이 유효했다. 반도체 기술 선택의 경우, 초기에는 우리가 잘 알고 쉽게 접근할 수 있는 기술을 선택했지만 선진국을 추격하고 세계 정상에 서기 위해서는 신기술을 선택해서 이를 표준으로 만드는 전략이 적중했다. CDMA의 경우에는 국산화와 표준의 채택에 대한 효과적인 정부의 정책, 산-학-연 협력 체계, 기술 수입과 자체 개발의 상보적 관계, 이전 TDX 기술개발사업을 추진하면서 축적된 기술 관리 능력과 교환 기술의 유입, 연구팀의 일체감 등이 중요한 요인으로 작용했다. CDMA의 경우도 처음에 GSM을 표준으로 채택하지 않고 아직 실험 단계에 있는 CDMA를 선택해서 이를 상용화하는 데 재원을 집중한 것이 유효했다.

　마지막에 든 터먼의 예는 엔지니어의 리더십이 실험실 영역을 벗어나서 대학 전체로 미친 경우이다. 터먼은 전자공학과 물리학의 협력 연구를 통해서 스탠퍼드의 전자공학-실험물리학학과를 미국 최고의 학과로 성장시키고, 이 모델을 대학 전체는 물론 스탠퍼드와 주변 산업의 관련으로 확장시켰다. 이를 통해 실리콘 밸리에 자리잡았던 기업들과 스탠퍼드 사이에 긴밀한 관련이 맺어졌으며, 산업과의 관계는 스탠퍼드로 유입되는 연구비를 획기적으로 증대시키면서 다시 스탠퍼드의 성장에 기여했던 것이다. 스탠퍼드 대학과 실리콘 밸리는 상생 관계를 가지며 함께 성장했는데, 여기에는 터먼의 강력한 리더십이 있었던 것이다.

1. 혁신에 필요한 요소들을 나열해보라. 혁신에서 가장 중요한 요소는 무엇이라고 생각하는가?

2. 엔지니어가 기술을 잘 다루는 것 말고도 시장에 대해서 알아야 할 이유가 있는가? 미래의 발명가 혹은 기업가를 꿈꾸는 사람으로서 생각해보자. 새로운 기술이 시장성이 있는지의 여부를 어떻게 확신할 수 있을까?

3. 자기 자신이 개발도상국가의 지도자라고 가정해보자. 기술혁신의 속도를 높이기 위해서 어떠한 방식의 변화를 추구하고 이를 정착시켜야 한다고 판단하는가?

4. 많은 주요 산업들은 소수의 거대기업에 의해 지배되고 있다. 특히 최근에는 개별 기업들이 대기업에 합병되면서 이러한 추세가 더욱 심화되고 있다. 이러한 추세가 기술혁신에는 어떠한 영향을 주리라 예상되는가?

5. 특허 제도가 기술혁신을 장려하는 것 같은가 아니면 오히려 방해하는 것 같은가? 특허 제도가 사라진다면 어떠한 상황이 발생하리라고 생각되는가? 발명가와 일반 대중의 요구를 모두 충족시킬 수 있는 다른 대안을

제시할 수 있는가?

6. 우리나라의 혁신 사례들을 살펴보면서 어떤 것이 강점으로 작용했는지 설명해보라. 또 앞으로의 혁신을 위해서 보완해야 할 점들이 있다면 무엇인지 설명해보라.

4 현대 기술에 대한 반성

....

기술은 새로운 발명과 혁신을 통해서 우리의 삶을 윤택하게 바꾼다. 새로운 기술들은 인간이 세계를 이해하고 세계를 조작하는 방식, 즉 인간과 외부 세상이 관계를 맺는 방식을 변화시키고, 사람이 다른 사람과 관계를 맺는 방식을 바꾸며, 인간의 자의식과 문화에 영향을 미친다. 기계문명 사회에 사는 우리는 과거의 사람들이 경험하지 못했던 방식으로 세상을 경험하고 있는데, TV를 통해 9시 뉴스를 들으며 지구촌 곳곳에서 일어난 일을 일목요연하게 받아보는 일상적인 일도 불과 백 년 전만 해도 불가능했던 일이다. 뉴스는 우리를 미디어 공동체 속에 묶으면서, 미디어 공동체에 속하는 사람들이 관심을 두는 주제를 비슷하게 만들고 있다.

그렇지만 기술의 영향은 항상 긍정적인 방식으로만 나타나지는 않고 있다. 새로운 기술은 전에 유례 없던 규모로 사람을 살상하고, 환경을 오염시키고, 새로운 위험(risk)과 불확실성을 만들어내고, TV 중독이나 인터넷 중독처럼 사람들을 새로운 '중독'에 빠지게 하고, 프라이버시를 침해하며, 기타 각종 범죄의 도구로 사용되기도 한다. 물론 총과 대포가 만들어지기 전에도 사람들은 전쟁을 했고 서로를 죽였지만, 화약무기의 발명은 이 살상의 규모를 수십 배 증가시켰다. 우리는 기술이 우리 사회의 위험과 문제를 증폭하는 세상에 살고 있다.

기술의 부작용을 최소화하고 기술의 긍정적인 측면을 최대화하기 위해서는 현대 기술에 대한 반성적인 사고가 필요하다. 우리는 산업혁명 당시에 기계를 파괴했던 러다이트 운동처럼 기술에 대해 냉소적인 입장을 취할 필요는 없다. 그렇다고 기술 유토피아만을 외치는 것도 문제가 있다. 우리가 만약 "모든 기술은 그 자체로 선(善)이다"라고 생각한다면, 기술의 부작용을 초기에 제어할 수 있는 능력을 포기하는 것이 되며 이는 기술이 가져오는 문제들을 확대하는 셈이 되기 때문이다. 현기증이 날 정도로 기술 발전의 속도가 빠른 사회에서 기술에 대한 단선적인 사고는 기술적 위험을 증대시킨다.

이 장은 이러한 반성적 사고를 촉진하기 위해서 씌어졌다. 우선 이 장에서는 기술의 '성공'과 '실패'에 대한 상식적인 생각을 다시 한번 점검하면서, 기술적 성공이나 실패가 한 가지 균일한 잣대로 평가될 수 있는 것이 아니라는 점을 설명해볼 것이다. 그렇지만 어떤 기술은 분명히 오작동해서 큰 사고로 이어지는 경우가 있고 우리는 이런 경우를 기술적 재앙이라고 부른다. 여기서는 기술적 재앙의 특성과 이 가능성을 줄일 수 있는 몇 가지 방안에 대해서도 다루고 있다. 반면에 아직 사고나 재앙으로 발전하지는 않았지만 그럴 가능성이 있을 때,

우리는 그것을 기술적 위험(technological risk)이라고 부른다. 위험을 예측·통제·관리하는 것은 현대 기술 사회에서 가장 중요한 활동 중 하나이다. 아직까지 우리나라에서는 이 기술적 위험에 대한 분석의 수준이 미약해서, 핵폐기장이나 새만금과 같은 기술 프로젝트를 놓고 주민과 전문가들 사이에 '위험 체감지수'가 다르기 때문에 나타난 의견 차이를 좁히지 못하는 경우가 많다. 마지막으로 기술에 대해 적대적이고 파괴적인 태도를 보였던 러다이트 운동을 살펴볼 것이다. 기술에 대한 러다이트적 관점은 분명히 우리가 취해야 할 모범적인 태도는 아니다. 그럼에도 불구하고 우리는 기술에 대한 저항은 사람들의 무지의 소치이며, 따라서 무시해도 좋다는 생각 역시 편견에 사로잡힌 것임을 이 절을 통해 알 수 있을 것이다.

4-1 기술적 실패 혹은 실패한 기술

일본에서 '실패학'을 처음으로 제창했던 하타무라 요타로(畑村洋太郎)는 실패의 원인을 다음과 같은 10가지로 분류한다. ①무지 ②부주의 ③차례 미준수 ④오판 ⑤조사, 검토 부족 ⑥조건의 변화 ⑦기획 불량 ⑧가치관 불량 ⑨조직 운영 불량 ⑩미지(세상의 그 누구도 알지 못해 생긴 실패)가 그것이다. 여기서 보듯이 실패의 원인은 무수히 많은데, 이 중에는 우리가 일을 하는 과정에서 어쩔 수 없이 일어나거나 직면하는 원인이 있는 반면에, 태만이나 고의적 부정처럼 의도적인 행위에 의한 원인도 있다. 그는 또 수많은 실패 사례를 연구한 뒤에 얻어낸 '실패 관련 10가지 교훈'을 다음과 같이 제시하고 있다.[1]

① 성공은 99%의 실패로부터 얻은 교훈과 1%의 영감으로 구성된다.

② 실패는 어떻게든 스스로를 감추려는 속성이 있다.

③ 방치해놓은 실패는 성장한다.

④ 실패의 하인리히 법칙—엄청난 실패는 29건의 작은 실패와 300건의
실수를 저지른 뒤에 발생한다.

⑤ 실패는 전달되는 중에 항상 축소된다.

⑥ 실패를 비난, 추궁할수록 더 큰 실패를 낳는다.

⑦ 실패 정보는 모으는 것보다 고르는 것이 더 중요하다.

⑧ 실패에는 필요한 실패와 일어나선 안 될 실패가 있다.

⑨ 실패는 숨길수록 병이 되고 드러낼수록 성공한다.

⑩ 좁게 보면 성공인 것이 전체로 보면 실패일 수 있다.

  기술과 관련해서도 우리는 기술적 실패, 혹은 실패한 기술이라는
얘기를 종종 쓴다. 실험실에서 프로젝트를 하기 위해 기계장치나 소
프트웨어를 만들었는데 잘 작동하지 않으면 "이번 작품은 실패야 실
패"라고 하다가, 성공적인 기계나 소프트웨어를 만들면 "대성공이다"
라고 외치기도 한다. 이렇게 성공과 실패는 확연히 구별되는 기술의
두 가지 극단으로 간주되는 것이 일반적이다.

  그렇지만 기술적 실패나 실패한 기술이 이렇게 분명하게 정의될 수
있는 것은 아니다. 우선 "실패는 성공의 어머니"라는 유명한 구절에서

---

1 김수삼, 「실패학의 패러다임의 전환」, 김수삼 외, 『미래를 위한 공학, 실패에서
배운다』(김영사, 2003), 13~43쪽.

보듯이 실패한 기술은 성공을 위해서 피하고 비껴가야 할 과정이 아니라 성공하기 위해서 반드시 거쳐야 하는 과정일 수 있다. 에디슨은 오래 유지되는 필라멘트를 만들기 위해서 무려 천 가지의 다른 물질을 테스트했으며, 마르코니는 감도가 좋은 수신기를 만들기 위해서 4백여 가지의 금속 화합물을 테스트했다. 성공을 하기 위해서 수백 번 이상 실패를 경험했던 것이다. 실패에 실패를 거듭한 다음에야 성공을 하는 것은 기술만이 아니라 우리 인생의 법칙이기도 하다.

실패가 중요한 것은 디자인 이론에서도 강조된다. 디자인을 하는 사람들은 성공적인 기술 디자인을 기술의 형식(form)과 맥락(context)의 일치라고 보곤 한다. 예를 들어 부엌에서 쓰는 주전자를 만든다고 하면, 이 디자인의 성공은 주전자라는 형식과 부엌이라는 맥락과의 일치로 결정된다는 것이다. 그런데 이를 일치시키는 방법은 결국 수많은 디자인을 해보면서 시행착오를 겪는 방법밖에 없으며, 이렇기 때문에 성공한 디자인은 결국 수많은 실패의 결과라는 얘기가 된다. 예를 들어보자. 서양 사람들이 식탁에서 밥을 먹을 때 사용하는 포크는 중세 초엽에만 해도 존재하지 않던 것이었다. 중세 후기에 유럽 사람들이 식사 매너와 위생 관념에 더 많이 신경을 쓰기 시작한 이래, 원래는 음식을 찍어먹던 끝이 날카로운 칼이 실패와 시행착오를 겪으면서 지금의 포크로 변화하기 시작했다. 우선 칼은 끝이 조금 무뎌지고 14세기에 두 갈래로 갈라졌다. 이 끝부분은 조금 휘어지고 다시 세 갈래로 갈라졌다. 음식을 찍어먹던 칼은 테이블 매너를 강조하는 새로운 환경에서 '실패를 거듭하면서' 성공적인 현대식 포크로 진화했던 것이다. 이는 주전자나 포크와 같은 기술에서만이 아니라 다리, 건물과 같은 도시 · 토목공학에서도 마찬가지였다. 지금의 다리나 건물 같이 안정된 구조는 수많은 실패를 한 뒤에 이루어진 것이었다.[2]

그렇지만 이렇게 성공을 위해 거쳐야 하는 과정으로서의 실패 이외에도 우리가 실패한 기술이라고 부르는 것이 있다. 예를 들어 두 개 이상의 기술이 시장에서 경쟁을 하다 그중 하나가 이기고 다른 하나가 사라졌을 때 우리는 이렇게 사라진 기술을 실패한 기술이라고 부른다. 비디오플레이어가 처음 만들어졌을 때 비디오테이프에는 소니의 베타 방식과 VHS 방식이 있었는데,[3] 결국 VHS가 베타 방식을 누르고 시장에서 승리했다. 이제는 베타 방식의 비디오를 거의 찾아볼 수 없으며, 이 경우 베타 방식은 실패한 기술이라고 볼 수 있다. 인터넷이 처음 나왔을 때, 웹 브라우저(web browser)는 넷스케이프(Netscape)라는 브라우저가 장악하고 있었다. 그러나 MS 사의 인터넷 익스플로러(Internet Explorer)가 점점 시장 점유율을 높였고, 이제는 넷스케이프를 사용하는 사람은 거의 없다. 이 경우에도 넷스케이프는 실패한 기술이라고 볼 수 있다.

그렇지만 기술들 사이의 경쟁의 결과 승리한 기술과 실패한 기술이

---

[2] 헨리 페트로스키, 『인간과 공학 이야기』(지호, 1997); 페트로스키, 『포크는 왜 네 갈퀴를 달게 되었나』(지호, 1995).

[3] 베타 방식은 1970년대에 소니가 개발한 비디오테이프와 플레이어의 방식으로, 화질이 뛰어나고 복사를 해도 화질 저하가 거의 없었다. 반면에 VHS는 경쟁사인 마쓰시타와 RCA가 합작으로 개발한 방식으로, 베타보다 기술적으로 떨어졌지만 시장 지배력이 큰 업체들이 잇따라 VHS 진영에 합류하면서 VHS가 경쟁에서 승리했고, 지금의 VCR 표준으로 사용된다. 소니의 베타는 아직도 방송국에서 녹화용으로 사용되고 있다.

생긴다고 생각할 때에도 몇 가지 주의할 점이 있다. 우선 기술적인 우수성이 항상 승리를 가져오는 것은 아니라는 점이다. 즉 기술적으로는 성공으로 평가받아도 시장 장악에 실패하는 경우가 있다는 것이다. PC가 처음 나왔을 때 애플의 매킨토시는 MS 운영체계를 사용하는 IBM PC보다 기술적으로 우수하다고 간주되었지만 시장 경쟁에서는 IBM에 밀렸다. 넷스케이프도 초기에는 MS 익스플로러보다 우수하다고 간주되었지만 윈도에 끼워 출시된 익스플로러의 물량 공세를 이겨내지 못했다. 여객기 콩코드도 엔지니어링의 측면에서는 대단한 성공으로 간주되지만 비행사와 승객으로부터 외면당했다. 또 어떤 기술이 한 지역에서는 성공적이어도 다른 지역에서는 그렇지 못한 경우도 많다. 예를 들어 마이크로파 전자오븐은 서구에서는 오래 전에 보편화되었지만 음식을 조리하는 방식이 다른 아시아 국가들에서는 훨씬 늦게 도입되었다.[4]

게다가 기술적 성공은 시기적으로도 국한된 경우가 많다. 20세기 초엽에 서구에서는 모든 제화점에 발의 골격을 엑스선으로 찍어보는 기계를 한 대씩 놓고 사용하고 있었다. 사람들이 구두를 맞출 때 발의 정확한 골격을 알기 위해서 이 기계를 사용해서 발의 엑스선 사진을 촬영하곤 했으며, 꼭 이런 경우가 아니라도 사람들은 호기심에서 엑스선을 가지고 자신의 발을 촬영하곤 했다. 그렇지만 제2차 세계대전 이후 방사선의 위험이 알려지면서 이 기계는 순식간에 사라졌다. 성

[4] Graeme Gooday, "Re-writing the 'book of blots': Critical reflections on histories of technological 'failure'," *History and Technology* 14(1998), pp. 265~291.

공은 불과 30~40년 정도에 국한되어 있었던 것이다.[5] 1990년대 중반 한국에서 삐삐는 대성공을 거둔 기술이었지만, 지금의 시점에서는 휴대폰과의 경쟁에서 무참하게 패배한 기술로 볼 수 있다.

기술적 성공과 실패는 기술의 사용자에 의해 주관적으로 평가되는 경우가 많다. 프랑스 정부가 추진했던 미니텔 시스템(전화 모뎀을 통해서 컴퓨터로 정부가 보내주는 정보를 받아보는 시스템으로 비디오텍스Videotex 라고 하기도 함)은 프랑스에 인터넷이 보급되는 것을 저해했다는 의미에서 실패한 기술로 평가되기도 하지만, 비슷한 시스템을 도입했던 유럽의 다른 나라들에 비해서 인구의 36%나 이를 사용했다는 점을 들어 국가 주도의 성공적인 기술로 간주하는 경우도 있다.[6] IBM 호환 PC가 거의 보편화됐지만 매킨토시 사용자들 중에는 아직도 매킨토시가 우수하다고 생각하는 사람들이 많다. 어떤 이들은 우주왕복선이 대단한 기술적 성과라고 평가하지만, 또 다른 이들은 이를 전혀 쓸데없는 기술이라고 본다. 군사기술, 정보기술, 생명공학, 원자력 발전에 대해서도 견해가 극명하게 나뉜다. 모든 사람을 다 만족시키는 성공한 기술이나 실패한 기술을 꼽기는 무척 힘들다.

더 중요한 것은 기술의 성공이 높은 효율이나 기술적 합리성 때문만은 아니라는 것이다. 컴퓨터 소프트웨어나 비디오테이프 표준처럼 네트워크로 연결된 기술의 경우에는 초기 시장의 선점이 부익부빈익

[5] J. Duffin and C. Hayter, "Baring the Sole: The Rise and Fall of the Shoe-fitting Fluoroscope," *Isis* 91(2000), pp. 260~282.
[6] Amy L. Fletcher, "France Enters the Information Age: A Political History of Minitel," *History and Technology* 18(2002), pp. 103~117.

빈 현상을 가져와서 승리를 만들어내는 경우가 많다. 영문 컴퓨터 자판의 꼭대기 줄이 QWERTY라는 순서로 배열되어 있는 것은, 이것이 타자기 자판으로부터 진화했기 때문인데, 초기 타자기에서 QWERTY를 쓴 이유는 자판에 붙어 있는 막대(bar)의 엉킴을 방지하기 위해 같이 자주 붙여서 쓰는 글자들을 떼어놓았기 때문이었다. 즉 QWERTY 자판을 배운 사람들이 다른 자판으로 바꾸려고 하지 않았기 때문에 이 자판은 백 년 가까이 살아남았고 전자동으로 작동되는 컴퓨터로까지 이어졌던 것이다. QWERTY 자판보다 속도가 더 빠른 드보락 자판이 개발되었지만, QWERTY에 익숙해진 사람들은 새 자판으로 옮겨가지 않았던 것이다.[7]

네트워크 외부 효과와 잠금(lock-in) 효과

더 많은 사용자가 연결되어 있을 때 상품의 가치가 높아지는 효과를 경제학에서 '네트워크 외부 효과'라고 하며, 초기에 사소한 차이로 시장을 조금 더 점유했던 기술이 시간이 지나면서 시장의 표준이 되어버리는 경우를 '잠금 효과'라고 부른다. 정보기술이나 정보산업은 1) 새로운 제품을 만들기 위한 연구 개발비의 초기 투자가 크고 반면에 한번 개발한 제품을 생산하는 데 드는 비용은 적으며, 2) 그것을 개발하면서 축적한 노하우가 상승 효과를 가져오고, 3) 쓰는 사람들이 많아지면 그 제품의 가치가 올라가는 '네트워크 외부 효과'라는 경제적 특성이 적용되며, 4) 초기 시장의 선점을 양의 피드백을 통해 확장할 수 있고, 5) 사람들이 어떤 특정 기술의 사용법을 한번 배우면 다른 기술로 잘 바꾸지 않으려고 하는 요소가 겹쳐져서, 어느 시점이 되면 다른 기술이나 제품이 시장에 들어오지 못하게 하는 '잠금 효과'를 보인다.

[7] Paul David, "Clio and the Economics of QWERTY," *American Economics*

기술적 실패 중에는 미래의 변화를 예측하기 힘들었기 때문에 생긴 실패도 있다. 시화호 방조제 공사는 시화호 북쪽 시흥시 지역에 742만 평의 시화공업단지를 조성하고 남쪽 지역인 화성시 지역에 농업 용지와 도시 용지를 조성하는 것을 목적으로 1987년부터 시작해서, 1994년에 1,392만 평 332만 톤의 저수량을 가진 민물호수를 완성했다. 그렇지만 이 무렵이 되자 공사를 시작했을 때에는 예측하지 못했던 문제들이 나타나기 시작했다. 우선 시화공업단지가 개발되어 공장과 인구가 증가하면서 시화호의 수질이 급속하게 악화되기 시작했다. 시화호의 COD(화학적 산소 요구량)는 방조제 완공 직전에는 5.2ppm에서, 완공 이후에는 9.4ppm으로, 1997년에는 17.4ppm으로 급증했다. 또 쌀 자급을 위해 농토를 개발하겠다는 본래의 목적도 쌀 수입의 가능성이 증가하면서 빛이 바래졌으며, 도시 용지의 개발도 서울 지역의 다른 도시 용지가 개발되면서 경제성을 잃어갔다. 이러한 상황에서 갯벌에 대한 사회적 인식과 가치가 상승하면서, 시화호를 개발함으로써 얻을 수 있는 경제적 가치보다 갯벌을 잃음으로써 발생하는 손실이 사회적 주목을 받게 되었다. 결국 2000년에 시화호는 담수호를 포기하고 해수호로 전환되었다. 시화호의 실패에서 알 수 있는 것은 미래의 목표 자체가 잘못 설정될 경우에는 예상치 않은 실패가 나타날 수 있다는 것이다. 앞으로 국토 개발을 하는 경우에는 환경 보전과 같은 목표를 다른 목표보다 더 중요하게 고려해야 하며, 먼 미래에 대한 장기적 예측이 불분명하므로 중기 단위로 계획을 수정할 수 있

Review 75(1985), pp. 332~337.

는 방법과 그 각각에 대한 대안 시나리오를 작성해놓는 것이 필요하다.[8]

기업에서 개발하는 기술은 그 기술을 개발하고 상품을 판매하는 기업의 특정한 이해관계 때문에 실패와 성공이 갈리는 경우가 있다. 공작기계는 기계를 깎는 기계로서 기계공업의 '꽃'이라고 부를 수 있는데, 1950년대 미국에서는 공작기계가 발전할 미래의 모델로 두 가지서로 다른 모델이 나와 있었다. 첫번째는 공작기계가 미리 입력된 컴퓨터 프로그램에 따라 작동하는 수치제어 방식이었고, 두번째는 노동자의 동작을 테이프에 녹음해서 이를 재생하면서 작동하는 녹음재생방식의 공작기계였다. 이러한 상황에서 당시 이를 개발하던 MIT-GE (General Electric)의 연구팀은 전자의 방식을 채택할 경우에 숙련 노동자들의 노동에 의지할 필요가 없고 결국은 숙련 노동자들의 노조의힘을 약화시키는 결과를 낳는다고 생각한 뒤에, 수치제어 방식의 기계를 집중적으로 지원하고 이를 선택했다. 수치제어 공작기계가 보편적으로 성공적인 기술이 되고, 녹음재생 공작기계가 실패한 기술이된 것은 당시의 사회경제적 맥락 속에서 존재했던 이해관계 때문이었지 전자가 후자에 비해서 필연적으로 성공할 이유가 있었기 때문이아니었다.[9]

---

8 시화호에 대해서는 민범식, 「지속 가능한 개발, 그 위대한 도전」, 김수삼 외, 『미래를 위한 공학, 실패에서 배운다』(김영사, 2003), 237~246쪽 참조.

9 David Noble, "Social Choice in Machine Design: The Case of Automatically Controlled Machine Tools, and a Challenge to Labor," *Politics and Society* 8(1978), pp. 313~347. 이 글은 송성수 편역, 『우리에게 기술이란 무엇인가』

기술이 경쟁에서 성공하지 못하는 데에는 기업의 전략적 실수가 한 몫을 하기도 한다. 예를 들어 1930년대 AT&T의 벨연구소는 전화 메시지를 녹음하거나 자동응답기에 쓸 수 있는 자기테이프 녹음기술을 개발했지만, 이것의 실용화에는 약 20년 가까운 시간이 소요되었다.[10] 당시 벨연구소는 연구의 방향을 축음기 방식의 자동응답기와 자기 (magnetic) 물질을 사용하는 자동응답기 두 가지로 분산했는데, 이 중 물리학으로 박사학위를 받은 히크만(C. Hickmann)에게 자기테이프 방식의 연구를 맡겼고, 1930년이 되면서 축음기 방식의 녹음기가 실패하자 이후 자기 물질을 사용하는 데 연구를 집중했다. 히크만은 녹음기 헤더의 질을 개선하고, 녹음 매체로 디스크와 전선을 썼다가 곧바로 금속 테이프를 사용해서 잡음을 줄이고 소리의 질을 향상시켰다. 이런 노력 끝에 1930년대 중반이 되면 지금의 자동응답기와 비슷한 응답기가 발명되었다.

그렇지만 이 응답기는 극히 제한된 용도를 제외하고는 사용되지 않았다. AT&T 사는 이 응답기를 제공해달라는 고객의 요구를 무시하고, 자동녹음기의 개발에 대한 어떠한 보도도 외부로 유출되는 것을 막았다. 그 이유는 기술적인 문제가 아니라 회사의 고위 경영진들이 전략적인 이유에서 이 응답기의 사용을 권장하지 않았기 때문이다.

(녹두, 1995), 199~236쪽에 번역되어 있다. Noble, *Forces of Production: A Social History of Industrial Automation*(Oxford: Oxford University Press, 1984).

[10] 벨 사의 자기 녹음기술에 대한 분석은 Mark Clark, "Suppressing Innovation: Bell Laboratories and Magnetic Recording," *Technology and Culture* 34 (1993), pp. 516~538 참조.

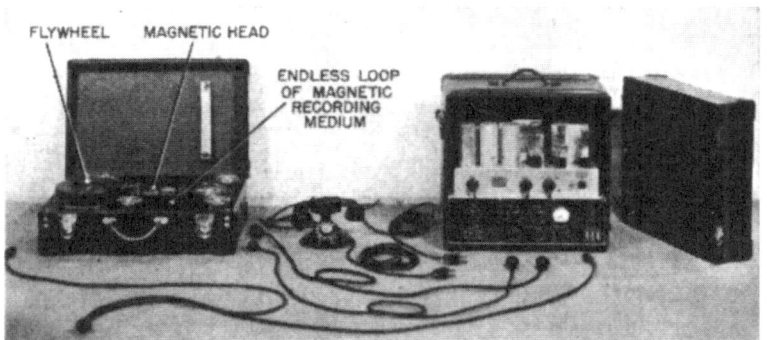

[그림 4-1] 1930년대 벨연구소가 개발한 자기 녹음을 이용한 응답기

고위 경영진들은 녹음기를 사용해서 전화 대화가 녹음되기 시작하면 사람들은 말실수를 할까봐 전화를 사용하길 꺼려할 것이며, 특히 사업에 관련된 전화 통화의 상당수가 다시 편지로 되돌아갈 것을 우려했다. 게다가 전체 통화의 3분의 1 가량을 차지하는 불법적이고 '비도덕적인' 통화 역시 줄어들 것이라고 보았다. 즉 자동응답기와 녹음기가 자신들의 전화 사업에 방해가 될 것이라고 생각해서 AT&T 경영진은 비록 자신들은 사무실에서 자동응답기를 사용했지만, 이를 소비자에게 제공하지 않았다. 1950년대 초반, 전쟁 이후 자기 테이프에 대한 연구가 다른 회사에서도 많이 이루어지고 나서야 AT&T는 녹음기가 달린 자동응답기를 권장하기 시작했고, 이렇게 해서 자기 녹음 테이프를 사용한 녹음기는 개발된 지 20년이 지나서야 시장에 공급될 수 있었다.

경영진의 판단착오는 1970년대에 제록스 연구소에서 이루어진 컴퓨터 연구에서도 볼 수 있다. 복사기 시장을 독점하던 제록스 회사는 1970년에 캘리포니아 팔로알토에 '제록스 팔로알토 연구센터(PARC)'

를 설립해서, 당시 막 싹트고 있던 컴퓨터를 연구하는 데 엄청난 예산을 쏟아 부었다. 이 연구소에서는 당시 인터넷의 개발에 결정적인 역할을 했던 로버트 테일러(Robert Taylor)를 팀장으로 임명하고, 미국 전역에서 컴퓨터의 귀재라고 할 수 있는 연구자들을 불러 모았다. 특히 미래의 컴퓨터는 어린아이들도 무릎에 놓고 어렵지 않게 사용할 수 있는 것이어야 한다는 무척 독특한 비전을 가지고 있었던 앨런 케이(Alan Kay)는 첫 노트북을 설계하기도 했다. 연구원들은 다른 컴퓨터 과학자들은 생각도 못했던 소형 개인용 컴퓨터를 디자인하기 시작했으며, 이들은 이를 위해서 그래픽 유저 인터페이스(GUI), 마우스, 위지윅(WYSIWYG)[11] 텍스트 에디터, 레이저 프린터, 데스크톱 컴퓨터, 스몰토크(Smalltalk)라는 프로그램 언어, 이더넷(Ethernet)을 개발했다.

그렇지만 제록스 사는 레이저 프린터처럼 복사기와 관련이 있는 기술은 적극적으로 개발했지만, 연구소가 개발한 컴퓨터 기술이 10년 내에 폭발적인 혁명적 잠재력을 가지고 있다는 점을 인식하지는 못했다. 제록스 회사는 알토(Alto)라는 컴퓨터를 시장에 내놓았지만, 재미를 보지 못하자 컴퓨터 연구의 지원을 대폭 삭감했으며, 이에 실망한 테일러는 연구소를 떠났다. 제록스 연구소에서 개발한 그래픽 유저 인터페이스 기술은 애플 컴퓨터를 만든 잡스(S. Jobs)가 그대로 채용해서 1983년 매킨토시 컴퓨터에 장착했다. 곧바로 IBM PC의 윈도즈

[11] what you see is what you get의 약칭으로 사용자가 현재 화면에서 보고 있는 내용과 동일한 출력 결과를 얻는 프로그램. 우리가 지금 사용하는 워드프로세서는 대부분 위지윅이다.

시스템도 이 그래픽 유저 인터페이스를 사용했다. 다른 제품들도 이후 나온 PC에 대부분 수용되었다. 제록스 사는 연구소의 연구로 재미를 보지는 못했지만, 팔로알토 연구소는 20세기 PC 혁명의 아지트가 되었던 것이다.[12]

이러한 두 가지 사례 외에도 기업의 전략 착오는 기술의 실패에서 가장 흔한 이유일 만큼 다양한 사례가 존재한다. 화상 전화에 대한 수요가 거의 없음에도 불구하고 화상 전화 지원 단말기가 계속 개발되고 시판되는 데에는 소비자의 요구를 오판한 채 기술만 개발되면 소비자가 생길 것이라는 경영진들의 독단에 의해 개발이 진행되고 있기 때문이다. 한국에서 한때 무선전화와 경쟁을 하다가 급속하게 퇴출된 시티폰의 실패도 급격하게 변화하는 소비자의 욕구를 기업이 잘 못 읽었기 때문이었다. 20세기 말엽에는 66대의 인공위성을 쏘아 올려서 전 세계를 하나로 덮는 무선통신 서비스를 계획하고 50억 달러라는 천문학적인 거금을 투자해서 만든 이리듐 서비스가 시작되었지만, 사용자들을 거의 확보하지 못한 채 막을 내리고 말았다.

실패와 성공은 동전의 양면이라고 볼 수 있을 정도로 붙어 다닌다. 성공의 환희에 너무 오랫동안 취해 있으면, 이는 곧 실패를 낳을 수 있다. 복사기 시장을 선점했던 회사는 제록스였다. 제록스는 철저한 마케팅 조사를 통해 대기업들이 속도가 빠르고 용량이 큰 복사기를 선호한다는 사실을 발견하고 이 부문을 집중 공략한 뒤에 복사기 시

---

[12] Douglas K. Smith and Robert C. Alexander, *Fumbling the Future: How Xerox Invented, Then Ignored, the First Personal Computer*(Harper-Collins, 1989).

장을 거의 독점했었다. 그렇지만 제록스 사는 대형 복사기에 집중함으로써 중소기업이나 개인이 복사기를 사용하는 요구가 증가하고 있으며 이들은 느려도 작은 복사기를 선호하는 식으로 시장의 구조가 바뀌고 있다는 것을 인식하지 못했다. 결국 이 소용량 복사기 시장은 작고 값싸며 애프터서비스를 잘 갖춘 캐논에게 거의 전부 뺏기고 말았다. 기존 고객에 집착함으로써 새로운 고객의 새로운 욕구에 대한 대비가 소홀한 탓이었다.[13]

이렇게 기술적 실패에는 다양한 유형이 있고, 기술이 실패하는 데에는 다양한 이유가 있다. 실패에 다양한 유형이 있듯이 역으로 기술이 성공하는 데에도 다양한 유형이 있고 다른 이유들이 있다. 앞 장에서 보았지만 조지 이스트먼은 새로운 시장을 창조함으로써 실패한 기술을 성공으로 바꾼 경우다. 혁신적인 엔지니어들은 이렇게 성공과 실패의 경계를 유동적인 것으로 만들어, 실패의 영역에서 성공의 영역으로 자신의 기술을 이동시킬 줄 아는 사람이다.

실패 중에는 기술자들이 반드시 겪어야 하는 '에디슨 식의 실패'가 있고, 아무런 보탬이 되지 않는 실패도 존재한다. 우리의 기술 문화는 지금까지 성공만을 목표로 달려온 경향이 있었기 때문에 모든 실패를 다 나쁜 것으로 보는데, 이것은 올바른 태도가 아니다. 이 결과 우리나라에서는 "모든 연구가 성공했다"는 웃지 못할 상황까지 발생한다. 개개인은 연구 개발과 같이 지식을 획득하는 과정에서 항상 실패를

---

13 박항구, 「실패 친화도를 높이자」, 김수삼 외, 『미래를 위한 공학, 실패에서 배운다』(김영사, 2003), 112~114쪽.

겪는다. 이러한 실패는 용서받을 수 있고, 오히려 바람직한 실패이다. 그렇지만 실패를 은폐하거나 과거의 실패를 반복하는 것은 어떤 의미에서도 바람직하지 않다. 특히 실패를 은폐하다보면 실패가 계속 반복될 수 있고, 이러다보면 실패는 커다란 재앙을 낳기도 한다.

4-2 기술적 재앙

앞 절에서는 기술의 성공과 실패를 가로지르는 경계선이 항상 분명한 것은 아님을 보았다. 그렇지만 우리는 종종 엄청난 기술적 실패에 직면한다. 한국의 경우에도 성수대교 붕괴, 삼풍백화점 붕괴와 같은 대형 기술적 참사가 잇달았었다. 실험실에서 현수교 모형을 만들다 그것이 무너지는 실패를 겪으면 다리의 구조를 더 완벽하게 이해하기 위한 디딤돌로 생각할 수 있지만, 건축해놓은 다리가 붕괴되면 이는 수많은 사상자를 낼 수 있는 참사를 낳는 것이다.

기술적 참사는 엔지니어링 프로젝트가 거대해지던 19세기부터 빈번하게 일어났다. 무거운 하중을 실은 열차가 지나는 다리는 그 이전에 건설된 다리에 비해서 공사 규모가 훨씬 더 커졌을 뿐만 아니라 새로운 공학적인 고려를 필요로 했다. 1878년에 영국 던디 지역에 건설된 테이 교(Tay Bridge)는 총 3마일의 길이에 교각과 교각 사이가 당시로서는 가장 긴 다리였다. 테이 교는 당시 유명한 엔지니어 토머스 바우치(Thomas Bouch)가 설계했고 바우치는 이 다리를 건설하고 그 공로를 인정받아 귀족 작위를 받았다. 그렇지만 이 다리는 건설된 지 2년이 채 못 되어, 강풍이 부는 겨울 어느 날 기차가 다리를 건널 때 붕괴해서 75명의 생명을 앗아갔다. 다리의 설계가 강풍에 견디지 못하게 만들어진 것이 원인이었고, 이는 당시 자존심이 무척 강했던 영국 엔지니어들에게 큰 충격을 안겨주었다.[14]

20세기에도 타이타닉 호 참사, 타코마(Tacoma) 교의 붕괴, 보팔 참사, 스리마일 섬의 원자력 발전소 사고, 챌린저 호의 폭발, 체르노빌 원전 사고, 콜럼비아 호의 폭발, 셀 수도 없는 비행기 사고 등 많은 기술적 재앙이 있었다. 우리나라에서도 성수대교와 삼풍백화점의 붕괴와 같은 대형 기술적 재앙이 있었다. 영화로도 만들어져 큰 성공을 거두었지만, 1912년에 영국에서 출범하여 미국의 뉴욕으로 처녀항해를 하던 타이타닉 호는 빙산과 충돌해서 북해에 가라앉았는데 이 사고로 2천2백여 명의 승객 중 천5백 명 이상이 사망했다. 미국 워싱턴 주의 타코마 시에 건설한 타코마 현수교는 지은 지 몇 개월 안 되어 바람에 견디지 못하고 이리저리 요동치다가 붕괴했다. 체느로빌 사고는 1986년 4월에 구소련 체르노빌에 있는 원자로가 기계 결함과 조작 미숙으로 폭발해서 며칠 동안 방사능이 누출된 사상 최악의 원자력 발전 사고였다. 미국의 왕복우주선 콜럼비아 호는 2003년 2월 1일에 지구로 귀환하는 도중에 폭발해서 승무원 7명이 전원 사망했다.

왜 기술은 갑자기 붕괴하는가? 사람은 아무 문제없이 사용하던 기술이 갑자기 사고를 일으키면 이를 놀라움으로 받아들인다. 그런데 자세히 그 사고의 상황을 분석하면 인간은 물론 여러 기관, 제도들이 기술의 사고에 개입되어 있음을 알게 된다. 사고를 자세히 조사하면

---

[14] http://www.tts1.demon.co.uk/tay.html

[그림 4-2] 1879년 12월 28일에 발생한 테이 교 사고

보통 "이 사고는 천재가 아니라 인재였다"는 결론이 도출되는 경우가 많다. 대형 사고들을 분석해보면, 그 원인에는 "지금까지 이래도 괜찮았는데 이번에도 괜찮겠지"라는 식의 부주의, 관리 소홀, 안전장치 오작동과 같은 기술적 결함, 엔지니어의 조작 미숙 등이 겹쳐서 작은 문

제가 큰 사고로 진행되는 경우가 많다. 성수대교의 붕괴와 같은 사고
는 안전 불감증에 기반한 부실 시공과 관리 소홀이 겹쳐서 일어난 사
고로서 조금만 더 주의를 기울였다면 충분히 막을 수 있는 사고였다.

성수대교 붕괴 사고

성수대교는 길이 1,161m, 너비 19.4m(4차선)로 1977년 4월에 착
공해서 1979년 10월에 준공한, 한강에 11번째로 건설된 다리였다. 성
수대교는 구조상 게르버-트러스 교(橋)였으며, 최초로 120m 장경간
(長徑間)으로 건설되었다. 당시 시공사는 동아건설이었다. 성수대교
는 15년 동안 별 문제없이 사용되다가 1994년 10월 21일 오전 7시 40
분경 다리의 북단 5번째와 6번째 교각 사이 상판 50여 미터가 내려앉
는 사고가 발생했으며, 당시 학교와 직장에 출근하던 시민 32명이 사
망하고 17명이 부상을 입었다. 이 사고는 오랫동안 별 문제없이 서 있
던 다리가 갑자기 붕괴했고, 이후 삼풍백화점 붕괴 사고, 지하철 공사
장 붕괴 사고 등 일련의 대형 참사의 서곡을 알린 사건으로 국민들에
게 큰 충격을 안겨주었다.[15]

이후 전문가 조사단은 오랜 조사를 통해서 성수대교 붕괴의 원인을
크게 두 가지로 밝혔다. 첫번째는 부실 시공이었고, 두번째는 서울시
의 관리 소홀이었다. 우선 용접 불량이 있었는데, 다리가 붕괴될 때
가장 먼저 파괴된 트러스 구조물의 상판(핀플레이트)과 수직재 H빔의

---

15 '동아건설 면허처분 취소처분 정당하다' (매일경제 2003년 7월 31일자), '동아
건설, 서울시에 191억 지급 판결' (매일경제 2000년 7월 21일자).

[그림 4-3] 1994년 10월 21일에 붕괴된 성수대교

용접이 시방서에는 X자형 기계식 용접을 세 번 이상 하게 되어 있지만, 시공사는 시방서와 달리 I자형 수동 용접을 단 한 번 수행했음이 밝혀졌다. 이로 인해서 접합단면의 전 부분이 용접되지 않고 가장자리만 용접되어 이 부분에 허용치 이상의 응력이 집중되었으며, 이는 결국 강재의 피로균열이 가속화되는 결과를 낳았다. 또 상판 절삭경사도 불량했는데, 설계상으로는 용접 부분의 응력 집중을 막기 위해 핀플레이트의 절삭 경사도가 1:10이었지만 철구조물 제작 과정에서 이를 1:2.5 혹은 1:3으로 변경했으며, 그 결과 반복 하중을 받는 용접 부위의 피로파괴를 앞당겼다.

여기에 부적절한 유지·보수 관리가 사고를 부추겼다. 우선 서울시는 제설 작업을 위해서 염화칼슘을 무분별하게 살포했는데, 성수대교의 경우 겨울마다 약 8톤의 염화칼슘이 살포되었다. 포항제철 산하의 산업과학기술연구소의 보고서에 따르면 강재의 부식 속도는 염분이 투입되었을 경우 일반 대기 상태에서보다 20배 더 빠르고 용접 부위는 40배나 빠르다는 것이 드러났다. 성수대교의 경우 용접 부위의 페인트가 벗겨지면서 염분이 침투했고 이를 통해 부식이 서서히 진행되어 결국 용접 부위가 절단된 것이다. 게다가 부식을 방지하기 위한 도장 및 세척 작업을 개통 이후 단 한 차례만 진행했다. 겨울철 염화칼슘 살포 후 세척 작업도 거의 하지 않았는데, 이러한 서울시의 관행은 교량에 대해서는 주로 제설차를 사용하고 긴급한 상황에서만 염화칼슘을 살포하며, 살포 후 반드시 다리 세척 작업을 수행하는 외국과 극명하게 대조가 되었다. 또 사고가 나기 전에 상판을 떠받치는 트러스 수직재가 갈라지는 등 중대한 결함이 드러났지만 이것을 보수하지 않은 채 방치했다. 마지막으로 교량에 막대한 하중을 가해 사고를 유발할 수 있는 과적 차량 및 설계 하중 초과 차량의 통행을 제한하지 않았던 것이다.

성수대교 사고에 대한 법원의 판결은 사고가 난 지 6년이 지난 2000년에 이루어졌는데, 법원은 동아건설의 부실 시공을 직접적 원인으로 지목했으나 서울시의 유지·보수·관리 소홀도 붕괴의 한 원인으로 지목했으며, 건설사와 서울시의 붕괴 책임에 대한 비율을 2:1로 판결 내렸다. 부실 시공에 관리 불량이 겹쳐서 발생한 성수대교 붕괴 사고는 일단 짓고 보자는 식의 급속한 성장만을 추구하던 우리나라의 단면을 상징적으로 잘 보여준 것이었다.

보팔 사고

사소한 차이가 큰 재앙을 낳는 경우도 있다. 기술 중에는 기술이 개발된 지역이나 나라에서는 제대로 작동 가능하더라도 그 기술이 다른 지역으로 이전될 경우에는 환경적, 사회적 요인 때문에 사고가 발생할 가능성이 커지는 경우도 있다. 이는 기술이 새로운 사용자 집단으로 전이될 경우 외관상의 물리적 디자인이나 사용법이 변하지 않음에도 불구하고 새로운 집단의 요구에 부응해 보이지 않는 변화를 거치고, 이 보이지 않는 적응 과정 속에서 사고의 잠재적 가능성이 생기기 때문이다. 특히 국가 사이에 기술이 전이될 때 이러한 사고의 가능성은 더욱 커진다. 사고 위험이 이렇게 증폭된 경우가 보팔의 유독 화학 가스 누출 사고였다.[16]

1984년 12월 3일 인도 보팔(Bhopal)에서 일어난 유니온 카바이드 (Union Carbide) 농약 공장 사고는 국제적으로 산업 정책과 그 실행을 재점검하는 계기가 되었던 사고였다. 사고는 12월 3일 새벽에 공장에서 27톤이 넘는 양의 메틸이소시안염 등의 유독 가스가 두 시간이 넘게 유출되면서 일어났다. 사고가 일어난 직접적 원인은 저온으로 유지되어야 할 저장 탱크의 온도가 상승해 탱크 속의 압력이 높아지면서 밸브가 파열된 것이었으며, 사고가 커진 데에는 운전원의 기기 조작 미숙, 밸브 파열시 안전장치 부재, 조기 경보 체제 오작동 등 여

---

[16] 보팔 사고에 대해서는 Shelia Jasanoff, "Introduction: Learning from Disaster," in Shelia Jasanoff ed., *Learning from Disaster: Risk Management after Bhopal*(Philadelphia: University of Pennsylvania Press, 1994), pp. 1~21과 이 책에 실린 다른 논문들을 보라.

러 가지 원인이 결합했다. 이 사고로 50만 명이 유독 가스에 노출되었고, 이 중 2만 명이 사망했으며 12만 명은 지금까지도 실명, 호흡기 장애, 중추신경계 이상, 면역 체계 이상 등 각종 후유증에 시달리고 있다. 사고 공장 부지에서 흘러나온 독성 물질은 아직도 피해를 끼치고 있다.

보팔 사고는 수만 명의 인명을 앗아갔고, 전쟁을 제외하고는 단일 기술적 재앙으로 가장 규모가 컸던 사고였다. 이 사고 이후에 각국 정부는 위험한 기술에 대한 규정과 법령을 강화하는 방향으로 정책을 바꾸었다. 이 사고를 통해서 기술적 재앙의 원인과 대응에 대한 도덕적인 각성이 많이 제기되었을 뿐만 아니라, 기술을 둘러싼 사회적이고 정치적인 요소들이 조명을 받기 시작했다. 즉 구조물의 디자인뿐만 아니라 그 관리와 사용을 결정하는 인간의 활동과 전제가 중요한 요소로 부각되었던 것이다.

특히 이 사고 이후에 사람들은 기술이 이전되면서 갑자기 취약해지는 경우에 주목했다. 기술 개발 당사자나 개발 기업의 경우에는 그 기술이 어떻게 작동하고 어디가 취약하고 위험한지 비교적 잘 알고 있기 때문에 사고가 발생했을 경우에도 적절한 초기 대처를 통해 대형 참사를 막을 수 있는 가능성이 비교적 크다. 그렇지만 기술이 이전되면서 이러한 작동 원리에 대한 이해와, 취약성 및 위험성에 대한 인지도는 낮아지기 마련인데, 이러한 특성은 화학 공장과 같이 대규모의 종합적 기술이 이전될 경우에 더 뚜렷하게 나타난다. 여기에 자연환경의 차이, 사람들의 관습의 차이 등 여러 가지 다양한 요소가 바뀌면서 불확실성이 증대한다. 보팔 사고의 경우에도 미국에서 인도로 대규모 플랜트가 이전되면서, 이러한 불확실성이 커졌고 이미 잠재적 위험성이 증대되어 있었던 경우로 볼 수 있다. 사고 직후 관리자들의 초기 대응이 미숙해서 사고가 대형화되었는데, 사실 이러한 미숙한 초기 대응도 기술이전과 관련된 잠재적인 위험성 중 하나로 볼 수 있다.

보팔 사고 이후에 각국 정부는 공장의 안전 규정을 강화하기 시작했다. 대형 사고는 이렇게 안전 규정을 강화하거나, 심지어는 기술의 방향을 바꾸는 경우도 있는데, 스리마일 원전 사고는 미국에서 원자력 발전의 운명을 바꿔버린 결정적 계기가 되었다.

스리마일 원전 사고

기술적인 재앙은 기술의 발전 방향을 크게 바꾸기도 한다. 그 대표적인 예가 원전 사고이다. 1979년 3월 28일에 일어난 미국 스리마일 섬 핵발전소 2호기의 사고는 원자력 발전의 확산에 급브레이크를 건 사건이었다.[17]

스리마일 섬의 핵발전소 1기는 미국에서 가장 잘 작동하던 것이었고, 2기는 거의 새것이었다. 사고는 거의 최대 전력으로 작동하던 2기의 작은 기계 고장에서 발생했다. 2기에는 두 개의 냉각 회로가 있었는데, 이 중 하나가 사소한 이유로 잘 작동하지 않게 되었고, 그 결과 제1냉각기의 온도가 올라갔다. 냉각기의 온도가 올라가면 원자로는 자동으로 멈추게 설계되었고, 이에 따라 원자로는 1초 동안 정지했

---

17 Garry R. Thomas, "Description of the Accident," in L. M. Toth et al. eds., *The Three Mile Island Accident: Diagnosis and Prognosis*(Washington, D. C.: American Chemical Society, 1986), pp. 2~25.

[그림 4-4] 1979년 노심이 부분적으로 녹아내리는, 미국 원자력 역사상 최악의 사고가 났던 스리마일 섬 핵발전소

다. 이때 (원래 설계에 따라) 더워진 냉매를 방출하는 밸브가 열렸는데, 문제는 이것이 약 10초 후에 닫혔어야 했는데 기계상의 결함으로 그러지 못하고 계속 열려 있었다. 상당한 양의 냉매가 유실되었지만 계기를 관찰하는 사람은 이를 허용치 내로 간주했다.

그렇지만 원전은 이러한 비상 상황에서도 원상을 회복할 수 있게 설계되었다. 냉매가 유실되면 이를 자동적으로 감지하고 고압력 주입 펌프가 작동해서 물을 압력 탱크로 공급하도록 되어 있었던 것이다. 그런데 물이 공급되고 압력 탱크의 압력이 증가하자, 이것이 비상 상황에서 작동되는 것이라는 사실을 모른 채 압력 탱크가 물로 가득 차는 것을 방지해야 한다고 생각한 오퍼레이터(operator)가 수동으로 물

공급 속도를 떨어뜨렸다. 물 공급이 둔화되면서 압력 탱크에는 수증기가 발생했고, 이 수증기는 냉각수를 순환시키는 펌프의 작동에 부하를 가져왔으며, 결국 처음 사고가 난 뒤 한 시간이 넘어 두 개의 냉각 펌프가 모두 정지하는 사태가 발생했던 것이다. 그 결과 노심이 가열되어 부분적으로 녹는 미국 최대의 원전 사고가 발생했다.

펜실베이니아 주 정부는 주민들을 대피시키고, 1백만여 명의 주민들에게 모든 창문과 문을 닫게 하고 외출을 금지시켰다. 23개의 학교가 폐쇄되고, 해리스버그 공항이 폐쇄되었다. 이 사고로 인하여 20억 달러를 들여 건설한 핵발전소가 단 30초 사이에 못 쓰게 되었다. 뿐만 아니라 오염된 방사능을 거두어들이는 데만 10억 달러 이상이 들었고 지역 주민 중에서 기형아와 암의 발생률이 급격히 증가했음이 보고되었다. 사고를 조사한 조사위원회는 "핵발전의 안전성을 보장할 수는 없다"는 결론을 내렸고, 이 사건을 계기로 세계 핵발전 개발 계획은 전면 수정되었다. 물론 핵발전소는 이 사고 이전에도 비판과 반대의 대상이었고, 반핵운동의 고조로 그 건설이 더디어지고 있었지만, 스리마일의 사고로 결정적인 전환 국면에 접어들었던 것이다.

챌린저 호 폭발 사고

스리마일 핵발전소 사고만큼이나 사람들에게 충격을 주었던 것이 1986년 1월 28일에 일어난 챌린저 우주탐사선의 폭발 사고였다. 챌린저 호는 그 발사가 TV로 미국 전역에 생중계되고 있었는데, 발사 후 1분 13초 만에 공중에서 폭발해 불꽃이 되어 떨어졌기에 그 충격이 가중되었다.

왕복우주선 셔틀이 처음 제작되고 발사되었을 때에는 미 항공우주국(NASA)과 티오콜(Thiokol) 사(셔틀의 로켓 부스터를 설계하고 건조하는 책임을 맡은 회사)의 엔지니어들은 우주 셔틀의 안전성을 다각도로 분석하고 예측하는 일을 반복했지만, 이 셔틀이 몇 번의 성공을 거듭하자 이들은 이제 그것이 안정된 기술이며 앞으로도 계속 성공할 것이라고 잘못된 확신을 갖게 되었다. 그 결과 미 항공우주국은 안전성 절차를 완화했고, 셔틀을 위험한 실험이 아니라 이미 잘 작동하고 있는 기술로 간주하기 시작했다.

당시 엔지니어들은 셔틀의 고체연료 로켓 부스터의 접합부를 밀폐하는 오-링(O-ring)이 불완전하다는 것을 인지하고 있었는데, 그 이유는 오-링이 이미 이전의 비행에서 수차례 문제점을 드러냈기 때문이었다. 1984년에 있었던 다섯 차례의 비행 가운데 세 차례, 1985년에 있었던 아홉 차례의 비행 가운데 여덟 차례에서 열에 의해 오-링이 손상된 것이 밝혀졌다. 그러나 이러한 손상으로 인해 셔틀의 대형 사고가 생긴 것이 아니었기 때문에, 항공우주국과 티오콜 사의 엔지니어들은 이를 '허용 수준 이내의 부식' 혹은 '받아들일 수 있는 위험'으로 간주했다. 오-링은 이중으로 되어 있어서 하나가 손상되어도 다른 하나가 남아 있는 한 사고의 위험은 적었다. 챌린저 호가 발사되기로 예정된 날은 플로리다의 기후로는 유난히 추웠고, 이럴 경우 오-링의 탄력이 없어져서 상황이 악화될 수 있다는 것이 알려져 있었다. 그날 아침 항공우주국과 티오콜 사의 엔지니어는 이 문제에 대해 긴급히 논의했지만, 결국 이전에도 추운 날씨에 발사를 했던 사례를 바탕으로 발사를 강행했다. 챌린저 호는 발사 직후 오-링의 결함으로 접합부가

파열되면서 폭발했다.[18]

여기서 보듯이 챌린저 호 참사는 일반적으로 알려진 것과는 다른 과정을 겪으면서 일어났다. 일반적으로 알려져 있기로는 티오콜 사의 엔지니어들, 특히 오-링을 설계한 로저 보졸리(Roger Boisjoly)가 이 안정성을 걱정했고, 이 문제가 해결될 때까지 챌린저 호 발사를 연기하도록 티오콜의 경영진과 항공우주국의 관료에게 요청했지만, 이 의견이 묵살되면서 참사가 일어났다는 것이다. 그렇지만 실제로는 셔틀 로켓 프로젝트에 참여한 많은 엔지니어들이 오-링이 안전하지 못하다는 것을 알고 있었고 날씨가 추운 날은 오-링의 탄력성을 잃는다는 사실도 알고 있었지만, 그동안 오-링이 손상되었다고 대형 사고가 발생하지는 않았기 때문에 결국 관행을 믿고 발사를 결정했다가 참사를 빚은 것이었다.

이러한 기술적 재앙에 어떻게 대비해야 할 것인가? 우선 절대적으로 안전한 기술은 없다는 것을 인식해야 한다. 스리마일 원자력 발전소는 안전설비를 겹겹이 했지만, 안전설비의 오작동에 조작 미숙이 동시에 발생해서 대형 참사로 이어졌다. 사고가 났을 때 그 결과가 대형 참사로 이어질 수 있는 원자력 발전소나 유독 화학가스 공장과 같은 설비는 안전시설을 하고 작업자들에게 교육을 잘 시켜서 사고에 대비하는 것도 중요하지만, 결국 더 안전한 다른 기술을 개발하고 위

18 Diane Vaughan, "Autonomy, Interdependence, and Social Control: NASA and the Space Shuttle Challenger," *Administrative Science Quarterly* 35 (1990), pp. 225~257.

험한 기술의 사용을 서서히 중단하는 쪽으로 가야 한다.

지금까지 엔지니어들은 엔지니어링이 마치 수학 문제를 푸는 것과 같이 '확실한' 해답을 얻어내는 활동으로 묘사했는데, 이러한 태도에도 변화가 필요하다. 우선 중요한 것은 엔지니어링이 과학이라기보다는 기예(art)에 가까운 활동임을 인식하는 것이다. 예를 들어 토목·건축 엔지니어들은 불확실성을 줄이기 위해서 '안전계수(factory of safety)'라는 것을 자신들의 설계에 도입한다. 그런데 이 안전계수는 간단한 방정식을 풀어서 바로 유도될 수 있는 것이 아니다. 예를 들어 콘크리트 기둥을 만들 때 그것이 견뎌야 할 것으로 엔지니어가 추정한 압축 응력의 10배를 견디도록 설계했다고 하면, 이 경우 기둥의 안전계수는 10이 된다. 그러나 만약 기둥이 압축되는 대신 양쪽에서 잡아당기는 힘을 받는다면 압축에 견디는 여분의 능력은 그다지 도움이 안 될 것이다. 공학적 실패가 발생하면 안전계수는 증가하는 경향이 있다. 반대로 특정한 유형의 구조물이 실패를 경험하지 않고 종종 이용되어왔다면, 엔지니어들은 이런 구조물들이 과도하게 설계되었고 따라서 안전계수를 낮출 수 있다고 생각하는 경향이 있다. 결국 사고가 생기면 안전계수를 높이고 사고가 없으면 안전계수를 낮추는 경향은 구조물의 실패가 주기적으로 발생하는 현상으로 이어질 수 있다.

시민들이 공학 지식과 공학 프로젝트가 마치 수학 문제를 푸는 것처럼 '확실한' 것이라고 생각하는 상태에서, 빈번히 일어난 기술적 사고는 더 이상 대중이 엔지니어링을 이전처럼 신뢰하지 못하게 하는 한 가지 중요한 요인이 되었다. 대중과 엔지니어 사이의 관계를 더 공고하고 건설적인 것으로 만들기 위해서 엔지니어는 "엔지니어링이 백 퍼센트 확실한 지식이 아니며 여러 가지 요소들 때문에 실패할 수도 있다"는 것을 시민들에게 인식시키는 것이 중요하다. 이것은 책임을 회피하는 태도가 아니라 엔지니어 스스로의 지식과 활동에 대해서 반성적인 태도를 갖는 것을 의미한다. 전문가 엔지니어와 시민 사이의 열린 대화는 특히 다음 절에서 다룰 위험한 기술의 경우에 결정적으로 중요하다.

4-3 기술적 위험 : 한국의 사례를 중심으로

21세기를 사는 우리는 많은 종류의 위험(risk)에 둘러싸여 있다. 교통 사고, 범죄, 암, 성인병과 같은 사고와 질병의 위험은 우리를 매일 위협한다. 이런 위험들은 우리 개개인이 조금 더 신경을 쓴다면 줄일 수도 있지만 그렇지 못하는 것도 많다. 대기오염이 건강에 나쁘다는 것은 알지만 대도시에서 살아가는 사람들은 이에 대해서 어쩔 수 없는 경우가 많다. 방부제를 쓰고 화학 처리한 음식이 우리에게 어떤 장기적인 영향을 줄지에 대해서도 잘 모른다. 독일의 사회학자 울리히 벡(Ulrich Beck)은 지금의 이런 사회를 가리켜서 '위험 사회(Risk Society)'라고 했으며, 최근에는 '세계적 위험 사회(Global Risk Society)'라는 말도 사용하기 시작했다.[19] 지난 30년간 독성 물질의 영향이 과거에 비해 더 널리 퍼졌고 위험해졌으며, 기술의 역기능에 대해 더 많이 알게 되었고, 사람들의 의식이 더 많은 보호를 원하게 되었다. 여

---

[19] 울리히 벡, 『위험 사회』(새물결, 1997).

기에 위험의 지구화가 가세했다. 핵발전소로 인한 방사능, 지구 온난화, 오존 파괴, 산업 연관 독성 물질의 확산은 지역이나 국가를 떠나

기술의 잠재적 위험과 불확실성 : 말라리아, DDT, 그리고 환경오염[20]

로널드 로스(Ronald Ross) 박사에 의해서 모기가 말라리아를 옮긴다는 사실이 발견된 후에, 말라리아를 없애는 방법으로 모기 박멸이 추진되었다. 이 과정에서 스위스의 과학자 파울 뮐러(Paul Müller)가 나방을 잡기 위해 제조했던 네오사이드라는 약품을 개량하여 강력한 살충제 DDT를 개발했다. DDT는 뿌린 지 1년이 지난 뒤에도 모기를 죽일 수 있을 만큼 강력했으며, 게다가 인간에게는 별로 해롭지 않은 것으로 간주되었다. DDT를 사용한 뒤에 유럽, 북아메리카, 말레이시아에서 말라리아를 거의 근절시키는 데 성공했고, 열대 지방에서도 발병률이 현저하게 저하되었다. 그렇지만 DDT에 저항력을 가진 모기들이 나타나면서 말라리아가 다시 발생하기 시작했으며, 1969년 세계보건기구(WHO)는 모기 박멸 계획이 실패했음을 공식적으로 인정하고, 모기 박멸에서 모기 통제로 전략을 수정했다.

게다가 레이첼 카슨의 『침묵의 봄』(1962)은 DDT가 안전하다는 당시의 보편적인 주장에 정면으로 도전했다. 그녀는 DDT가 특정 조류의 감소와 연관되어 있고, 살충제를 취급했던 노동자들의 건강이 악화되었으며, 살충제에 노출되었던 물고기들의 간암 발생이 높아졌고, DDT가 모유에서도 발견되었으며 아기의 몸에 축적될 수 있다는 사실을 지적했다. 이후 DDT를 금지하는 법안들이 통과되기 시작했을 뿐만 아니라, 많은 사람들이 특정 약품에 의한 생태계 파괴 혹은 인간 생명에 대한 위협에 관해서 경각심을 가지게 되었다. DDT의 예는 인간의 행복과 복지를 위해 만들어진 기술이 예상했던 대로 작동하지 않았을 뿐만 아니라 오히려 위험을 증대시켰음을 잘 보여준다.

---

[20] DDT의 흥미로운 역사는 이상욱, 「모기와 말라리아」, 한양대학교 과학철학교육위원회 편, 『이공계 학생을 위한 과학기술의 철학적 이해』(한양대학교출판부, 2004), 207~230쪽을 볼 것.

전 지구적이다.

위험(risk)은 지금 식으로 계속하다가는 확률적으로 사고나 재난이 닥치는 상태를 말한다. 우리가 그 확률을 알고 있을 때, 우리는 미래의 사고나 재난을 위험으로 간주한다. 매년 교통 사고로 1만 명이 죽는다면, 우리는 교통 사고로 사망하는 확률을 알 수 있고, 내가 처한 위험을 산정할 수 있다. 그렇지만 이 확률에 대해서 전혀 알 수 없는 경우도 있다. 내가 광우병으로 사망할 확률은 거의 알 수 없는데, 이에 대해서는 지금까지의 데이터도 거의 없고 또 그동안 내가 먹은 소고기가 안전한지 아닌지도 알 수 없기 때문이다. 이럴 경우 위험은 불확실성(uncertainty)으로 바뀐다. 우리는 위험과 불확실성에 둘러싸여 살고 있다.

20세기 후반에 사람들이 피부로 느끼는 위험이 눈에 띄게 증가했는데, 그중 가장 중요한 이유는 과학기술의 발전이 새로운 위험을 낳았기 때문이다. 자동차나 비행기 같은 새로운 기술, 원자력 발전과 같은 핵 문제, 프라이버시를 침해하는 정보기술, 새로운 유기체를 인공적으로 만드는 생명공학기술 등이 새로운 위험을 만들어낸 대표적인 기술들이다. 그런데 여기서 언급한 기술들도 위험의 정도와 양식이 다 다르다. 원자력 발전은 확률적으로는 그 위험이 무척 낮은 것으로 간주되지만, 사고가 나면 그것은 대규모 재앙으로 이어질 공산이 크고 방사능의 유출이 인체와 건강에 미치는 영향은 즉각적이고 분명하다. 반면 정보기술의 위험은 그 확률이 높지만 위험의 크기가 핵발전에 비해 현저하게 적으며 피해는 (프라이버시의 침해처럼) 더 추상적이다. 생명공학기술의 경우는 위험보다는 불확실성이 지배하고 있다.

미국과 유럽에서는 지난 30여 년간 위험에 대한 광범위한 연구가 진행되었으며, 이 과정에서 새롭게 인식된 것도 많다. 우선 위험 분석(risk analysis) 혹은 위험 경영(risk management)과 같은 새로운 전문 분야가 생겨났다. 위험 분석이나 위험 경영을 연구하는 학자들(엔지니어, 자연과학자, 사회과학자들이 섞여 있다)은 위해성을 지닌 기술을 파악하고, 노출의 규모와 악영향의 확률 사이의 관계를 파악하며, 노출의 성격과 정도를 평가하고, 위해의 가능성과 규모를 파악해서 위험 평가를 내린다. 그리고 이를 바탕으로 위험을 산정해서(evaluate), 위험을 직접 규제하거나 위험에 처한 집단에게 그 위험을 알려주는 정책의 기초를 만든다. 이를 위해서 다양한 모델, 수식, 데이터 분석, 심리학적, 지리학적, 사회학적 고려 등이 동원된다.

그렇지만 이러한 공식적인 위험 분석이 기술적 위험의 문제를 깔끔하게 해결하는 것은 아니다. 위험을 느끼는 사람들은 항상 정당한 절차나 정성적 고려를 중요하게 생각한다. 예를 들어 산업체는 공식적이고 과학적인 위험 평가를 선호하지만 주민이나 환경단체는 절차, 신뢰, 가치의 고려를 중요하게 본다. 이는 표준적인 위험 평가가 신기술이 가지는 근본적인 위험이나 불확실성을 완전히 파악하지 못하기 때문이며, 사람들이 느끼는 위험에 주관성과 가치가 개입하기 때문이다. 예를 들어 보통 사람들이 위험을 평가할 때는 생생하고 기억하기 쉬운 것에 더 높은 확률을 부여하며, 따라서 익숙한 것이나 최근에 일어난 것을 더 위험하게 느낀다. 또 사람들은 확률이 낮지만 중대한 결과를 가져오는 핵발전 같은 사건을 과대평가하며, 동시에 확률이 높지만 결과가 국한된 엑스선 촬영 같은 것은 과소평가하는 경향이 있다.[21]

전문가들 중에는 일반인들의 위험 평가에 이렇게 주관이 개입하기 때문에 위험에 대한 결정은 전문가에게 맡겨야 한다고 주장하는 사람들이 있다. 그렇지만 이는 일반인들의 위험 평가를 주관적이고 편협한 것으로만 간주한 탓이다. 보통 사람들은 위험의 '질적' 특성을 강조하며, 전문가들이 거의 고려하지 않는 통제 능력의 결핍, 대참사의 가능성, 치명적인 결과, 위험과 편익의 불공평한 분배에 민감하다. 특히 사람들이 중요하게 생각하는 것은 위험을 평가하고 정책을 결정하는 기관의 책임성과 민주의식이다. 신뢰(trust)의 문제는 위험한 기술의 평가에서 핵심적으로 중요하다. 따라서 과학기술자를 포함한 전문가들은 위험에 대한 대중의 생각을 비과학적이라고 몰아붙여서는 안 된다. 전문가들도 자신들의 위험 평가에 불확실성이 있으며 자신들도 편향을 가질 수 있고, 단지 기술적 정보만을 전달하려고 하는 것이 오만한 전문가 지상주의로 비쳐질 수 있음을 인식해야 한다.[22]

위험에 대한 사회적 인식은 위험이 발생한 다음에 그것을 해결하는 사후 조치에서 사전 예방으로 옮아가고 있다. 위험의 사전 예방을 위해서는 아래의 여섯 가지 규칙이 유효하다.[23]

1. 원인과 결과에 관한 분명한 과학적 증명이 없는 경우, 조심스러운 행

[21] Paul Slovic, "Perception of Risk," *Science* 236(17 April 1987), pp. 280~285.

[22] Howard Kunreuther, Kevin Fitzgerald and Thomas D. Aarts, "Siting Noxious Facilities: A Test of the Facility Siting Credo," *Risk Analysis* 13 (1993), pp. 301~318.

[23] Les Levidow, "Precautionary Uncertainty: Regulating GM Crops in Europe," *Social Studies of Science* 31(2001), pp. 842~874.

동을 취할 필요가 있다.

2. 조기 행동이 가져올 수 있는 이익이 지연으로 인해 빚어질 비용을 상회한다고 판단되는 경우, 먼저 앞장서 행동하면서 왜 그런 행동이 취해지고 있는지를 사회에 알리는 것은 적절하다.

3. 자연의 생명 유지 기능에 비가역적인 손상이 가해질 가능성이 있는 경우에는 기왕의 이익과는 무관하게 사전 예방조 행동이 취해져야만 한다.

4. 과정의 변경을 요구하는 목소리에 항상 귀기울여야 하고, 그러한 목소리를 낸 대표자들을 숙의 포럼에 포함시켜야 하며, 과정의 처음부터 끝까지 투명성을 유지해야 한다.

5. 널리 알려지는 것을 결코 회피해서는 안 되며, 아무리 받아들이기 싫은 것이더라도 정보를 억압하려 시도해서도 안 된다. 현재와 같은 인터넷 시대에, 설사 정보가 왜곡되거나 은폐되고 있다고 하더라도 누군가는 그것을 찾아내기 마련이다.

6. 대중적 불안감이 존재하는 경우 광범한 토론과 숙의(deliberation) 기법들을 도입함으로써 그러한 불안감에 대응하는 단호한 행동을 취해야 한다.

이제 이러한 원칙을 바탕으로 유전자변형 식품, 핵폐기물 처리장 부지 설정, 새만금 문제를 생각해보자.

유전자변형 식품

유전자조작 농산물을 반대하는 사람들은 유전자조작 농산물이 슈퍼해충과 슈퍼잡초의 탄생, 새로운 바이러스의 출현, 제초제와 농약 사용량의 증대, 유전자 오염 등의 문제를 가져옴으로써, 종의 다양성과 생태계의 균형을 파괴해 농업의 황폐화를 가져올 것이라고 비판한다. 정부는 유전자변형 식품에 표기만 잘 하면 된다는 입장이지만, 막상 식품을 구매하는 한국의 주부들의 80%는 유전자변형 식품이 믿을 만한 것이 못 된다고 생각한다. 반면에 유전자변형 식품 표기를 주의해서 보았다는 주부는 40%에 지나지 않는다. 결국 사람들은 유전자변형 식품에 막연한 불안을 느끼면서, 이런 불안을 덜 수 있는 제도적 장치에는 주목하지 않는다는 얘기다.

우리나라에서는 2003년 이후에 최초 수입·개발·생산된 유전자조작(GM) 식품, 안전성 평가 뒤 10년이 지난 경우, 또 건강을 해칠 우려가 있다고 인정되는 유전자조작 식품에 대한 안전성 평가가 의무화되었다. 2004년 5월, 유엔 식량농업기구는 유전자변형 농작물이 소농들에게 재정적인 이익을 주고 일부 환경상의 이점이 있으며 건강에 나쁜 영향은 없었다면서 GM에 대한 지지를 천명했다. 오히려 이 보고서는 지금 유전자변형 작물 생산의 99%가 아르헨티나, 브라질, 캐나다, 중국, 남아프리카공화국, 미국 등 6개국에 집중되어 있으며, 그 작물들도 상업적 이윤이 큰 옥수수, 콩, 캐놀라, 면화와 같은 작물이지, 가난한 나라의 사람들이 주식으로 삼기 때문에 상업적으로 이윤이 적은 감자, 쌀, 밀 등은 제외되어 있는 것이 더 큰 문제라고 지적했다.[24]

그렇지만 유전자변형 식품에 대한 논란이 유엔의 보고서로 완전히

---

[24] '유엔식량기구, GM 농작물 기아 해결에 도움'(한국일보 2004년 5월 18일자).

종식된 것은 아니다. 유전자변형 식품의 위험 평가는 보통 한 건별, 생산물별로 이루어지며 과학기술적인 문제에 국한된다. 이러한 위험 평가에서는 유전자변형 식품 수입의 사회적 이득, 생태계에 대한 간접적, 누적적 상승 작용의 가능성, 농촌에의 영향, 몬산토(Monsanto)와 같은 거대 기업의 독점 강화 등의 문제에 대한 고려는 찾아보기 힘들다. 유전자변형 식품에 대한 비판자들은 유엔의 보고서가 몬산토와 같은 대기업에 너무 유리하게 작성되었고, 이들 기업이 자신들에게 불리한 실험 결과를 숨기고 발표하지 않았다는 사실을 간과했다고 지적한다. 유전자변형 식품이 불러일으키는 논쟁을 완화하기 위해서는 유전자변형 식품의 수입과 평가를 담당하는 기관의 중립성을 회복하고 정부 관리나 과학자들이 불확실성에 대해 더 겸손하고 다원주의적 태도를 견지하는 것이 중요하다. 이러한 태도는 기본적으로 대중과 전문가 사이의 신뢰를 구축하는 기반이 되기 때문이다.

그리고 정부는 과학 자문단에 생태학자를 포함시키는 것과 같은 방식으로 현 자문 체제를 더 포괄적으로 바꾸고, 과학 자문단이 만들 수 있는 문제틀을 확장해야 하며, 규제 평가의 범위를 확장하고, 다양한 농업 전략을 비교해보는 것처럼 유전자변형 식품의 사회적 측면을 더 고려해야 한다. 그리고 무엇보다 유전자변형 식품을 도입하지 않거나 포기할 수도 있다는 것을 대안 중 하나로 고려하고 있음을 분명히 해야 한다.

핵폐기물 부지 선정

한국은 물론 핵발전을 가동하는 모든 나라는 지금 핵폐기물 처리장 문제로 홍역을 앓고 있다. 전문가들은 핵폐기물 처리장을 건설하는 것이 핵발전소를 건설하는 것보다 훨씬 더 힘들다고 할 정도이다.

기술과 관련된 위험 중 핵폐기장 문제만큼이나 전문가들과 주민들 사이의 의견이 첨예하게 대립한 경우도 드물었다. 한국의 핵폐기물 처리장 건설을 둘러싼 갈등은 안면도에 입지를 추진하기 시작한 1988년으로 거슬러 올라간다. 당시 과학기술처는 이전 시기 동해안 지역에서의 입지 선정 실패 원인을 입지 계획이 사전에 유출된 데 있는 것으로 보고, 오히려 안면도가 내부적으로 후보지로 선정되었다는 사실을 비밀로 유지하고자 했다. 그리고 이런 비밀스런 정책 추진이 해당 주민들에게 알려진 뒤에 주민들은 정부를 불신하게 되었다. 안면도의 실패 이후 정부에서는 더 이상 비밀주의적 접근 방식으로는 처리장 건설을 할 수 없을 것이라는 인식의 변화를 보이면서, 1991년에 부지 유치 희망 지역을 공모하기도 하고, 1992년에는 홍보활동을 강화하기 위해 '한국원자력 문화재단'을 설립하기도 했다. 또한 이 시기부터 보상 제도가 고려되기 시작하였다. 1991년에는 구체적인 제도가 뒷받침되지 않은 상태에서 구두 약속의 형태로 보상 계획이 제시되었으며, 1993년에는 보다 구체적인 보상 수단이 제시되었다.

그렇지만 이 시기의 홍보활동은 주민들과 허심탄회한 대화를 나누기 위한 것이라기보다는 정부 정책의 홍보에만 집중되어 있었다. 또 보상 제도 역시 지역환경의 개선에 대한 약속 없이 단순히 금전적인 차원에만 한정되어 있었고, 이것은 오히려 해당 지역 주민들간의 갈

[그림 4-5] 2003년 11월, 핵폐기장 선정 백지화를 외치며 고속도로를 점거한 부안 주민들

등만을 불러일으켰다. 1994년에 정부는 무인도나 다름없는(주민이 10명밖에 안 되는) 굴업도를 처리장 부지로 선정했는데, 이는 이 적은 수의 주민을 설득하고 보상하기가 쉬웠을 것이라는 생각 때문이었다. 굴업도가 후보지로 언론에 공개되고 난 후에 반대가 일어난 곳은 인근 덕적도와 인천 지역 주민들이었으며, 이 점은 정부가 미리 생각하지 못했던 것이었다.

 굴업도의 실패 이후 핵폐기물 처리장 건설 사업은 다시 큰 변화를 맞았다. 사업 주관 부서가 과학기술부에서 산업자원부로 바뀌었으며, 한국전력이 이를 맡아 실행하게 되었다. 이를 통해서 이 사업의 연속성이 사라졌으며, 과거 실패의 교훈을 활용할 기회도 잃었다. 실제로 산업자원부와 한국전력은 이전 시기의 경험과 교훈을 거의 활용하지도 않았다. 산자부가 내세운 것은 부지 공모라는 방식과 2천억원에

핵폐기물 처리장 일지

1986	방사성 폐기물 처리장 건설 계획 착수(과학기술처 주관)
1989. 3	동해안 3개 지역(경북 영덕군 남정면, 영일군 송라면, 울진군 기성면)을 핵폐기장 후보지로 지정
1990. 11	충남 안면도를 핵폐기장 후보지로 내정, 과학기술처장관 퇴진
1994. 12	경기도 옹진군 덕적면 굴업도를 핵폐기장 후보지로 발표
1995. 2	굴업도에 활성단층 발견돼 백지화
1997. 1	핵폐기장 추진 주체가 과학기술부(원자력연구소)에서 산업자원부(한국전력공사)로 이관
2000. 4	공모 방식에 의한 부지 확보 추진 방안 수립
2001. 6	기초지자체 중 한 곳도 핵폐기장 부지 유치 신청하지 않음(한수원 사업자 주도 방식으로 전환)
2003. 5~7	원전센터 유치 신청 공고, 김종규 부안군수 원전센터 유치 신청서 제출
2004. 2	부안군 핵폐기장 유치 찬반 투표

달하는 지원금이었다. 하지만 부지 유치 신청이 한 건도 없게 되자 산자부는 사업 방식을 '부지 공모'에서 '사업자 주도 방식'으로 바꾸게 되는데 결과적으로 이는 이전 방식으로의 회귀에 다름아니었다. 게다가 산자부는 사업자 주도 방식을 채택한 이후로도 일관성이 없는 모습을 보여주었는데 이런 산자부의 정책 진행에 대해서는 일부 원자력 산업계에서도 불만을 가질 정도였다. 결국 위도가 부지로 선정되었지만 주민들의 격렬한 시위와 반대에 부딪혀서, 핵폐기장 문제는 원점으로 다시 돌아간 상태가 되었다.

결국 이 문제를 해결하는 방식은 지금까지 정부가 취해온 방식과 달라야 한다. 정부와 전문가들은 지금보다 훨씬 더 형평성 문제를 심각하게 고려해야 하며 편익, 비용, 위험의 공평한 분배를 보장해야 한다. 이것이 NIMBY(not-in-my-backyard, 내 뒤뜰에는 안 돼)를 PIMBY(put-in-my-backyard, 얼마든지 내 뒤뜰에)로 바꿀 수 있다. 정부와 전문가들은 대중에 대해 정보를 제공해서 설득하겠다는 일방향적인 모형을 버려야 한다. 위험에 대한 커뮤니케이션은 쌍방이며, 대중의 관점은 단순히 NIMBY가 아니라 정당한 것이기 때문이다. 또 전문가도 얼마든지 실수를 저지를 수 있다. 특히 한국의 경우 핵폐기장 문제가 심각해진 것은 주요 정책 결정이 다 이루어진 다음에 지역 주민의 참여가 허용되었고, 그 결과 지역 주민에게는 비토(vito)집단(반대표를 던져 후보나 정책을 거부하는 집단)의 역할만이 남게 되었기 때문이다. 중요한 것은 정책의 구상과 발전 단계에서 합의회의, 시민배심원, 포커스 그룹, 숙의 투표 등 다양한 종류의 시민 참여가 있어야 한다는 점이다.[25]

유전자변형 식품이나 핵폐기물 처리장과 같이 불확실성이 많은 기술적 위험에 직면한 상태에서 앞으로 나아갈 수 있는 유일한 방법은 의사결정 과정에서 광범위하게 확대된 집단에 의해서 상호 동의된 일련의 단계들을 거치는 것밖에 없다. 결국 정치인들은 정치 권력을 공

---

25 Roger E. Kasperson, Dominic Golding and Seth Tuler, "Social Distrust as a Factor in Siting Hazardous Facilities and Communicating Risks," *Journal of Social Issues* 48(1992), pp. 161~187; Paul Slovic, Mark Layman, and James H. Flynn, "Lessons from Yucca Mountain," *Environment* 33 no. 3 (April 1991), pp. 7~30. 이러한 시민 참여의 기술정치학에 대해서는 5-2절 참조.

유하겠다는 데 동의해야 하며, 정보 제공은 양자 모두에게 더 투명해져야 하고, 또 참가자들은 합의에 도달하는 책임을 받아들여야 한다. 이제 더 이상 사람들은 기술적 위험을 논쟁 없이 선택하지 않는다. 이 점을 간과하면 사회적 논쟁은 갈등과 투쟁, 반목과 대립으로 바뀌면서 결국 우리에게 영원히 해결하기 힘든 과제를 안겨줄 것이다.

새만금 간척지 문제

새만금 개발사업은 전북 군산에서 부안까지 33km의 방조제를 쌓는 간척사업으로, 이 사업이 포함하는 구역은 군산, 김제, 부안 등 2시 1군 18읍면동에 이르며, 1991년 공사가 시작된 후 총 사업비 3조 3천억원 중 2004년까지 1조 7천억원 이상이 투입될 만큼 상당한 공사가 진행되었다. 그러나 이를 둘러싼 사회적 논쟁은 끊임없이 계속되었고, 결국 2001년 8월 간척사업지 내 주민과 시민단체 등 3,539명이 공유수면 매립면허 및 사업시행인가 처분소송을 서울행정법원에 냈으며, 2005년 2월 4일 법원은 새만금 사업 취소 또는 변경을 판결했다.

새만금은 사업 초기만 해도 큰 문제없이 진행되었다. 그러나 국민들의 전반적인 환경 의식의 발전과 그에 따른 갯벌의 의미에 대한 재발견이 이루어지면서 새만금 문제는 본격적으로 이슈화되기 시작했다. 과거에는 쓸모없는 땅으로 인식되었던 갯벌이 농지 못지않게 소중한 국토라는 인식의 전환이 이루어지고, 간척사업은 그곳에 살았던 어패류의 죽음, 해안 생태계의 파괴, 철새 도래지의 소멸을 연쇄적으로 가져오며 생명의 그물망이 사라질 수도 있다는 인식이 새만금과 관련된 사회적 논쟁을 불러일으켰으며 새만금 문제를 우리 사회의 가

장 심각하고 첨예한 문제로 만들었다고 볼 수 있다.[26]

새만금 사업을 추진해야 한다는 사람들의 근거는 다음과 같다. 우선 우리나라는 계절적 강우로 인한 전통적인 물 부족 국가로 수자원 개발이 시급하며, 농경지의 감소로 식량자급률이 1999년에 29%로 급격히 감소해 식량 자원을 확보해야 한다고 한다. 그리고 새만금을 둘러싼 갈등에서 표출되었듯이, 이것이 다른 지역에 비해 상대적으로 낙후된 전북도민의 숙원 사업이라는 점도 강조한다. 또 이미 방조제 구축 사업이 상당 부분 진행되어 2조원에 가까운 막대한 예산이 투입되었고, 이것이 중단되거나 철거될 경우에 엄청난 국가적 낭비가 초래한다는 것이다. 그리고 이미 건설된 방조제의 철거 작업은 위험하고 비용도 많이 소요되는 동시에 철거된 토사로 인해 환경 파괴가 우려된다는 점도 지적된다.

이에 반해서 개발 반대론자들은 갯벌의 생태적 가치를 주장한다. 우선 새만금 갯벌은 전국 갯벌 면적의 8%에 해당할 정도의 넓은 면적을 차지하고 있으며, 한강을 제외하면 마지막 남은 자연형 대형 하구 갯벌로 해양생물의 산란, 회유, 생육의 터전임을 강조한다. 즉 갯벌은 생태계 먹이사슬의 출발지이며 어족 자원 형성에서 중요한 역할을 수행한다는 것이다. 또 새만금 갯벌에서 백합, 동죽, 맛 등 일부 패류의 경우 전국 생산량의 50% 이상을 채취하고 있으며, 법적 보호 대상인 물새떼, 도요새를 비롯한 한국 수조류의 50%에 달하는 10만 마

---

26 새만금 논쟁에 대해서는 김명식, 「새만금과 가치중립성」, 한양대학교 과학철학 교육위원회 편, 『인문사회계 학생을 위한 과학기술의 철학적 이해』(한양대학교 출판부, 2004), 326~344쪽 참조.

리 이상을 새만금 갯벌이 부양하고 있다. 그리고 개발 반대론자들은 습지를 지구 차원에서 보호하는 것이 세계적 추세임을 주장한다. 여기에 갯벌의 경제적 가치를 환산해봐도 새만금의 정화 능력은 하수종말처리장 40개에 달하는 능력을 보유하고 있으며, 이는 1ha 당 384만원의 가치를 가지는 것과 비슷하다. 1996년 해양연구소에서 나온 보고서는 새만금 갯벌의 경제적 가치를 논보다 3.3배 크다고 보았으며, 갯벌의 생산 가치, 서식지 가치, 정화 가치, 심미적 가치를 계산해서 새만금의 가치가 연 3.3조원이라고 결론지었다.[27]

이에 대응하기 위해서 사업을 찬성하는 쪽에서도 계산 결과를 내놓았다. 이들은 간척사업이 낳는 국토 확장 효과, 식량 안보 효과와 같은 이익과 간척사업에 들어가는 비용을 계산해서 그 비가 3.38:1, 즉 갯벌을 개간할 때 얻을 수 있는 이익이 비용에 비해서 3배 이상 크다고 주장했다. 그렇지만 이들의 계산에도 오류가 있었는데, 예를 들면 찬성론자들은 농지 가격을 이용하여 국토 확장 효과를 계산하고 쌀의 시장 가격을 이용하여 간척농지의 농업 편익을 계산했지만, 쌀의 시장 가격에는 이미 농지 가격, 즉 지대가 반영되어 있기 때문에 이들의 계산은 이중 계산이 되었다는 문제가 있었다. 또한 식량이 무기화되었을 때 국민이 지불해야 하는 안보미가를 고려했는데, 쌀처럼 이미

---

[27] 그렇지만 이 계산에는 몇 가지 문제가 있었다. 해양연구소는 갯벌의 가치를 평가할 때는 네 가지 항목의 가치를 평가했으나 논을 평가할 때는 단지 미곡 생산의 가치만을 고려했으며, 갯벌이 수질 정화 능력을 가지고 있다면 논도 일정 정도의 대기 정화 능력을 지니는데 이를 고려하지 않았다. 우리나라의 연근해 수산생산액 총액이 1.6조원(1992년 통계)인데 갯벌의 생산 가치가 3.3조원이라는 것은 상식적으로 봐도 납득하기 힘든 수치였다.

시장 가격이 있는 재화에 대해 안보미가를 설정한 것은 타당하지 않았다.

이처럼 갯벌과 농지의 경제적 가치를 따지는 비용편익 분석은 새만금 사업의 논쟁에서 매우 중요한 위치를 차지했다. 편익 분석 항목이 1998년에는 7개였지만 2000년 조사에서는 14개 부분으로 늘어났다는 것만 보아도 이 중요성이 증대했음을 알 수 있다. 이러한 산정 항목의 변화는 사회적 가치 체계가 변했음을 반영하고 있는데, 그럼에도 불구하고 찬성론자와 반대론자들은 무엇을 항목에 첨가할 것인가를 놓고 견해 차이를 보였으며 각자의 주관을 배제하기도 힘들었다. 또 전문가들 사이에서도 전공 영역에 따라 의견 차이가 많이 났다. 예를 들어 쌀의 가격을 설정할 때 환경경제학자들은 국제가를 선호하는 경향을 보였지만 농업경제학자들은 안보미가를 선호했는데, 이 둘은 무려 5배의 차이를 보이는 가격이었다. 게다가 비전문들가와 일반 대중의 견해가 자주 충돌해서 문제의 해결이 끝없이 지연되었다.

새만금 문제 해결의 실마리는 법정에서 찾아졌다. 환경단체는 2003년 6월 방조제 공사 집행정지 소송을 내서 1심에서 승소 판결을 받아 방조제 공사를 일시 중단시켰다. 그렇지만 2심에서는 환경단체가 패소한 뒤 대법원에 재항고했으나 서울행정법원의 1심 판결을 앞두고 가처분소송을 취하했다. 행정법원은 2005년 2월의 1심 판결에서 이 공사가 주민들에게 미치는 환경적 영향과 위험이 크고, 경제적 타당성이 거의 없음에 반해서 환경 생태계를 파괴시킬 우려는 크고, 농지 조성이라는 사업 목적도 유지 가능성이 낮고, 수질 개선 대책은 실현 가능성이 적으며, 갯벌의 가치에 정확한 평가가 이뤄지지 않았기 때문에 새만금 사업을 지속하려면 기존의 사업 계획을 변경 또는 취소해야 한다는 취지의 판결을 내렸다. 환경 및 생태적 변화에 대한 고려, 경제적 가치에 대한 고려, 농지 조성과 관련된 실현 가능성 등이 판결의 요지라고 할 수 있다. 그렇지만 정부는 이에 항소하면서 예정대로 2006년 3월 방조제 전진공사를 끝내겠다는 입장을 밝혔으며, 2005년 7월 현재 항소심 공판이 진행중이다.

4-4 기술에 대한 저항 : 러다이트 운동에 대한 재고찰

사람들은 기술이 자신들의 생존의 근거나 삶의 가치를 파괴한다고 생각할 때 기술에 저항한다. 이러한 저항에는 특정한 기술을 사용하지 않는 것부터, 기술 문명 자체를 등지는 것, 특정한 기술에 대한 반대의 목소리와 세력을 조직하는 것, 여론 조성이나 시위를 통해 정책적 압력을 넣는 것, 그리고 정보 시스템을 파괴하거나 공장의 기계를 부수는 과격한 행동 등이 포함된다.

기술에 대한 저항 중 가장 널리 알려진 것이 산업혁명 당시 영국에서 있었던 러다이트 운동(Luddite Movement)이다. 이 운동의 리더였던 네드 러드(Ned Ludd)의 이름에서 유래된 이 운동은 방직 공장에 기계가 대규모로 도입된 1810년대 초엽에 거의 전 영국을 휩쓸었다. 1811년 노팅엄의 공장 기계를 부수는 것에서 시작된 러다이트 운동은 요크, 랭카스터, 더비와 같은 공업 지역으로 번졌고, 1812년에는 핼리팩스와 리즈의 공장도 습격을 받았다. 요크샤이어의 카트라이트의 공장도 습격을 받았고, 공장주가 공격을 당해 살해되는 일도 있었다. 영국 정부는 기계 파괴를 극형에 처할 수 있는 범죄로 규정하고 군대를 보내 러다이트 운동을 진압했으며, 수십 명의 노동자들을 잡아서 사형에 처했다. 극렬한 러다이트 운동은 1817년까지 6년 가량 지속되었다.[28]

러다이트 운동에 대해서는 여러 가지 해석이 있지만, 많은 사람들이 이를 두고 "기계를 파괴하는 것은 어쨌건 잘못된 것이다"라고 생각하는 경향이 있다. 예를 들어 노동자들의 조직적 운동을 고무했던 카를 마르크스조차 노동자들이 "기계(그 자체)와 자본에 의한 기계의 사용(즉 생산도구와 생산양식)"을 구별하는 데에는 오랜 시간이 필요했을 것이라고 하면서, 실제로 노동자들을 착취하는 것은 후자이지 전자(기계)가 아니며, 결과적으로 기계 파괴는 미숙하고 낭만적인 생각의 발로라고 간주했다.

그렇지만 당시 공장노동자들이 기계만 부수면 모든 문제가 해결될 것이라는 단순한 생각을 가졌던 것은 아니었다. 한 대의 기계가 수십 명의 노동자가 하던 일을 수행하게 된 상황에서, 자본가와 노동자들은 공장에 기계를 도입하는 것에 대해 무척이나 다른 생각을 가지고 있었다. 자본가들은 기계 도입이 더 싼값에 옷을 만들고, 경쟁 회사에 비해 경쟁력을 높이며, 이익을 가져오고, 무역에서 이점을 준다고 생각했다. 반면에 노동자들은 기계가 실업을 낳고, 질 낮은 옷을 생산하며, 기존의 선대제(先貸制)[29] 경제를 붕괴시키고, 가장의 권위를 침해

---

[28] Adrian J. Randall, "The Philosophy of Luddism: The Case of the West of England Woolen Workers, ca. 1790~1809," *Technology and Culture* 27 (1986), pp. 1~17.

함으로써 가족과 사회의 도덕을 붕괴시킨다고 생각했다. 특히 노동자들은 영국 방직 산업의 강점이 고급 옷감을 만드는 데 있다고 생각했는데, 기계 도입은 옷감의 질을 떨어뜨림으로써 해외시장에서 영국 옷감의 경쟁력의 하락을 가져올 것이라고 믿었다. 또 노동자들은 기계가 인간의 노동을 보조하는 것은 바람직하지만 그것을 완전히 대체하는 것은 악한 것이라고 보았다. 노동자들은 이러한 자신의 입장을 정부에 청원하였지만 그 청원이 통하지 않자 기계 파괴라는 극단적인 방법을 사용했던 것이다.

게다가 기계 파괴 운동이 영국 전역의 모든 공장을 휩쓴 것도 아니었다. 모직 산업을 놓고 볼 때, 요크샤이어 지역의 모직 산업은 기계가 도입되기 전에도 우두머리 노동자가 관할하는 공정이 극히 작은 영역에 국한되어 있었으며, 반면에 서부 지역의 모직 산업은 우두머리 노동자가 거의 전 공정을 관할했다. 전자의 경우는 기계가 도입된 후에도 노동자가 자기 독자성을 가지고 일을 할 수 있는 여지를 만들어갔음에 비해, 후자의 경우에는 기계의 도입이 노동자에게 설 땅 자체를 앗아간 셈이었다. 기계 파괴 운동은 후자처럼 기계가 노동자들의 생존 조건 자체를 앗아간 지역에서 거세게 나타났다. 19세기 초엽 영국에서 노동자들의 운동이 기계 파괴 운동으로만 나타났다고 보는 것도 단순한 생각인데, 당시 노동자들은 기계를 파괴하는 폭력적인 방법만이 아니라 파업이나 청원과 같은 방법도 함께 광범위하게 사용

---

29 수공업자들이 자신의 작업장에서 주문을 받고 미리 돈을 받은 뒤에 물건을 만들어 공급했던 산업혁명 이전의 상품 생산 방식.

했기 때문이다.

　이러한 저항에도 불구하고 기계가 도입되었기 때문에 기술에 대한 저항은 모두 헛된 것이라고 결론짓는 것 또한 성급한 단순화이다. 무엇보다 기계에 대한 저항은 특정한 지역에서는 기계의 도입을 늦춘 결과를 낳았기 때문이다. 면직 산업에서 노동자들의 저항은 방적기와 동력 방직기의 도입 속도를 떨어뜨렸으며, 요크샤이어 지방의 모직 산업에서 새로운 기계의 도입이 저항 때문에 지연되었다. 기술에 대한 저항이 기술의 도입을 지연시킨다는 것은 다른 경우에도 종종 볼 수 있는 현상이다.

　기술에 대한 저항은 산업혁명에만 국한된 것이 아니다. 20세기 후반에 사람들은 자동화, 핵발전소와 핵무기, 컴퓨터, 생명공학과 같은 기술의 도입과 확산에 다양한 방식으로 저항했다. 과학기술자들은 이러한 저항이 '무지'의 소치라고 생각하는 경향이 강한데, 이러한 기술이 방사능을 유출해서 치명적인 위해를 가져오고 프라이버시를 침해하며 인간 사회와 생태계를 파괴할 위험이 있다는 점을 생각한다면, 사람들의 저항은 무지의 소치라기보다는 "우리 삶의 양식과 가치를 전문 과학기술자들의 판단에만 맡기지 않겠다"라는 인식이 표출된 것이라고 볼 수도 있다. 특히 공장이나 사무실의 효율은 증대시키지만 근로자를 거리로 내모는 자동화, IT 기술의 도입에 대해서는 노-사만이 아니라 사회적 차원의 고찰과 대안의 모색이 필요하다.

　기술에 대한 저항은 핵발전소 건설을 중단시키기도 했고, 핵발전소의 건설 속도를 현저하게 떨어뜨리기도 했다. 우리나라 정부는 위험한 기술로 빚어진 갈등을 해소하기 위해 새로운 주민 투표를 도입했고, 새로운 법령을 제정했다. 시민은 다양한 토론회, 포럼, 회의에 참석할 기회를 얻었고, 이는 민주적 절차와 민주주의의 확장이라는 예기치 않은 결과를 낳았다. 이러한 기술을 담당하는 기업들도 주민이나 시민과 보다 적극적으로 대화를 나눌 필요를 절감했으며 이를 위해 새로운 조직과 기능을 기업에 추가했다. 이렇게 기술에 대한 저항은 기술의 발전 방향을 바꿀 뿐만 아니라 예상치 않았던 사회적, 정치적 결과를 가져오기도 하는 것이다.

4-5 정리

현대 기술은 야누스의 얼굴을 하고 있다. 신기술은 우리 경제와 삶을 윤택하게 해주고, 과거에는 없었던 문명의 이기를 만들어낸다. 컴퓨터, 인터넷, 디지털 카메라, 휴대폰, MP3 플레이어, DVD 플레이어, CD 플레이어, 컬러 TV, 내비게이션 시스템, 전자레인지, 김치냉장고, 전기세탁기, 식기세척기와 같은 우리가 일상생활에서 쓰는 기술을 생각해보면, 이 중 대부분은 지난 50년 전에는 존재하지도 않았던 것들이다. 이를 보면 기술이 우리의 삶을 얼마나 급속하게 바꾸고 있는지를 쉽게 알 수 있다. 그렇지만 기술에 대해서 장밋빛 낙관론만을 가질 수 없는 이유는, 기술이 우리 사회의 위험을 증대시키기 때문이다. 우리는 새만금, 시화호, 핵폐기장, 고속철도, 사패산 터널, 원자력 발전소, 전자파가 불러일으킨 심각한 사회적 논쟁을 겪었고, 이런 논쟁은 앞으로도 계속 발발할 수 있는 것이기 때문이다. 따라서 기술과 사회의 관계를 심도 있게 이해하기 위해서는 기술에 대한 반성적인 사고가 항상 필요한 것이다.

4장은 현대 기술에 대한 반성을 주제로 했다. 우리는 여기서 기술적 실패와 성공의 구분이 항상 분명한 것은 아니며 많은 경우 기술의 실패는 성공의 전제조건이라는 점을 보았다. 그럼에도 불구하고 거대 기술 프로젝트에서 작은 오류가 엄청난 기술적 재앙으로 이어지는 경우가 있는데, 이런 경우의 예로 보팔 사고, 스리마일 섬의 핵발전소 사고와 챌린저 호 폭파 사고를 다루었다. 기술적 재앙에 대한 엔지니어의 바람직한 태도는 기술이 백 퍼센트 확실한 것은 아니라는 점을 인식하고 이에 대해 시민 사회와 열린 대화를 나누는 것이다. 사고와 재앙이 미래의 확률로 기술되는 것을 위험이라 하는데, 20세기 후반부터 그 중요성이 증가하는 문제가 바로 기술적 위험이다. 여기서는 유전자변형 식품, 핵폐기물 처리장, 새만금 문제를 분석하면서 이 위험을 줄이는 방법으로 시민들의 더 많은 적극적 참여와 대화를 제시했다. 마지막으로 항상 부정적인 것으로만 간주되던 기술에 대한 저항을 러다이트 운동을 역사적으로 재해석하면서, 러다이트 운동이 노동자와 자본가 사이에 기술을 포함한 사회에 대한 서로 다른 세계관이 부딪친 결과라는 것을 보았으며, 기술에 대한 저항이 위험한 기술을 도입하는 것을 늦추면서 이 기술에 대해 사회 구성원들이 다시 생각해볼 기회를 주는 경우도 있음을 지적했다.

1. 기술의 성패를 가르는 요인에는 어떤 것들이 있는지를 설명해보고, 그중 가장 중요하다고 생각되는 것은 무엇인지를 근거를 들어 주장해보라.

2. 최근의 기술 중 어떤 것이 가장 유용한 혜택을 가져왔으며, 또 어떠한 기술이 가장 큰 해악을 끼쳤다고 생각하는가? 당신이 선택한 가장 유용한 기술에 부정적인 요소는 없다고 생각하는가? 반대로 가장 큰 해악을 끼쳤던 기술에서 좋은 결과는 전혀 없었는가?

3. 이번 장에 등장한 '기술적 재앙'의 사례들을 토대로 기술적 재앙의 원인을 분석하고 대비책을 제시해보라.

4. 기술 관련 정책을 입안하고 시행할 때 전문가와 일반 시민 사이에 역할 분담이 어떻게 이루어져야 한다고 생각하는가? 그리고 가장 적합한 역할 분담을 위한 제도적 수단은 무엇인가?

5. 기계에 대한 파괴로 잘 알려진 러다이트 운동이 정당했다고 생각되는가? 당시의 노동자들이 그들의 생각을 표출할 수 있는 다른 방식으로는 어떠한 것들이 있었을까? 혹시 다른 방식이 동원되었다면 더 성공적이었

을까?

6. 최근에 부상하고 있는 기술들 중 어느 것이 21세기 초반의 사람들의 삶에 가장 큰 영향을 미칠 것 같은가? 그 기술이 불행한 결과를 초래할 위험성은 없는가? 만약 위험성이 있다면 정부는 그 기술을 규제하거나 금지해야 한다고 생각하는가? 그러한 결정이 내려지는 과정에 당신이 어떠한 영향력을 행사해야 한다고 생각하는가? 그러한 영향력은 어떠한 방식으로 행사될 수 있다고 생각하는가?

5   현대 기술 프로젝트의 성격 변화

제2차 세계대전은 "레이더에 의해서 승리했고 원자폭탄에 의해서 마감되었다"라고 할 정도로 새로운 과학기술의 역할이 돋보였던 전쟁이었다. 연합군의 레이더는 막강한 독일군의 잠수함을 무력화시켰고, 원자폭탄은 일본에게서 항복을 받아내면서 전쟁을 종식시켰다. 레이더는 영국에서 처음으로 개발되었지만, 영국이 독일의 폭격을 받고 있었기 때문에 미국으로 그 기술이 이전되어 MIT 대학에 자리잡았던 '방사능연구소'[1]에서 개발했다. 원자탄은 국방부와 과학자들이 긴밀하게 협조했던 맨해튼 프로젝트에서 만들어졌다.

제2차 세계대전이 끝나고 승리의 감정이 조금 가라앉은 뒤에 사람

---

[1] Radiation Laboratory. 사람들은 이를 Rad-Lab(래드랩)으로 줄여 읽었고 레이더를 개발한다는 목적을 감추기 위해서 '방사능'연구소라는 이름을 붙였다.

들은 현대 기술의 가공할 위력에 전율했다. 인간은 이제 인류를 절멸시킬 수도 있는 무기를 가지게 된 것이다. 그리고 1950년대와 1960년대를 거치면서 이러한 핵무기들은 그 파괴력이 더욱 가공스러워졌고, 적의 공격을 피하기 위해 지하 벙커에 숨겨졌으며, 게다가 컴퓨터로 작동되기 시작했다. 거대한 공장은 더욱더 자동화되어 노동자들을 찾아보기 힘든 곳까지 생겼다. 1960년대에 서구 사회에서는 전쟁, 문명, 기술에 대한 반대운동이 거세게 일어났고, 사람들은 거대한 기술 시스템이 노동자를 해고시키고, 인간성을 말살하며, 인간을 소외시키고, 더 나아가서 인류를 지배한다고까지 생각하게 되었다. 독일 철학자 마르쿠제의 『일차원적 인간』과 프랑스 사상가 자크 엘룰의 『기술사회』는 당시의 비관론을 잘 대변하고 있다.

기술에 대한 인문학적인 접근은 최근까지도 1960년대의 비관론을 벗어나지 못한 것들이 많다. 그렇지만 지금은 당시처럼 '거대 기술'에 대해서 공포를 느끼며 사는 사람들은 드물다. "기술이 인간을 지배한다"는 생각을 글자 그대로 믿는 사람도 거의 없다. 기술은 훨씬 더 분산적이 되고, 네트워크를 형성하며, 작아지고, 사용자에게 친근한 것이 되었다. 그렇지만 모든 위험이 다 없어진 것은 아니다. 앞 장에서도 보았지만, 기술은 위험을 만들어내고, 프라이버시를 침해하면서 사람들을 감시하는 수단을 제공하며, 사고와 재앙을 가져오고, 또 환경을 오염시킴으로써 '지속 가능한 사회'를 만들어나가는 데 걸림돌이 된다.

기술에 대한 논의가 정말 어려운 이유는 기술이 이런 문제점을 만들어나가지만, 또 한편으로 해결 방향도 제시해주기 때문이다. 기술은 위험을 줄이는 데에도 사용되고, 감시하는 사람을 감시하는 데에도 쓰이며(역감시), 사고와 재앙을 줄일 수도 있고, 환경을 덜 오염시키면서 경제발전을 가져옴으로써 지속 가능한 사회를 만들어가는 데 크게 일조할 수도 있다. 따라서 "기술이 인간을 통제하고 지배한다"는 식의 담론은 이런 복잡한 기술-인간(사회)의 상호 작용을 이해하고 이를 보다 바람직한 방향으로 이끌고 나가는 데 별로 도움이 되지 못한다.

이번 장에서는 현대 기술이 어떻게 변화하고 있으며, 이런 변화된 기술은 어떤 긍정적인 결과와 부정적인 문제를 낳고 있는가를 정보통신혁명을 중심으로 살펴본 뒤에, 현대 기술의 문제를 해결하는 한 가지 방법으로 기술 프로젝트에 시민들의 참여가 늘어나는 것이 중요함을 지적할 것이다. 이후 미래 사회를 위해서 가장 중요한 발전으로 꼽히는 '지속 가능한 기술'에 대해서 살펴보고, 마지막으로 기술을 개발하고 개량하는 엔지니어들이 기술과 관련해서 어떤 윤리적 문제에 직면해 있고, 또 이런 문제에 직면했을 때 어떤 식으로 대처해야 하는가를 살펴볼 것이다.

5-1 정보통신혁명과 새로운 네트워크 사회의 도래

기술이 사회에 미치는 영향의 가장 중요한 사례로 언급되는 것이 컴퓨터, 인터넷, 휴대폰, 유비쿼터스(ubiquitous technology)와 같은 디지털 기술로 상징되는 정보통신혁명이다. MIT의 미디어랩(Media Lab) 소장을 지낸 니콜러스 네그로폰테(Nicholas Negroponte)는 디지털의 세상에서 "비트(bits)가 원자(atoms)를 대체했다"고 강조했으며, 정보 사회론의 대표적 이론가 중 한 명인 조지 길더(George Gilder)는 20세기 후반기를 특징짓는 현상으로 "물질이 폐기되었음"을 주장했다.[2]

그렇지만 더 중요한 변화는 사람과 사람이 연결되는 방식인 네트워크에 혁명적인 변화가 만들어진 것이다. 즉 정보통신기술의 혁명이 우리 사회를 바꾸는 방식은 네트워크 혁명을 통해서이며, 네트워크 혁명은 사람과 사람이 인터넷과 같이 빠르고 값싼 정보통신기술의 네트워크를 사용해 이어지면서 사람들이 가진 정보와 활동 간에 새로운 상호 연관과 상호 의존이 만들어지고 있음을 의미한다. 사람과 사람

네트워크 혁명의 3가지 법칙

1) 무어의 법칙: 컴퓨터의 파워가 18개월마다 2배씩 증가한다는 법칙. 인텔의 설립자 고든 무어(Gordon Moore)가 처음으로 주장했고, 지금까지도 들어맞고 있다.

2) 메트칼피의 법칙: 네트워크의 가치는 사용자 수의 제곱에 비례한다는 법칙으로, 근거리 통신망 이더넷(ethernet)의 창시자 로버트 메트칼피 (Robert Metcalfe)에 의해 제창되었다. 네트워크에 기반한 경제활동을 하는 사람들이 특히 주목해야 할 법칙.

3) 카오의 법칙: 창조성은 네트워크에 접속되어 있는 다양성에 지수함수로 비례한다는 법칙으로 경영 컨설턴트 존 카오(John Kao)가 제창한 법칙이다.

---

[2] 이 절에서 다루는 내용에 대한 더 상세한 논의는 홍성욱, 『네트워크 혁명, 그 열림과 닫힘』(들녘, 2002)과 이장규 외 저, 『글로벌 정보 사회의 전개와 대응』(나남, 2002) 참조.

을 연결하는 방법, 정보를 교환하는 방법, 교환한 정보로 지식을 만드는 방법, 가장 값싼 물건을 찾는 방법, 주문을 하는 방법, 새로운 거래선을 찾는 방법, 광고를 하고 소비자를 끄는 방법, 친구와 애인을 사귀는 방법 등에 혁명적인 변화가 생기고 있음을 의미하는 것이다. 네트워크 혁명은 인터넷이 상용화된 1990년대 이후에 시작되었으며, 그 효과가 충분히 나타나는 데에는 아직 더 많은 시간이 필요하다.

정보통신 네트워크가 전 지구적이기 때문에 네트워크 혁명도 본질적으로 전 지구적이다. 인터넷과 미디어는 전 세계의 정보와 지식을 거대한 하나의 네트로 연결하고 있다. 금융자본은 밤도 없이 24시간 전 세계를 돌아다니고, 생산과 시장은 범세계적 네트워크의 이점을 쫓아 이동하고 있다. 전 세계의 사람들과 이들의 지식, 활동이 연결되면서 나의 지식과 활동이 지구 반대편에 있는 사람에게 미치는 영향의 범위와 정도가 증대되고, 또 반대로 지구 저쪽에서 내려진 결정이 내게 영향을 미칠 수 있는 가능성도 커졌다. 이 중에는 내가 예측할 수 있고 내게 도움이 되는 것도 있지만 그렇지 못한 것도 많다. 범세계적인 상호 영향이 보편적으로 되면서 사회의 위험과 개인의 불안이 증가한다.

사람과 사람이 연결되는 방식이 혁신적으로 바뀌는 네트워크 혁명의 사회는 연계(connectivity)와 상호 의존으로 특징지워지는 사회이다. 이러한 성숙한 사회에서는 '이타적 개인주의'라는 새로운 공동체 철학의 의미가 부각된다. 원자화된 개인주의나 협동을 배제한 경쟁만으로는 성공을 꿈꾸기 힘들기 때문이다. 네트워크를 풍성하게 만들고 그 열매를 같이 나누는 것이 함께 사는 방식이다. 기업과 기업 사이에, 개인과 공동체 사이에, 노동자와 기업가 사이에 새로운 창조적인 긴장 관계가 만들어지는 것이다.

네트워크 사회는 몇 가지 역설(패러독스)을 수반한다. 광케이블을 타고 빛의 속도로 전 세계를 돌아다니는 정보 때문에 지리적 거리의 중요성은 많이 감소했다. '시공간의 압축'은 지금 세상의 가장 중요한 특성이 되었다. 그렇지만 또 다른 측면에서 보면, 거리의 중요성은 그 이전보다 훨씬 더 증가했다. 금융·투자회사는 뉴욕, 런던, 도쿄 등의 몇 개 도시에 집중되고 있으며, 연구단지 역시 몇몇 밀집 지역에 모이고 있다. 정보가 보편적으로 됨에 따라서, 바로 옆에서 사람들로부터 얻을 수 있는 '살아 있는' 정보의 중요성이 더 커지기 때문이다. 실리콘 밸리에 대한 연구는 실리콘 밸리에 있는 엔지니어들이 서로 비공식적인 네트워크와 맥주집에서의 만남을 통해 최첨단 연구 정보를 광범위하게 공유한 것이 그 성공의 비결이었음을 보여준다.

마찬가지로 정보가 보편적으로 되면서, 그 정보를 선별하고 엮어서 만들어내는 새로운 지식의 중요성이 증가한다. 특히 누구나 배울 수 있는 '명백한 지식'(명백지 明白知)보다 오랜 숙련과 노력을 통해서 체화한 '암묵적 지식'(암묵지 暗默知)의 중요성이 더 커진다. 암묵지가 중요해진다는 것은 결국 이를 몸에 체화한 사람들이 중요하다는 것이다. 따라서 네트워크 혁명 시기의 새로운 교육철학, 경영철학은 사람의 중요성과 사람과 사람 사이의 상호 연계의 중요성을 새롭게 인식하는 것부터 출발해야 한다.

기업에서 지식 경영을 생각할 때 반드시 고려해야 할 사항이, 지식에 '암묵지' 혹은 암묵적 지식이 있다는 것이다. 이 암묵적 지식은 사람들이 일을 하면서 시행착오를 거치며 깨달은 노하우인 경우도 있고, 오랜 훈련을 통해 습득한 과학적 직관일 수도 있고, 노동을 통해 몸에 밴 숙련일 수도 있다. 암묵적 지식의 중요성을 보여주는 사례는 많이 있다. 휴렛 패커드 사에서 지금까지 회사에 공헌했던 직원들의 작업을 찾아내어 이를 많은 사람이 공유하도록 하는 계획을 세웠는데, 이 작업을 찾아서 뽑아내는 데까지는 어려움이 없었지만 이를 다른 사람들이 공유하는 것은 거의 불가능에 가깝다는 사실을 발견했다. 대부분의 실행에 암묵적 지식이 연관되어 있었기 때문이다. 이 암묵적 지식을 누구나 이해하고 취득할 수 있는 정보처럼 생각하면 낭

암묵지와 명백지

명백지는 책이나 CD, 웹사이트처럼 인간 두뇌 바깥에 기록된 형태로 존재하며 쉽게 이동시킬 수 있는 지식이다. 명백지는 누구에게나 쉽게 이해되고, 누구나 쉽게 익힐 수 있다.

반면에 '암묵적(tacit)' 지식(암묵지)은, 마치 자전거를 잘 타는 방법을 글로 적어놓은 것을 아무리 읽어도 실습하기 전까지는 자전거를 잘 탈 수 없는 것과 같이, 그 지식을 습득한 사람과 떼어서 생각할 수 없는 지식이다. 암묵적 지식은 주로 사람과의 접촉, 상호 작용을 통해 습득된다.

	암묵지	명백지
교육 가능성	교육 가능하지 않음	교육 가능함
표현의 정도	표현되지 않음	표현될 수 있음
관찰의 정도	관찰 가능하지 않음	관찰 가능함
복잡성의 정도	복잡함	단순함
특성	큰 체계의 일부	독립적 지식

패를 보기 쉽다.

지식의 본질을 잘못 파악한 까닭에 시행착오나 실패를 경험한 회사의 예는 많이 있다. 미 항공우주국이 오랜만에 다시 달에 사람을 보내려 했을 때, 이 일을 처음 담당했던 사람들의 경험을 잃어버렸기 때문에 기초부터 다시 시작해야 한다는 것을 알게 된 경우, 포드 사가 토러스(Taurus) 자동차의 성공을 재현하려 했을 때 이를 만들었던 사람들이 다 회사를 떠나버렸기 때문에 성공의 비법을 잃어버렸음을 발견한 경우는 바로 이런 예이다. 이렇게 기업에서 지식을 잊어먹는 일을 가리켜 '기업의 망각'이라고 한다. 미국의 ELP라는 회사가 이웃 회사 그라임스(Grimes)의 놀라운 성과를 흡수하기 위해 이 회사를 매입하고 상당수 종업원을 해고했는데, 나중에 알고 보니 그 회사의 핵심은 이미 해고해버린 종업원에 있었다는 것도 이런 예이다.

1985년 오사카의 마츠시타 전자회사가 전기 제빵기를 만드는 데 몇 번의 실패를 거듭하자, 제빵기의 소프트웨어를 개발하던 프로그래머는 당시 빵을 맛있게 굽는다고 소문난 오사카 인터내셔널 호텔에 주방장 보조로 들어가 그가 어떤 비법을 가지고 있는지 유심히 관찰했다. 결국 그 프로그래머는 주방장이 반죽을 만들 때 이를 독특한 방식으로 잡아 늘린다는 사실을 알게 되었고, 이를 1년이 넘는 시도 끝에 기계에 재현했다. 암묵적 지식을 명백한 지식으로 만들어 소프트웨어로 재현한 것이다. 이 마츠시타의 제빵기계는 대 히트를 쳤고, 타나카와 그녀의 팀은 이러한 시행착오를 거치며 제빵기와 그 프로그램에 대한 또 다른 암묵적 지식을 공유하게 되었다. 즉 기업의 혁신 과정에는 '암묵적 지식 → 명백한 지식'의 변환 과정은 물론, '명백한 지식 → 암묵적 지식'의 과정이 나선형으로 꼬이면서 상승 곡선을 타야 한다.

지식 경제에 깊숙이 편입된 회사일수록 지식을 잘 운영하는 것이 중요하다. 이를 위해 중요한 사항은 '지식에 친근한' 회사의 분위기를 만드는 것이다. 무엇보다도 경직된 위계질서는 창조적인 지식 생산에 장애 요소다. 나이, 직급, 학력보다 경험, 전문성, 혁신에의 의지가 높게 평가되고 대접받는 수평적인 분위기를 만드는 것이 중요하다. 한국 기업의 경우 위계적인 유교적 사회문화와 존댓말과 같은 언어적 한계 때문에 수평적인 기업문화가 정착하는 데 어려움이 있는데, 제일제당에서 도입했듯이 상하를 막론하고 ○○님이라는 호칭을 붙이는 것은 위계를 극복하는 한 가지 방법이 될 수 있다.

또 다른 조건은 실수에서 배우는 것을 고무하는 것이다. 지식 창조의 노하우 중 가장 중요한 것이 성공은 물론 실수에서 배우는 피드백 루프를 잘 사용하는 것이다. 실수가 문책의 대상만 된다면 사람들은 실수를 감추려고 하지 여기서 배우려고 하지 않는다. 특히 회사가 조직 구조의 유연성만을 강조하는 요즘 노동자들은 항상 해고의 위험을 안고 일을 하는데, 이러한 상황에서는 사람들이 실수를 감추려고 할 뿐만 아니라 자신이 알고 있는 지식을 공유하려는 데에도 무척 소극적이다. 특히 개개인의 업무 평가가 연봉의 차이로 이어지는 상황에서 사람들은 노하우의 공유나 동료를 교육하는 것을 극도로 회피하게 된다. 결과적으로 경쟁을 촉진하고 혁신을 도모하려다가 혁신에 안 좋은 분위기를 만드는 셈이 된다. 지식경영은 경쟁만 가지고는 어렵고 경쟁과 협동을 조화롭게 사용해야 한다는 원칙을 벗어났기 때문이다. 이러한 함정을 피하는 한 가지 방법은 노하우나 지식의 전수를 고무하고 포상하는 제도를 만들어 협동을 고무하는 것이다.

지식이나 학습의 핵심은 단순히 정보의 습득이나 보관이 아니라 이를 사용할 줄 아는 사람의 존재이다. 따라서 지식경영은 정보의 매니지먼트가 아니라 인간 경영이다. 즉 사람들로 하여금 새롭고 도움이 되는 지식을 만들어내도록 고무하고, 경험을 통해 얻은 암묵적 지식을 공유하는 분위기를 만드는 것이다. 유용한 지식이 만들어지는 단위는 팀이다. 이에 가장 중요한 것이 팀 구성원들 사이의 상호 신뢰다. 노동자끼리 신뢰함은 물론, 노동자와 경영자 사이에도 신뢰가 있어야 한다. 신뢰를 한마디로 정의하기는 어렵지만, 여기에 사람들 사이의 관계의 안정성, 정직, 예측 가능성 등이 있어야 함은 물론이다. 신뢰를 쌓기 위해서는 사람들 사이에 면대면 접촉과, 팀을 이끄는 리더에 대한 신뢰, 팀원들 사이의 공유된 분명한 목표가 있어야 한다.

이제 네트워크 혁명 시대의 기업활동에 꼭 필요한 두 가지 관점의 변화에 대해서 간단히 언급하고자 한다. 무엇보다 회사는 노동자를 일회용 부품이 아니라 회사라는 조직을 구성하는 멤버로 인정하고 이들에게 일종의 멤버십을 주는 등 적극적인 역할을 부여해야 한다. 즉 이들이 회사의 주요 결정에 참여함으로써 회사의 미래와 이를 이끌어 갈 자신의 역할에 대해 긍정적이고 적극적인 태도를 갖는 것이다. 그리고 두번째로 회사는 인간의 암묵적 지식은 잘 표현되지도, 기계나 컴퓨터로 백 퍼센트 대체되지도 않는다는 점을 인식해야 한다. 이 암묵적 지식은 플로어에서 일하는 노동자들, 중간 관리자들, 숙련 엔지니어나 연구자들이 모두 소유하고 있는 것이다. 사무 보조원이나 비서들조차 매뉴얼에는 없는 독특한 나름대로의 숙련과 노하우를 사용해서 업무를 처리하고 있음이 연구 결과 드러나기도 했다. 바로 이들의 지식과 숙련, 노하우야말로 어떤 정보기술로도 대체하기 힘든 회사의 보배인 것이다.

지식경영은 인간경영이다. 기계와 정보통신기술은 인간을 대체하는 것이 아니라 인간과 상호 보완적인 짝을 이룰 때 가장 효과적이다. 정보통신기술을 도입해서 단순 작업을 하는 노동자나 관리자를 해고하고 회사의 작업 능률을 올리겠다고 생각하지 말고, 정보통신기술을 노동자나 관리자들이 가지고 있는 숙련과 지식을 가장 잘 공유하고 작동하게 하는 쪽으로 사용함으로써 지식혁명 시대의 혁신적인 기업이 되겠다는 마인드를 가지는 것이 중요하다.

정보통신 네트워크에는 순기능만이 아니라 역기능도 수반된다. 디지털 격차(digital divide), 정보화에 따른 실업의 문제, 인터넷 게임과 채팅 중독, 범죄 및 반사회적인 사이트의 활성화, 정보기술을 이용한 감시 등이 네트워크 혁명의 역기능의 대표적인 예들이다. 그런데 지금 열거한 역기능을 잘 살펴보면, 이런 문제들이 인터넷 때문에 갑자기 생겼다고는 보기 힘들다. 인터넷 이전에도 정보 격차, 기술이 야기하는 실업의 문제, TV 중독, 범죄자들간의 네트워크, 다양한 감시가 있었기 때문이다. 문제는 인터넷이 사람들을 연결하고 정보의 유통을 용이하게 함으로써 이러한 역기능이 쉽게 결합되고 증폭되었다는 데 있다. 네트워크 혁명의 특징이 여기서도 나타난다. 문제를 더 어렵게 하는 것은, 네트워크의 순기능이 역기능과 잘 분리되지 않는다는 것이다. 나이스(NEIS)가 정보의 중앙 집권과 이를 통한 통제와 감시를

용이하게 하지만, 또 행정적인 효율을 높이는 것도 사실이다. 반사회적인 사이트들을 없애겠다고 법률과 단속을 강화하면, 인터넷 곳곳에서 이루어지는 자유로운 의견 교환을 위축하기 쉽다.

지난 몇 년 동안 계속해서 논란의 대상이 되는 것이 인터넷 실명제이다. 최근 여론조사를 보면 절반이 넘는 60%의 인터넷 사용자들이 실명제에 찬성하는 것으로 나타났다. 인터넷의 익명성으로 인한 장점보다 그 문제점을 더 많이 느끼고 있다는 얘기인데, 우리를 가장 짜증나게 만들고 연 2조원 이상의 사회적 손실을 입히는 스팸 메일이 익명의 메일임을 감안하면 이 문제가 심각함을 알 수 있다. 특히 미성년자에게 무차별 살포되는 성인 광고는 경제적 손실을 떠나서 눈에 안 보이는 사회적 손실도 엄청나다. 게시판에 올라오는 광고성 게시물도 네티즌을 짜증나게 한다. 익명의 게시판에는 욕설이 담긴 글, 협박글, 저주글, 루머, 인신 공격, 명예 훼손, 타인의 이름이나 ID를 도용한 글이 수없이 올라온다. 요즘은 인신 공격과 명예 훼손이 인기 스타나 정치인에게만 가해지는 것이 아니라 대상과 장소를 가리지 않는다.

그렇지만 인터넷 실명제가 이런 모든 문제를 해결하고 깨끗한 인터넷을 만들 수 있다고 생각하는 것은 너무 순진하다. 가장 큰 문제는 인터넷 실명제가 욕설이나 도배만이 아니라 다른 표현의 자유에도 재갈을 물릴 수 있기 때문이다. 사실 지금 정보통신 이용에 대한 법률도 무척 엄격하다. 인터넷에서 타인의 명예를 훼손하면 7년 이하의 징역형이나 5천만원 이하의 벌금형에 처해진다. 문제는 대부분의 사람들이 이를 모르고 있으며, 더 나아가서 인터넷에서 익명으로 장난을 치면 아무도 자신을 발견할 수 없다고 잘못 생각한다는 것이다. 헤어진

여자친구에게 앙심을 품고 전화번호나 이메일을 성인 사이트에 올린 경우가 종종 발생했는데, 이것이 징역형을 받을 수 있는 범죄라는 것을 아는 사람은 거의 없었다. 대부분의 인터넷 사용자들은 인터넷에서 현행법의 테두리가 무엇인지 거의 모른다. 법도 법이지만 대부분의 인터넷 이용자들이 사이버 세상에서의 예의와 관습을 배울 기회가 없다는 것도 문제다. 이러한 과도기 단계에서 네티즌들은 인터넷에 떠도는 익명의 루머와 소문에 휩싸이지 않고 정보를 비판적으로 수용하는 자세를 배우는 것도 필요하다.

인터넷 실명제의 원칙은 자율성, 다양성, 민간 주도에 있다고 볼 수 있다. 정부에서 일률적으로 적용하는 것이 아니라, 네티즌과 민간 부문이 주도를 해서 다양한 방식으로 서서히 도입되어야 한다. 익명으로 글을 쓸 수 있는 공간이 남아 있어야 한다는 점도 중요하다. 이렇게 볼 때 정부 게시판은 물론, 민간 포털 사이트, 채팅 사이트, 이메일 등을 모두 실명제해야 한다는 생각은 위험천만하다. 실명 데이터베이스의 정보를 안전하게 관리하는 것도 문제며, 특히 민간 부문의 경우 실명제는 소비자 정보를 사고파는 창구로 이용될 수도 있다. 실명제를 통해 쓰레기 정보가 걸러질 수는 있지만 동시에 양질의 정보도 걸러질 수 있다는 점을 명심해야 한다.

5-2 테크노크라시에서 시민 참여의 기술로

보통 '기술관료주의'라고 번역되는 테크노크라시(technocracy)라는 용어는 1919년 미국의 엔지니어 윌리엄 스미스(William Smith)에 의해서 만들어졌다. 테크노크라시라는 용어가 널리 사용되게 된 것은 1930년대에 엔지니어를 중심으로 한 사회운동을 통해서였다. 1933년에 테크노크라시 운동가들에 의해 작성된 「테크노크라시의 사회적 목적」이라는 문건은 이 운동의 목표를 미국의 사회적 문제의 해결을 위해서 정치가나 기업가 대신에 기술자들이 정치·경제의 각 분야를 지도하고 통제함으로써 부패와 낭비가 심한 정치·경제를 과학적 관리로 대체해야 한다고 역설하고 있다.[3]

1930년대 미국의 테크노크라시 운동은 성공하지 못했지만 이후 테크노크라시의 이미지는 무척 강력한 것이 되었다. 특히 20세기 중엽 이후에 과학기술이 야기하는 사회적 문제가 복잡해지면서, 이런 문제의 해결책이 전문 과학기술자에 의해서 제시되어야 하며 시민 사회는 이들이 제시한 해결책을 받아들이고 따라야 한다는 생각이 널리 퍼졌는데, 우리가 관심을 갖는 테크노크라시는 바로 이러한 의미의 '전문가 지상주의'라고 할 수 있다. 과학기술 전문가주의를 신봉하는 사람들은 과학기술이 무척 복잡하고 난해해서 오랜 기간 동안의 전문적인 훈련을 받아야 하기 때문에 보통 사람들은 과학기술과 관련된 문제의 의사결정에 참여해서는 안 된다고 주장한다.

그렇지만 구미의 경우에는 핵에너지, 환경, 유전자 재조합과 유전공학 등이 커다란 사회 문제로 대두되면서 시민이 주체가 되어 과학기술자들의 전문가주의 혹은 기술관료주의를 극복할 수 있는 방안을

---

[3] John G. Gunnell, "The Technocratic Image and the Theory of Technocracy," *Technology and Culture* 23(1982), pp. 392~416.

모색하기 시작했다. 즉 전문가들이 결정하고 이를 시민에게 통보해서 따르라고 명령하는 식이 아니라, 시민이 기술과 관련된 정책 결정에 참여해서 자신의 목소리를 담는 방식이었다. 현대 기술 프로젝트는 그 영향이 모든 시민, 더 나아가 전 세계에 미치며, 정부에서 추진하는 대규모 엔지니어링 프로젝트는 그 재원을 시민의 세금에 의존하는 것이 많다. 따라서 시민에게는 기술 프로젝트의 정보에 대한 접근권, 과학기술 정책 과정에의 참여권, 의사결정이 합의에 기초함을 주장할 권리, 개인이나 집단을 위험에 빠지지 않게 할 권리 등이 있다.[4]

게다가 사회가 더 민주적이 되면서 절차적 정당성이 중요해진다는 사실을 고려해야 한다. 결정된 정책 자체의 효율성만이 아니라 그것이 결정되는 과정이 민주적이었는가라는 점이 중요해진다는 것이다. 더 민주적으로 결정된 정책은 더 많은 시민의 지지를 받고, 따라서 그 효율성도 커진다. 반면에 전문가들과 정부 관료들이 밀실 행정을 통해 결정한 정책은, 종종 시민 대중의 저항에 직면한다. 이럴 경우 그 정책 자체가 아무리 좋다고 해도 효과적으로 실행되기 힘들다.

민주주의 사회는 오래 전부터 시민들의 여론을 수집하고 청취해서 정책에 반영했다. 여론조사나 공청회/청문회가 이런 대표적인 기제이며, 여론이 잘 수렴되지 않을 때에는 선별 사항에 대해 국민투표를 시

---

[4] Philip Frankenfeld, "Technological Citizenship: A Normative Framework for Risk Studies," *Science, Technology and Human Values* 17(1992), pp. 459~484; Daniel Lee Kleinman, "Beyond the Science Wars: Science, Technology and Democracy," *Politics and the Life Sciences* 16(1998), pp. 133~145.

행할 수도 있었다. 그렇지만 공청회나 국민투표는 모두 소극적인 시민 참여의 모델이다. 최근에는 더 적극적인 의미의 다양한 시민 참여 메커니즘이 각국에서 실험적인 차원이나 실질적인 차원에서 운영되고 있는데, 이러한 적극적 시민 참여의 메커니즘으로는 합의회의, 시나리오 워크숍, 시민배심원, 시민자문회의, 규제협상 등이 있다.

'합의회의'는 사회적으로 논쟁이 될 수 있는 과학기술과 관련된 쟁점에 대해 일반 시민들로 구성된 패널을 구성하고 패널로 하여금 자체적인 토론 및 숙의를 통해 합의를 도출하도록 유도한다. 이 과정에서 시민 패널은 전문가들로 구성된 전문가 패널과 심도 깊은 의견 교환을 하고, 전문가들의 자문을 구하며, 이런 과정에서 도출된 합의는 정책에 반영되도록 하는 것을 추구한다. '시나리오 워크숍'은 보통 지역 수준에서 바람직한 것으로, 주민, 공무원, 과학기술자로 구성된 그룹이 그 지역의 미래의 기술적 필요와 가능성을 고려한 지속 가능한 발전 전망을 수립하는 것이다. 이는 지역 개발 정책 등에 좋은 결과를 낼 수 있다. '시민배심원'은 12~24명의 시민이 기술과 관련된 문제를 결정하는 배심원을 구성하고, 증인으로 다양한 사람들을 출석시킬 수 있는 제도를 말한다. 배심원들은 증인의 의견을 청취한 다음에 마지막 결정을 보고서로 제출한다. 이 제도는 법정의 배심원제를 일반 정책에 확장한 것이다. '시민자문회의'는 의견이 첨예하게 대립된 사항에 대해서 시민 자문단을 구성해서 시민의 의견을 들어보는 것이며, '포커스 그룹'은 정책의 평가와 개선을 위해 시민 대표를 추출해서 의견을 개진케 하는 제도를 말한다. 시민자문회의나 포커스 그룹은 공청회 등에 나가지 않는 소극적인 사람들의 의견을 접할 수 있다는 이점이 있다. 마지막으로 '규제협상'은 행정기관을 포함해서 이해 관계자들의 대표의 협상을 통해 합의를 얻어 이를 규칙 제정에 반영 하는 것이다. 여기에는 이익집단의 대표가 참석한다.[5]

정책 결정에 민주적인 방식으로 시민을 참여시키는 위와 같은 제도 는 지금 구미 각국에서 다양하게 실험 중이다. 덴마크, 영국을 비롯한 유럽에서는 논쟁이 되는 중요한 정책 결정에 합의회의 방법을 도입하 였으며, 1997년 미국에서도 정보통신 정책을 놓고 합의회의가 있었 다. 우리나라에서도 1998년과 1999년에 유네스코 한국위원회가 각각 '유전자조작 식품의 안전과 생명윤리' '생명복제 기술'을 주제로 합의 회의를 개최했고, 2003년에는 참여연대 시민과학센터에서 '전력 정 책의 미래에 대한 시민 합의회의'를 개최해서 큰 반향을 불러일으키 기도 했다. 앞에서도 지적했듯이 한국에서도 과학기술 관련 공공 정 책에서 불확실성과 위험의 요소가 있을 때, 이를 해결하는 방법은 결 국 더 많은 대화와 토론, 그리고 이를 통한 지역 주민의 자발적인 동 의인 것이다.

---

[5] 참여연대 시민과학센터, 『과학기술, 환경, 시민 참여』(한울, 2002); 이영희, 「과 학기술 정책과 시민 참여」, 『자연과학』 제17호(2004년 가을), 181~190쪽.

기술영향평가(Technology Assessment, TA)

새로운 과학기술의 발전은 항상 그에 수반되는 위험 또한 안고 있다. 어떻게 과학기술을 이해하고 통제할 것인가에 따라 우리의 미래가 달라진다 해도 과언이 아니다. 이에 새로운 기술이 가져올 경제 · 사회 · 문화 · 윤리 및 환경 등에 미치는 영향을 평가해 그 부작용을 최소화하고 발전적 대안을 마련하는 과정을 '기술영향평가'(Technology Assessment, 보통 줄여서 TA)라고 한다.

기술영향평가의 필요성은 1960년대 미국에서 처음 논의되어, 1970년대 이후 국회 산하의 미 의회 기술영향평가국(Office of Technology Assessment, OTA)를 시작으로 제도화되었다. 미 의회 기술영향평가국은 설립 이후 기술이 사회에 미치는 다양한 영향들을 연구하고 그 연구 결과들을 의회 정책에 반영시켰지만, 1995년 의회에서 예산 지원을 중단하기로 결정하면서 활동이 중단되었다.

유럽에서는 1980년대부터 기술영향평가가 발전하기 시작했는데 유럽 각국의 운영 양상은 약간씩 차이를 보인다. 이 중 네덜란드는 시민 참여에 기반을 둔 기술영향평가를 선도했으며, 현재 유럽 의회 기술영향평가 네트워크에는 유럽 15개 기구가 참여하고 있다.

우리나라는 2001년 기술영향평가에 관한 조문을 포함한 과학기술기본법을 제정했다. 2003년에는 한국과학기술기획평가원(KISTEP) 주도로 최초의 기술영향평가위원회를 조직했고, 나노-바이오-정보융합기술(NBIT: NT+BT+IT)을 다룬 최초의 평가서가 2004년 제출되었다. 그러나 처음이니만큼 논란도 없지 않았다. 특히 대부분의 국가에서 기술영향평가를 의회에 설치해 행정부를 견제하는 수단으로 삼고 있는 것과는 달리 우리나라는 행정부 산하에 평가기관이 있어 기관의 중립성이 흔들릴 우려가 크게 제기되고 있다. 앞으로 기술영향평가의 중립성을 확보하고 시민 참여를 증대시키려는 노력이 필요하다고 하겠다.[6]

---

[6] 기술영향평가에 대해서는 김병윤, 「기술영향평가의 역사, 동향, 전망」, 『과학사상』 43호(2002), 150~168쪽 참조.

5-3 지속 가능한 발전과 지속 가능한 기술

'지속 가능한 발전(sustainable development)'이라는 개념은 1970년대를 통해 기업과 정부 일각에서 인구와 산업의 발전이 무한히 계속될 수는 없다는 문제를 제기하면서부터 등장했고, 1987년의 세계경제발전위원회(WCED)의 보고서가 "환경 보호와 경제적 발전이 반드시 갈등 관계에 있는 것만은 아니다"라고 하면서 경제와 환경의 상보적 긴장 관계를 기반으로 '지속 가능한 발전'을 정의하면서 널리 퍼지게 되었다. 지속 가능한 발전은 지금 지구촌의 현재와 미래를 포괄하는 개념이다. 지속 가능한 발전은 지금 우리의 현재 욕구를 충족시키지만, 동시에 후속 세대의 욕구 충족을 침해하지 않는 발전을 의미한다. 지금 우리가 생태계를 어지럽히고 자원을 다 고갈하면서 풍요를 누린다면, 그것은 지속 가능한 발전이 아니다. 자원이 고갈되고 생태계가 파괴된 상태에서 우리의 후속 세대는 결코 똑같은 풍요를 느끼지 못할 것이기 때문이다. 그렇기 때문에 지속 가능한 발전은 경제적 활력, 사회적 평등, 환경의 보존을 동시에 충족시키는 발전을 의미한다. 지속 가능한 발전에서 발전은 현재와 미래 세대의 발전과 환경적 요구를 충족하는 방향으로 이루어져야 하며, 그렇기 때문에 환경의 보호가 발전에서 중심적인 요소가 되어야 한다.

지속 가능한 발전은 의식주만을 해결하는 상태를 바람직하다고 보지 않는다. 그런데 바로 여기에 문제가 있다. 지금 지구의 전 인구가 선진국 수준의 풍요를 누리려면 지구에서 사용 가능한 모든 자원의 세 배 이상을 소모해야 한다. 그런데 만약 그렇게 자원을 소모한다면 그런 발전은 지속 가능한 발전이 아니다. 그렇기 때문에 우리는 지속 가능한 발전을 가능케 하는 기술에 대해서 관심을 두어야 한다. 지속 가능한 발전을 가능케 하는 기술을 '지속 가능한 기술(sustainable technology)'이라고 정의할 수 있다.[7]

지속 가능한 기술 중에는 풍력 발전, 조력 발전, 태양열 발전처럼 지금의 주된 발전기술과 상당히 차이를 보이는 기술도 있다. 그렇지만 많은 지속 가능한 기술은 지금 우리가 가진 기술과 그 형태에서 크게 다르지 않다. 더 중요한 것은 그 기술이 디자인될 때 얼마나 더 많이 사회적, 환경적 연관에 중심을 두는가이다. 지속 가능한 기술은 1) 이용 가능한 자원과 에너지를 고려하고, 2) 자원이 사용되고 그것이 재생산되는 비율의 조화를 추구하며, 3) 이러한 자원의 질을 생각하고, 4) 자원이 생산적인 방식으로 사용되는가에 주의를 기울이는 기술이라고 할 수 있다. 즉 지속 가능한 기술은 되도록이면 태양 에너지와 같이 고갈되지 않는 자연 에너지를 활용하며, 낭비적인 소비 형태를 지양하고, 기술적 효용만이 아닌 환경 효용(eco-efficiency)을 추구한다.

엔지니어들은 지속 가능한 발전에 대해서 크게 두 가지 대응을 보이고 있다. 이 중 하나는 지속 가능한 발전을 위해서 기존 기술과는 다른 지속 가능한 기술을 발전, 증대시키고 지속 가능하지 않은 기술을 줄여가야 한다는 것이며, 또 다른 입장은 기존의 기술혁신과 발명을 통해 지속 가능한 발전의 달성을 추구해야 한다는 것이다. 이러한

---

[7] Mark Manion, "Ethics, Engineering, and Sustainable Development," *IEEE Technology and Society Magazine*(Fall 2002), pp. 39~48.

두 입장은 배타적인 것이 아니라 분야에 따라 적절하게 혼합해서 사용할 수 있는 것들이다. 미국 전기공학자협회(IEEE)는 윤리강령을 제정함으로써 지속 가능한 발전의 중요성을 강조했다. 미국 토목공학자학회도 2001년에 지속 가능한 공학기술 활동을 통해 엔지니어들이 기술적인 면에서뿐만 아니라 시민 사회에서도 리더의 역할을 해야 함을 강조했다. 또 엔지니어들은 공학 교육에서 지속 가능성의 중요성을 교육해야 함을 강조하기 시작했고, 환경 친화적이고 자원 절약적인 새로운 기술의 개발에 발벗고 나섰다.

외국의 경우에는 정부와 기업이 지속 가능한 발전과 지속 가능한 기술을 위해서 적극적으로 나서고 있다. 특히 듀퐁, 3M, 다우 케미컬 등 환경오염의 주범이었던 화학회사들이 환경 보호 정책을 표방하고 나섰다. 기업의 분위기가 변하면서 대학의 엔지니어만이 아니라 기업에 고용된 엔지니어들도 점차 대체기술, 환경기술, 녹색 디자인 등을 추구하는 방향으로 전환해가고 있다. 일반적으로 지금까지 기업에 고용된 엔지니어들은 기업의 이윤 추구를 위해 '고용'된 사람들이었고, 따라서 의사결정에 적극적으로 참여하기가 어려웠던 것이 보통이었다. 그렇지만 기업의 이미지 개선, 시장 확보, 이윤 추구, 심지어는 생존을 위해서도 지속 가능한 기술이 중요해지면서 이의 개발을 담당하는 엔지니어들의 위상이 강화되는 경향을 보이고 있다. 이렇게 변화하는 상황은 기업의 이윤 추구와 공공의 이익 사이에서 고민해야 했던 엔지니어들에게 바로 지속 가능한 기술을 통해서 윤리적 공학기술 작업을 수행할 좋은 기회를 제공하고 있는 것이다.

지속 가능한 기술의 예를 들어보자. 최근 각광받고 있는 3R의 구호, 즉 "줄이고, 재사용하고, 재처리하자(reduce, reuse, recycle)"는 철학을 담은 공학적 디자인은 엔지니어들이 지속 가능한 사회를 만드는 데 중요한 역할을 할 수 있음을 보여주고 있다. 뿐만 아니라 엔지니어들은 재활용 기술을 개발함으로써 폐기물을 줄임과 동시에 보관이나 처분의 문제를 해결할 수 있으며, 천연자원의 보존에 기여할 수 있다. 텍사스 교통국의 엔지니어들은 프린터나 복사기의 카트리지에 남아 있는 스틸렌과 인쇄 잉크를 아스팔트 첨가물로 재활용했고, 이는 환경오염 물질을 줄였을 뿐만 아니라 포장 도로를 높은 온도에 더 잘 견디게 했다.

지속 가능한 기술이 기업의 경제적 이익을 높여주는 예들이 있다. 1980년대 중엽에 코닥의 연구자들은 카메라를 들고 다니지 않으면서도 사진을 찍고 싶어하는 소비자들의 욕구가 전 세계적으로 커지고 있음을 인식하고, 이에 부응하기 위해 쓰고 버리는 일회용 카메라를 개발했다. 코닥은 필름 인화 서비스를 확장하고 있었는데, 이 일회용 카메라는 바로 이러한 서비스 확장 계획과도 잘 맞아떨어지는 제품이었다. 그런데 이 카메라의 문제는 이것이 환경 친화적이지 못하다는 것이었다. 환경운동가들은 코닥의 신제품을 공격하기 시작했고, 이는 코닥 회사 전체의 이미지에 안 좋은 결과를 가져왔다.

1989년부터 코닥의 연구자들은 이 일회용 카메라의 주요 부품들을 재디자인하기 시작했다. 코닥 본사의 기술자, 디자이너, 경영인, 환경학자들이 새로운 제품을 디자인했고, 이 과정에서 인화와 현상을 담당하는 매장의 주인들과도 협력했다. 매장의 협력 없이는 환경 친화적인 제품을 만들 수가 없었기 때문이다. 그 결과 코닥은 덜 복잡하고, 재활용이 쉽고, 재사용도 가능한 제품을 만들어내는 데 성공했다. 이렇게 만든 카메라는 공장에서 조립하기도 더 쉬웠다. 이러한 환경 친화적인 재설계는 회사 이미지에도 도움이 되었고, 이 사건 이후 코닥의 시장 점유율은 과거에 비해 더 많이 상승했다. 제품에 사용되는 재료를 줄이고, 유해한 쓰레기를 최소화한 코닥의 일회용 카메라는 코닥 사에 큰 이윤을 가져다준 사업 라인이 되었던 것이다.[8]

한국에서도 지속 가능한 기술을 추진하는 기업이 있다. 한화그룹은 1991년에 국내 기업으로는 처음으로 그룹 차원에서 'ECO-2000 운동'을 시작했으며, 십 년째인 지난 2000년 6월에는 환경·안전·보건 경영을 경영 이념으로 채택하는 환경안전보건방침(ECO-YHES)을 새롭게 선포하고 '한화환경연구소'를 개소했다. 한화환경연구소는 사후처리 환경기술과 사전 오염 예방을 위한 청정생산기술 진단 및 컨설팅뿐 아니라 정부 및 환경단체와도 연대, 환경 성과 평가 등 구체적 실천 방안들을 연구하고 있다. 여기서 보듯이 기업 부설 연구소가 시민 환경단체와 공동 사업을 진행하는 것은 이례적인 사례이다. 한화는 석유화학, 화약, 기계 등 제조 공정에서부터 미리 친환경 여부를 살피는 청정생산기술을 도입했다. 즉 사후 처리 방식에서 사전 평가 방식으로 환경에 대한 고려를 한 단계 높인 것이다.[2]

한화는 지속 가능한 기술을 여럿 개발했다. 우선 잉크, 도료, 코팅에 쓰이던 유기 용제를 물로 대체한 수용성 수지를 개발했다. 이 신제

---

8 Steve Belletire, "Sustainable Design: Our Future or Our Nemesis?"(미출간 초고).

2 '자체 연구소 설립 환경운동 주도—한화그룹'(헤럴드경제 2005년 3월 18일자).

품은 VOC(휘발성 유기화합물)의 배출이 없기 때문에 대기오염 물질을 줄이는 친환경 제품으로 평가받으며, 인쇄성·전이성·광택성이 우수하고 휘발분 함량이 낮아 거품 발생이 적기 때문에 작업성이 우수한 특징을 가지고 있다. 또 한화는 2003년부터 기존에 소각 처리 해야 했던 석유화학 옥탄올 공정을 변경하여 폐수 처리로 전환하고 공정 최적화를 통해 화약 제조 공정에서 발생하는 총 질소의 양을 원천적으로 감소시키는 공정 혁신을 이룸으로써 연간 4천 톤의 오염 물질 발생량을 줄였으며 60억원의 원가도 절감했다. 또 LLDPE(선형저밀도 폴리에틸렌) 공정에서 대기로 배출되는 반응기의 반응열을 회수해 스팀을 생산하는 것과 같이 재활용 기술도 도입했으며, 폐에너지원을 재활용해서 연간 70억원 이상의 비용을 절감할 수 있을 것으로 기대하고 있다. 정부도 2004년부터는 청정생산기술개발 보급사업시행계획을 확정하고 청정기술개발사업에 400억원을 투입했으며, 생산 공정에서 환경오염을 제거, 감축하거나 재활용하는 기술을 다루는 청정생산기술인력을 2006년까지 매년 2천 명씩 양성키로 결정했다.

지속 가능한 기술이 우리의 미래에 중요하리라는 데에는 이의를 제기할 사람이 없을 것이다. 그렇지만 현재 문제가 되고 있는 것은, 엔지니어들이 기존의 기술 패러다임에 너무 깊이 젖어 있다는 것이다. 엔지니어는 지금 우리에게 가능한 자원을 가지고 최대의 효율을 내는 기술을 디자인하도록 교육받고, 신제품에 대한 소비자의 욕구를 자극해서 잘 작동하는 제품도 버리고 새것을 사도록 유도하는 것이 바람직하다고 교육받는다. 지속 가능한 기술은 한두 사람의 양심적인 엔지니어의 노력으로 가능한 것이 아니다. 그렇기 때문에 지속 가능한 기술을 위해서는 공과대학의 교육에서 지속 가능한 엔지니어링에 대한 관념을 심어주어야 한다. 지속 가능한 기술을 바탕으로 지속 가능한 발전이 있을 수 있다면, 지속 가능한 교육은 지속 가능한 기술을 개발하는 엔지니어의 요람이 될 수 있을 것이다.

또 지속 가능한 기술을 통해서 엔지니어와 사회의 관계도 재정립될 수 있다. 엔지니어들은 기술혁신, 발명, 선언 등을 통해 지속 가능한 발전과 지속 가능한 기술의 현실성과 이를 달성할 수 있음을 사회에 보여주어야 한다. 반면에 사회는 이러한 노력을 지원해야 할 시점에 도달했음을 인식하고, 지속 가능한 기술을 위한 자금, 연구시설 등을 지원하고 이 분야의 연구자들이 성공할 수 있는 사회적 토대를 마련해주어야 한다. 또 기술 정책과 관련해서 엔지니어들이 의사결정에 참여할 수 있는 길을 열어주어야 한다. 이런 변화가 달성되어야 엔지니어들은 진정한 '윤리적 엔지니어링'을 수행할 수 있을 것이다.

물론 지금 모든 엔지니어나 모든 공학기술 연구가 지속 가능성을 염두에 두는 것은 결코 아니다. 따라서 엔지니어들은 이 시점에서 공학기술의 사회적, 윤리적 파장에 대한 교육이 더 절실하게 필요하다는 것을 인식하고, 특히 교육에서 경제적 발전과 더불어 환경의 중요성을 강조해주어야 하며, 물질적 성장과 함께 사회적 평등을 고려해야 하고, 현세대와 더불어 다음 세대도 고려하는 성찰적인 안목과 윤리의식이 필요함을 일깨워줘야 한다. 앞에서도 지적했듯이 지속 가능한 기술은 기업에서 엔지니어들의 의견에 무게를 더해주었다. 엔지니어의 발언권과 권한은 이전에 비해서 커졌고 앞으로도 더욱 커질 것이다. 이러한 상황에서 엔지니어들은 진정한 리더로서의 역할을 수행해야 하는데, 이를 위해 가장 중요한 것은 엔지니어들이 기업의 이윤 추구에만 도움과 조언을 주는 역할에서 벗어나 시민 사회에 대해서도 진정한 의미의 도움과 조언을 주는 집단이 되는 것이다. 즉 기업을 향해서는 기업의 문화적 패러다임이 지속 가능성을 추구하도록 하는 역할을 수행하고, 시민 대중에게는 각종 기술의 위험을 정확히 전달하고 이해시켜야 하며 기술과 관련된 정책 결정에서도 적절한 결정을 내리도록 리더로서의 역할을 수행해야 한다는 것이다.

5-4 대안 에너지의 현재와 미래

우리나라의 에너지 사정은 좋지 않다. 우리는 에너지원의 90% 이상을 수입하고, 전체 에너지의 60%를 차지하는 석유는 전량 수입한다. 이에 드는 돈은 연간 400억 달러가 넘으며, 세계에서 네번째로 에너지를 많이 수입하는 나라이다. 우리는 2010년까지 원자력 발전소 19기를 비롯해 총 122기 5,700만kW의 발전 설비를 새로 건설할 계획을 잡고 있다. 이렇게 건설하는 발전소들은 모두 수입 에너지원에 의존하는 것들이다.

반면에 대안 에너지에 대한 국내의 평가는 높지 않다. 일반적인 인식은 태양광 발전, 조력 발전, 풍력 발전과 같은 자연적 대안 에너지에는 기대할 것이 없고, 연료전지와 같은 차세대 에너지에 기대를 해볼 수 있을 뿐이라는 것이다. 풍력이나 태양열은 특정한 시간에만 사용할 수 있기 때문에 보조설비를 갖추어야 하며, 땅덩어리가 좁은 우리나라에서는 이러한 설비들을 설치할 땅을 구하기가 쉽지 않다는 것이다. 정부의 발표로 지금 대안 에너지는 전체 에너지의 1.3~1.4%를 차지하는데, 선진국에서는 대안 에너지에 포함시키지 않는 소각열 에너지를 제외한다면 이 비율을 0.1~0.3%로 떨어진다.

그렇지만 대안 에너지가 가진 장점은 분명한데, 그것은 화석 에너지가 금방 고갈됨에 비해서 대안 에너지는 한 번 써도 고갈되지 않고 계속 쓸 수 있으며, 원자력 에너지가 항상 대규모 위험을 수반함에 비해서 대안 에너지는 안전하고 분산적이라는 것이다. 따라서 선진국에서는 이러한 대안 에너지를 더 적극적으로 사용하는 정책을 실시하고 있다. 특히 오스트리아, 덴마크, 독일, 핀란드, 네덜란드, 스웨덴 등 '환경 블록'에 속하는 유럽 6개국은 '탈핵 선언'에 동참하며 재생 가능 에너지를 2002년 현재 전체 에너지의 10% 수준까지 끌어올렸으며, 2030년까지는 재생 가능한 에너지를 전체 에어지의 50% 이상까지 끌어올릴 추세이다. 스웨덴의 룬드, 세프레와 같은 도시들은 아예 화석연료를 전혀 사용하지 않겠다는 것을 목표로 내세웠다. 독일은 전체 에너지의 4%, 전기의 10% 이상을 재생 가능한 에너지로 사용하고 있으며, 오스트리아의 경우는 전체 에너지의 25% 정도가 재생 가능 에너지에서 나오고 있다.[10]

대안 에너지로 쓸 수 있는 재생 가능한 에너지에는 태양 에너지, 풍력 에너지, 조수간만 차를 이용하는 조력 에너지, 파도를 이용하는 파력 에너지, 지열을 이용하는 지열 에너지, 생물 유기물이 탈 때 나오

---

[10] 재생 가능한 에너지와 대안 에너지에 대한 좋은 논의는 이필렬, 『에너지 대안을 찾아서』(창작과비평사, 1999) 참조.

는 생물 유기물 에너지 등이 있다. 인간이 이용 가능한 태양 에너지의 양은 엄청나다. 사하라 사막에 1년 동안 비치는 태양 에너지는 인류가 1년 동안 사용하는 에너지의 총량과 같다. 그렇지만 이 에너지를 이용 가능한 형태로 바꾸는 데 아직은 비용이 많이 든다. 우선 태양전지를 이용해서 태양 에너지를 전기 에너지로 바꿀 수 있는데, 지금 널리 사용하는 태양전지는 보통 실리콘을 가공해서 반도체를 사용하고 있다. 실리콘 태양전지의 효율은 대략 15%, 즉 햇빛에 포함된 에너지의 15% 가량을 전기로 전환한다. 그러나 하나의 태양전지가 생성해 낼 수 있는 전기의 양은 꼬마전구 하나를 밝힐 수준이고 전압은 0.6V 정도에 지나지 않기 때문에, 실용화를 위해서 여러 개의 태양전지를 연결해서 12~24V 정도의 전압을 얻을 수 있도록 '태양전지 모듈'을 만들고 있으며, 태양광 발전 시설은 태양전지 모듈을 여러 개 연결해서 사용하고 있다. 이것 외에도 태양열을 이용한 태양열 난방, 태양열 냉방, 태양열 조리와 같은 식으로 태양 에너지가 활용 가능하다.

풍력 에너지도 증가 추세에 있다. 특히 유럽을 중심으로 급속하게 보급되고 있는 중인데, 해마다 30% 이상씩 증가 추세에 있고 이런 증가세가 지속된다면 약 20년 후에는 전 세계 전기의 10% 정도를 풍력 발전으로 공급받게 될 것이다. 우리나라에는 제주도에 풍력 발전기가 설치되어 있으며, 최근에 대관령과 영덕에도 풍력 발전 단지가 세워졌다. 유럽의 경우 여러 개의 풍력 발전기를 세운 '풍력 발전 단지'가 존재하며, 독일은 백여 개의 풍력 발전기가 있는 단지를 세움으로써 10만 가구에 전기를 공급하고 있다. 풍력 발전기는 공해가 없고 고갈의 염려가 전혀 없다는 장점을 가지나, 바람이 불 때에만 전기를 생산

[그림 5-1] 2005년 4월부터 상용 전력 생산에 들어간 영덕의 풍력 발전소. 1.65메가
와트급 발전기 24기가 있다.

할 수 있으며 바람이 세게 불 때는 남은 전기를 저장하기 곤란하다는
단점이 있다. 첫번째 단점은 태양전지를 함께 설치함으로써 날씨에
따른 제한을 해소하는 방법이 있으며, 최근에 두번째 단점을 해결하
기 위해서 풍력 발전에서 만들어진 전기로 물을 전기분해하여 수소
로 저장한 다음에 이를 나중에 동력원으로 이용하는 방법이 모색되고
있다.

대안 에너지 사용을 확대하기 위해서는 기술 개발에 대한 정책적
지원은 물론, 기술력을 가진 대기업의 참여, 관련 법령의 제정 등의
지원이 있어야 한다. 최근 2004년에 '대체 에너지 촉진법'이 개정되
어 대안 에너지로부터 만들어진 전기를 한전이 비싼 값에 의무적으로
사주는 법이 통과되었다. 이 '대체 에너지 촉진법'은 누구든 풍력, 태

양 에너지 등 재생 가능 에너지로 전기를 생산해 팔고자 할 경우 한전이 이를 kWh 당 716원에 사주도록 못 박고 있다. 일반 가정에서 쓰는 전기 가격은 kWh 당 70~80원 정도이기 때문에, 소규모 재생 가능 에너지를 이용해 만든 전기를 716원에 파는 대신 70~80원에 한전 전기를 쓰면 '내 집에서 전기를 생산해 팔고, 내가 필요로 하는 전기는 사서 쓰는' 시민발전소가 가능해진다. 재생 가능 에너지의 성장을 촉진하기 위한 일종의 유인책인 셈이다. 대안 에너지와 관련해서 오래 전부터 그 필요성을 역설한 시민운동 단체인 대안에너지센터에서는 시민들이 자금을 모아서 건설하는 '시민태양발전소'를 건설해서 여기서 나온 전기를 한전에 파는 일을 지속적으로 하고 있다. 파주 출판단지로 옮긴 창작과비평사 사옥에 시민태양발전소 제3기를 건설하고, 여기서 나온 전기를 한전에 kWh 당 716원에 판매하고 있다. 이 경우 월 수입액은 21~33만원 정도로, 약 8~10년 후 설치비 2,900만원 전액을 환수할 것으로 보고 있다.

5-5　일상적 공학활동과 엔지니어의 윤리적 과제

21세기 엔지니어들은 어떤 윤리적인 문제에 직면하며, 엔지니어링 프로젝트에 대해 어떤 윤리적인 태도를 취해야 할 것인가? 한국의 경우는 아직도 엔지니어들이 공학윤리의 문제를 심각하게 생각하고 있지 않은 반면에, 미국은 몇 가지 중요한 사건을 겪으면서 공학윤리에 대한 논의가 본격화되었다. 그중 대표적인 사건들이 스리마일 섬 핵발전소 사고, 챌린저 호 폭발 사고, 그리고 포드 사의 엔지니어들이 제기한 문제로 촉발된 BART 사건이었다.

앞의 두 사건은 이미 다루었기 때문에 여기서는 BART 사건만 간단히 살펴보자. 1971년부터 캘리포니아 베이 지역에 있는 고속철도가 사고를 자주 일으키기 시작했는데, 이 사업에 참여했던 세 명의 엔지니어들은 객차의 자동제어 시스템에 문제가 있음을 발견했다. 세 엔지니어는 '베이 지역 철도국'(Bay Area Rapid Transit District, BART)에 이 차량의 안정성에 대해서 의문을 제기했지만 별다른 대답을 듣지 못하자 다시 BART의 의장에게 이 문제를 무기명으로 제보했다. 그런데 BART의 이사회는 이 결함을 조사하는 대신 제보자가 누구인지 조사에 착수하여 결국 이 세 엔지니어들을 반항죄로 해고하기에 이르렀다. 미국 전기공학회는 이 결정에 대해서 공공의 안전을 보호하려 한 행동에 대해 해고 명령을 내렸다고 비난했으며, 소송을 도와주고,

---

미국의 공학윤리 교과서에서 제시하는 공학윤리의 주제들

① 공공의 안전과 복지: 공공의 안전을 위한 엔지니어의 책임은 무엇인가? 그리고 디자인은 얼마나 '안전'해야 하는가?

② 위험, 고지된 동의(informed consent)의 원칙: 엔지니어는 어느 관점에서 위험에 대한 평가를 내려야 하는가?

③ 이해관계의 충돌: 이해관계의 충돌은 무엇이고 또 무엇이 문제인가?

④ 내부고발: 만약 잘못된 문제를 발견했거나 안전하지 않은 디자인을 발견했을 경우 고용주에게 잘못을 경고해야 하는가?

⑤ 직업 비밀(trade secret): 직장을 옮겼을 경우에 이전 회사의 비밀을 어디까지 지켜야 하는가?

⑥ 선물: 구매 거래처나 정부로부터 선물을 받게 되는 경우 가이드라인은?

1978년에 이들 엔지니어들에게 상을 수상했다. 이러한 사건들 이후에 미국에서는 엔지니어의 책임에 대한 논의가 활발해지게 되었고 각종 공학자 집단에서 윤리 강령을 새롭게 쓰게 되는 계기를 마련했다.[11]

엔지니어들이 위험하다고 판단하거나 아니면 자신의 도덕적 가치와 충돌하는 기술 개발에 대해서 문제 제기를 하는 것은 전문가로서의 기본적인 의무이다. 그렇지만 BART 사건이나 챌린저 호 폭발 사고와 같은 '사고'의 예를 들면서 양심에 호소하는 식으로 엔지니어들에게 윤리적 문제를 생각해보라고 하는 방식으로 공학윤리가 자리잡지는 않는다. 한국에서도 삼풍백화점 붕괴 사고, 성수대교 붕괴 사고 등 사회적으로 큰 논란의 대상이 되었던 사고가 있었지만, 이후 엔지니어들의 윤리의식이나 공학윤리 교육에 큰 진전이 있었다고 보이지 않는다. 미국의 경우에도 BART 사건 직후에 정부는 공학윤리 연구를 지원하고 공학윤리 전문 학술지가 발행되었지만, 1980년대 중반부터는 침체기를 맞았다.

기술적인 재앙이나 큰 사건을 통해 공학윤리를 생각해보는 작업이 어려운 데에는 몇 가지 이유가 있다. 우선 이러한 사건들이 큰 규모의 사건이고 상당한 금액이 투자되었던, 즉 보통 엔지니어의 일상활동과 상당히 거리가 있는 예들이다. 대부분의 엔지니어들은 이렇게 거대한 규모의 프로젝트에 참여하기보다는 중소 규모의 사업장에서 작업을

---

[11] G. Friedlander, "The Case of the Three Engineers vs. BART," *IEEE Spectrum*(Oct. 1974), pp. 69~76.

수행하기 때문에 이러한 사례들은 자신과는 상관 없는 영역에서 일어나는 일이라고 치부하기 쉽다. 수업 시간에 이런 예를 접한 학생들도 "흥미 있는 사건이긴 한데, 나한테 그런 사건이 일어날 확률이 얼마나 되겠어?"라는 식의 반응을 보이기 쉽다. 즉 아주 가끔 일어나는 사고의 사례를 통해서는 윤리적 문제들을 염두에 두어야 한다는 동기 유발을 일으키기 어렵다.[12]

기술적 재앙이나 사고가 공학윤리를 강화하는 데 큰 도움이 못 되는 이유는 또 있다. 보통 사고가 나서 그 사고를 조사한 뒤에 윤리 강령 같은 것을 만들면, 그런 윤리 강령에는 공학윤리가 단순히 안전을 도모하고 위험한 결과를 피하기 위해서 필요한 것이라는 생각이 담겨지기 쉽다. 사실 윤리 강령에서 더 중요한 것은 작업의 결과에 대한 반성보다 그 결과를 낳는 과정에 대한 성찰이다. 또 이러한 사고에 대한 분석은 많은 경우에 회사 경영진의 잘못만을 지적하는 경우가 많다. 즉 엔지니어는 문제점을 알고 이를 시정하려 하였으나 경영자들이 이를 묵살했고 결국 사고로 이어졌다는 식의 서술이다. 그러나 이러한 서술은 엔지니어링이 전문가의 영역인 동시에 비즈니스이기도 하다는 점, 또 많은 엔지니어는 엔지니어인 동시에 매니저이기도 하다는 점을 간과하고 있다.

그렇다면 공학윤리는 어떻게 접근하고 어떤 형태를 가지는 것이 바

---

12 W. T. Lynch and R. Kline, "Engineering Practice and Engineering Ethics," *Science, Technology, and Human Values* 25(2000), pp. 195~225; Bruce Perlman and Roli Varma, "Improving Ethical Engineering Practice," *IEEE Technology and Society Magazine*(Spring 2002), pp. 40~47.

람직한가? 우선 고려해야 할 사항은 대부분의 엔지니어들이 이윤을 추구하는 기업에 고용되어 있다는 사실이다. 미국의 경우에 학사학위 소지자의 80%, 석사의 75%, 그리고 박사의 54%가 기업에 고용되어 있다. 의사나 변호사처럼 '고객에 대한 성실성'을 직업윤리의 모토로 가진다면 엔지니어들은 자신을 고용한 고객인 고용주의 요구에 부합하는 행동을 해야 한다. 물론 고용주의 요구에 부합하는 행동을 하는 것이 올바른 엔지니어 윤리는 아니다. 회사가 '용납할 수 없는' 잘못된 요구를 하는 경우에 엔지니어들은 이에 반해서 자신의 의견을 개진해야 하며, 이 의견이 받아들여지지 않을 경우에 '내부고발자'가 되는 일도 감수하는 것이 윤리적으로 올바른 행동이라고 할 수 있다. 그리고 이러한 상황에 대비해서 내부고발자를 보호하는 법적, 제도적 장치를 마련해두는 것도 중요하다.

그렇지만 실제로 문제가 되는 것은 내부고발자가 되기가 쉽지 않다는 것이다. 직장을 그만두게 될 수도 있고, 동료들과의 거리도 멀어지고, 승진에서의 불이익을 받는다는 현실적인 문제 외에도, 사람들에 따라서 '용납할 수 없는' 요구의 기준이 다르기 때문이다. 앞에서 살펴보았지만 수많은 엔지니어링 프로젝트들이 아직 '잘 알려지지 않은 영역(the unknown)'과 '위험'을 항상 수반하는데, 위험이라는 것은 정확히 계산하기 힘든 주관적 해석의 요소를 포함할 뿐만 아니라 엔지니어링 프로젝트가 항상 가지고 있는 특성이기 때문에, 어떤 사람에게는 위험한 것이 다른 사람에게는 그렇지 않은 것이 될 수도 있는 것이다. 이러한 특성들 때문에 자신에게 주어진 일을 놓고 내려야 하는 엔지니어의 판단은 "내 일신상의 안녕을 위해서 회사의 악행을 눈

감아줄 것인가?"와 "정의를 사수하기 위해서 회사의 비리를 고발하는 내부고발자가 될 것인가" 사이에서 이루어지는 경우는 거의 없다.

그렇다면 젊은 엔지니어나 학생들에게 필요한 공학윤리 교육의 원칙은 무엇이고 이를 어떻게 교육해야 하는가? 앞에서 살펴본 챌린저호 폭발 사고의 경우에 볼 수 있듯이, 기술적 재앙이나 사고는 한 가지 결정이 크게 잘못되어 일어난다기보다는, 일상적인 엔지니어링 활동 속에서 위험의 수위에 대한 인식이 일상화되고 무뎌지면서 여러 가지 결정과 판단이 축적되어 발생한다. 즉 엔지니어에게 필요한 윤리의식은 이러한 일상적인 판단과 결정의 의미를 다시 한번 반성적으로 살펴보고 그 판단과 결정 속에 혹시 자신이 모르는 사이에 잠재적 위험에 대한 의식이 무뎌진 것은 없는지 반성해보는 것이다. 다시 말해서 자신이 매일매일 내리는 일상적인 의사결정 및 판단 과정이 나중에 엄청난 결과를 가져올 수도 있다는 점을 인식하고 이에 좀더 윤리적으로 민감해져야 한다.

이러한 윤리적 작업을 향상시키는 데에는 몇 가지 방법이 있다. 우선 대학에서는 STS(과학기술학)의 연구를 활용할 수 있다. 특히 기술사나 기술사회학의 최근 연구들은 과거에 일어났던 사고나 사건을 분석해서 어떤 결정들이 누적되고 결합되어 그 사고가 일어났는지, 혹은 그 사고가 어떤 상황이었다면 일어나지 않았었는지에 대한 해석도 제시한다. 이러한 상황에 대한 토론을 통해 공학도들은 자신이 비슷한 상황에 직면했을 때 어떤 결정을 내려야 좋은지에 대한 가상적 경험을 할 수 있다. 신참 엔지니어들은 전문적인 공학윤리 조언가나 윤리적 실행이 몸에 밴 선배와의 일대일 관계를 이용하는 것이 좋다. 또 많은 엔지니어링 프로젝트들이 팀 단위로 이루어지기 때문에 같은 주제에 대한 정보를 공개·공유하고 다양한 생각들을 교환하는 것도 좋다. 더 나아가서 인터넷 등의 매체를 활용해서 윤리적 이슈와 딜레마들을 전문적으로 논의하는 의사소통 공간을 만들어보는 것도 유용한 방법이다.[13]

공학윤리를 실질적인 것으로 만들기 위해 가장 중요한 것은 이것이 엔지니어들이 현실 속에서 직면한 문제들과 결합되어 있어야 한다는 것이다. 즉 쉽게 드러나지는 않지만 중요한 윤리적 이슈들을 엔지니어들로 하여금 일상적인 엔지니어링 활동 속에서 발견할 수 있게 해주고, 이를 통해 일상적인 엔지니어링 활동 하나하나가 윤리적으로 그리고 사회적으로 중요한 의미를 지니고 있다는 점을 효과적으로 설득하는 것이 중요하다. 이럴 때 '윤리적 공학'은 자연스럽게 엔지니어의 실행 속에 자리를 잡을 것이다.

5-6 정리

정보통신기술에서 보듯이 20세기 후반부터 현대 기술은 중앙 집중적인 거대 기술에서 분산적인 기술로 변화했다. 20세기 중엽만 해도 인간을 지배하는 '거대 기계(mega-machine)'라는 말이 자주 사용되었으나, 지금의 기술철학자들은 이런 말을 거의 사용하지 않는다. 그 당

---

[13] Ronald R. Kline, "Using History and Sociology to Teach Engineering Ethics," *IEEE Technology and Society Magazine*(Winter 2001/2002), pp. 13~20.

시 기술철학자들은 공장의 컨베이어 벨트와 같은 기술이 인간을 기계의 부품으로 만들어버릴 것이라는 점에 신경을 썼지만, 지금은 인터넷 채팅방에서 나타나는 다중인격(자신과는 전혀 다른 캐릭터가 되는 것)이 기술철학자들의 관심거리이다. 그렇지만 기술 프로젝트의 성격 변화가 기술의 문제를 모두 자동적으로 해결해준 것은 결코 아니다. 첫 번째 절에서 보았듯이 정보통신혁명이 사람들 사이에 새로운 네트워크를 만들어내면서 과거에는 존재하지 않았던 새로운 문제를 만들어냈다. 우리는 지금 정보통신 네트워크가 만들어내는 새로운 가능성과 새로운 위험 사이에서 미래를 디자인해야 하는 것이다. 또 기술의 성격 변화 중 두드러진 것은 지금의 기술이 기술자들에 의해서만 수행되는 것이 아니라는 점이다. 많은 기술 프로젝트들이 시민과 지역 주민들의 관심의 대상이 되었을 뿐만 아니라, 시민과 지역 주민들의 지지와 반대에 따라 그 발전 방향이 바뀌고 있다. 이렇게 사회적으로 쟁점이 되고 또 종종 갈등을 불러일으키는 기술 프로젝트에는 그 시작 단계부터 시민의 참여를 적극적으로 보장하는 것이 중요하다. 한국에서도 몇 번 시도되었지만 '합의회의'와 같은 것은 이를 위한 좋은 방법이다.

현대 기술은 환경을 고려하지 않고는 논의될 수가 없다. 친환경적인 발전을 지향하는 지속 가능한 발전을 위해서 꼭 실현되어야 할 것이 '지속 가능한 기술'이다. 우리는 정부의 정책만이 아니라 기업의 개발, 생산에서도 지속 가능한 기술이 중요한 목표로 설정되어야 함을 보았고, 엔지니어를 교육시키는 대학의 커리큘럼에도 지속 가능한 기술에 대한 인식이 지금보다 훨씬 더 중요하게 정착되어야 함을 강조했다. 지속 가능한 기술의 대표적인 사례가 대안 에너지인데, 우리는 여기서 국내의 에너지 사정과 대안 에너지의 현황을 객관적으로 분석하기 위해서 노력했다. 마지막으로 엔지니어들이 직면한 '윤리적 문제'에 대해서 살펴보았는데, 여기서는 내부고발과 같은 윤리적인 결단만을 윤리적인 행동이라고 간주하는 태도보다 윤리와 무관한 것처럼 보이는 엔지니어들의 일상활동에 윤리적인 요소들이 결합되어 있음을 인식하는 것이 더 중요하다는 점을 지적했다.

1. "지식경영은 인간경영이다"라는 말의 의미를 설명하고, 이에 대한 자신의 견해를 피력해보라.

2. 네트워크 혁명이 지식의 경향을 어떻게 변화시켰는지, 또 앞으로는 어떻게 변화시킬지 논해보라.

3. 당신이 기업의 총수라고 가정해보자. 당신의 기업은 기대되는 이윤은 크지 않지만 위험 요소가 적은 신기술과 매우 큰 이윤이 기대되지만 그만큼 위험성도 큰 신기술 중 하나를 선택해야 하는 상황에 직면해 있다. 당신은 어떤 신기술을 선택할 것인가? 당신의 기업 내에서 어떠한 부서와 직책의 사람들이 첫번째 기술을 지지하고 또 어떠한 사람들이 두번째 기술을 지지할 것 같은가?

4. 오늘날 세계를 위협하는 가장 큰 환경 문제는 무엇이라고 생각하는가? 이러한 환경 위협에 대처하기 위해서는 어떠한 규제가 필요하다고 판단하는가? 한편 이러한 규제에 대한 예상되는 저항에는 어떤 것들이 있을까?

5. 일부 과학기술 전문가들은 원자력이 안전하고 경제적이라고 주장하는 반면 다른 전문가들은 정반대의 주장을 하고 있다. 이러한 상황에서 비전문가는 둘 중 어느 주장을 받아들여야 할 것인가? 어떠한 주장이 더 타당한가를 판단하는 데 어떠한 과정이 필요하다고 생각하는가?

6. 한국의 고위 공직자나 정치가 중에는 과학이나 기술 방면의 전문적인 교육을 받은 사람이 매우 적은 것이 사실이다. 이러한 상황이 효과적인 과학이나 기술 정책의 수립이나 집행에서 문제를 일으킨다고 생각하는가? 만약 고위 공직자나 정치가 중 과학자나 공학자 출신이 대다수를 차지하게 된다면 한국 정부가 지금과는 본질적으로 달라질 것이라고 여겨지는가?

7. 엔지니어에게 필요한 윤리를 체화시키는 방안들에 대해서 설명해보라.

6 결론
....

사회 속의 공학기술을 파악하는 데 지나치게 낙관적이거나 혹은 지나치게 비관적인 태도는 모두 문제가 있다. 기술 발전을 통해서 사회적 문제를 해결하려는 노력이 완벽하게 성공적인 결과를 낸 경우는 거의 없었는데, 그 이유는 기술의 발전이 세상을 복잡하게 하면서 예상치 못했던 문제를 만들어내기 때문이다. 자동차의 발달은 우리의 '이동성(mobility)'을 증가시켰지만 지구 온난화라는 예기치 않은 문제를 만들어냈다. 인터넷은 사람들이 가진 정보를 하나로 엮어주면서 거의 무한한 정보의 바다를 만들어냈지만 쓰레기 정보는 물론 사생활의 침해를 가져오고 있다. 앞에서도 지적했지만 새롭게 도입된 기술은 기존에 가능했던 것을 의미 없게 만들어버리고 기존에 불가능했던 것을 가능케 함으로써 사람들 사이의 인간관계와 권력관계에 변화를 가져온다. 기술로 인해서 이득을 보는 집단과 계급이 있는 반면에 손해를 보는 집단과 계급이 있다. 물론 이러한 기술의 영향이 꼭 기존의 계급관계를 따르는 것은 아니다. 인터넷은 대기업의 힘을 강화시킨 점도 있지만 중소기업가가 세계시장에 진입하는 진입장벽을 낮춤으로써 이들에게 세계시장 규모의 틈새시장을 파고들 수 있는 새로운 기회를 제공했으며, 결과적으로 이들에게 대기업과 경쟁할 수 있는 새로운 가능성을 부여했다.

지나치게 낙관적인 견해나 지나치게 비관적인 견해가 문제가 있다면 우리는 이 두 극단의 중간 정도에 해당하는 입장을 취하면 될 것인가? 그렇지만 기술 시대에 '중용(中庸)'의 길을 걷는다는 것은 결코 쉽지만은 않은 일이다. 그 이유는 기술이 정적인 것이 아니라 동적으로, 다이너믹하게 변하기 때문이다. 엔지니어가 공학기술과 사회의 관계에 대해서 공부를 하고 깊이 숙고해보아야 하는 이유가 여기에 있다. 급변하는 기술을 놓고 그 긍정적인 영향을 취하고 부작용을 최소화하기 위해서는 사회와 역사 속의 공학기술의 변화하는 모습에 대해서, 공학기술과 사회 사이의 상호 작용과 상호 형성에 대해서 통찰력을 가져야 하기 때문이다.

이 책의 1장에서는 공학기술은 무엇이고 엔지니어는 어떤 일을 하는가라는 문제를 다루었다. 여기서 우리는 엔지니어의 전공과 업무를 분류해보았으며 엔지니어적 세계관이 무엇인가를 살펴보았다. 그리고 과학과 기술의 비슷한 점과 차이점을 분석했고, 동양과 서양의 기술의 역사를 보면서 지금 우리가 가지고 있는 공학기술이 언제 어떻게 발전해왔는가를 이해했다. 그리고 발견, 발명과 혁신의 차이를 분석한 뒤에 혁신을 이해하는 모델을 제시했다.

2장에서는 기술과 사회를 바라보는 관점들을 분석했다. 우선 기술의 발전 방향이 기술 내부에 내재해 있고 기술이 사회 발전을 결정한다는 기술결정론과 사회적 그룹의 이해관계가 기술 디자인을 결정한다는 기술의 사회적 구성론을 대비했다. 이후 마르크스의 기술관에 대한 오해를 해명했으며, 기술 시스템 이론을 자세히 소개했다. 그리고 마지막으로 기술결정론과 기술의 사회적 구성론의 문제점을 극복하고 이 둘을 종합할 수 있는 이론틀을 제시했다.

성공한 기술, 혁신, 엔지니어를 다룬 3장은 서양과 한국의 사례 연구로 구성되어 있다. 우선 성공적인 발명과 혁신을 이룬 예로 제임스 와트, 굴리엘모 마르코니, 조지 이스트먼을 분석했는데, 이들은 모두 혁신적인 발명을 이룬 뒤에 이에 대한 특허를 내고, 새로운 시장을 개척해서 자신의 사업을 확장하고, 인재를 잘 활용하고, 다른 중요한 발명과 특허를 계속 만들어내서 후발주자의 추격을 뿌리쳤다는 공통점을 가지고 있었다. 삼성전자와 CDMA 개발의 경우에는 적절한 기술 선택, 부단한 기술 개발, 정부-기업-학계의 팀워크, 새로운 혁신 조직의 실험, 국내와 외국의 재원(resources)의 현명한 선택 등이 성공한 경우였다. 마지막으로 엔지니어의 성공적인 리더십의 예로 스탠퍼드 대학을 MIT나 하버드와 맞먹는 대학으로 성장시킨 스탠퍼드의 엔지니어 프레드릭 터먼의 예를 다루었다.

4장은 현대 기술에 대한 반성을 주제로 하고 있다. 우선 여기서 우리는 기술적 실패와 성공의 구분이 항상 분명한 것은 아니며 많은 경우 기술의 실패는 성공의 전제조건이라는 점을 보았다. 그렇지만 그럼에도 불구하고 거대 기술 프로젝트에서 작은 오류가 엄청난 기술적 재앙으로 이어지는 경우가 있는데, 이런 경우의 예로 스리마일 섬 핵발전소 사고와 챌린저 호 폭파 사고를 다루었다. 사고와 재앙이 미래의 확률로 기술되는 것을 위험이라 하는데, 20세기 후반부터 그 중요성이 증가하는 문제가 바로 기술적 위험이다. 여기서는 기술적 위험과 관련된 다양한 이론적 고찰과 이 위험을 줄이는 방법으로 시민들의 더 많은 적극적 참여와 대화를 제시했다. 마지막으로 항상 부정적인 것으로만 간주되던 기술에 대한 저항을 러다이트 운동을 중심으로 재해석해보았다.

　이러한 고찰의 배경으로 5장에서는 현대 기술 프로젝트의 성격 변화를 다루었다. 우선 20세기 초엽부터 1960년대 무렵까지를 대표했던 기술이 '거대 기계'였다면 지금은 인터넷이 기술을 상징적으로 보여주고 있다. 첫번째 절은 인터넷으로 인해서 야기된 '네트워크 혁명'을 다루고 있다. 현대 기술의 또 다른 특징은 기술 프로젝트에 대한 시민 참여인데, 기술에 대한 사회적 논쟁을 불러일으키는 기술 프로젝트의 경우 합의회의와 같은 다양한 방법으로 더 적극적으로 시민들의 의견을 이 과정에 포함시키는 것만이 실질적인 해결책임을 강조했다. 마지막으로 현재만이 아니라 미래의 후속 세대까지 생각하는 발전의 토대로 지속 가능한 기술이라는 개념을 소개했으며, 이러한 지속 가능한 기술의 예로 '대안 에너지'를 소개했고, 마지막으로 엔지니어들이 일상 연구와 활동에서 어떻게 '윤리적'인 태도를 취할 수 있는지 제시했다.

　정리해보자. 기술은 사회와 영향을 주고받으며, 사회를 바꾸지만 사회에 의해서 바뀌기도 하고, 사람이 만들지만 사람이 세상을 경험

	기술에 대해 보수적, 비관적	기술에 대해 급진적, 낙관적
우주 탐험	자원의 낭비	인류의 쾌거
야생동물 보호	가장 절박한 것	한계 내에서 하면 됨
자동차	위험하고 쓸모없는 것	사람의 가장 가까운 친구
정보 감시 도구	인간을 노예화함	범죄를 예방
생명공학	신의 영역을 침범하는 것	의학과 의술의 연장
핵발전소	당장 모두 폐기해야 함	택시보다 안전

[표 6-1] 기술에 대한 극단적인 비관적, 낙관적 견해

하는 방식을 바꾼다. 기술은 절대선도, 절대악도 아니지만, 가치중립적인 것도 아니다. [표 6-1]에서 보는 것처럼 기술에 대한 근거 없는 비관론은 기술에 대한 근거 없는 낙관론처럼 바람직하지 못하다. 새로운 기술은 기존에 중요하다고 간주된 사람들의 활동, 노동, 경험, 가치 체계, 가능성의 일부를 의미 없는 것으로 만들며, 동시에 존재하지 않았던 활동, 노동, 경험, 가치 체계, 가능성을 중요한 것으로 부각시킨다. 이를 통해 기술은 우리의 인간관계와 권력관계에 변화를 가져온다. 기술로 인해서 이득을 보는 집단과 손해를 보는 집단이 생긴다. 모든 기술은 인간에 의해 구성되지만 성숙한 기술 시스템은 사람이 잘 통제하지 못하는 관성을 갖는 경우도 있다. 기술적 성공과 기술적 실패의 구분은 맥락의존적(context-dependent)이다. 기술적 재앙은 기술에 대한 과신과 연결되어 있다. 엔지니어는 기술이 백 퍼센트 완벽하고 안전하다는 생각을 버리고 기술의 한계에 대해 더 솔직해질 필

요가 있다. 현대 기술은 위험과 불확실성을 수반하고 이는 종종 지루하고 소모적인 사회적 논쟁을 불러일으키지만, 이를 해결하는 방법은 더 많은 시민 참여와 대화이다. 엔지니어는 지금 우리만이 아니라 후속 세대와 환경을 생각하는 기술에 더 많은 관심을 두어야 한다. 이를 위해서 대학의 엔지니어링 교육은 기술을 사회, 역사, 철학 속에서 볼 수 있도록 엔지니어를 훈련시키는 역할을 더 적극적으로 담당해야 한다.

[참고문헌 해제]

1. 공학기술은 무엇이고 엔지니어는 어떤 일을 하는가?

미국의 국립연구협의체 공학교육위원회(National Research Council, Committee on the Education and Utilization of the Engineer)에서 정의한 엔지니어의 개념은 *Engineering Education and Practice in the United States*(Washington, D. C.: National Academy Press, 1985)에 잘 나타나 있다. 한국 엔지니어와 공학에 대한 기초 데이터는 공학한림원 웹사이트에서 볼 수 있다(한국공학한림원 http://www.naek.or.kr). 한국여성공학기술인협회의 웹사이트(http://www.witeck.or.kr)도 참고하라. 존 래드(John Ladd)가 말한 전문인의 특성은 그의 글 "Collective and Individual Moral Responsibility in Engineering: Some Questions" in Deborah G. Johnson (ed.), *Ethical Issues in Engineering*(New york: Prentice Hall, 1991), pp. 26~39에서 확인할 수 있으며, '엔지니어적 가치관'의 개념은 Samuel C. Florman의 *The Civilized Engineer*(New York: St. Martin's

Griffin, 1987) 중에서도 특히 제5장을 참조하라. 엔지니어들의 윤리에 대해서 우리말로 씌어진 논의로는 송성수·김병윤, 「공학윤리의 흐름과 쟁점」, 유네스코한국위원회 편, 『과학연구윤리』(당대, 2001), 173~204쪽도 좋은 개괄을 제공한다.

기술의 정의와 특성, 기술과 과학의 관계와 차이에 대해서 지금까지 이루어진 논의들에 대해서는 홍성욱, 「과학과 기술의 상호 작용」, 『생산력과 문화로서의 과학기술』(문학과지성사, 1999), 제6장(193~220쪽)을 참조하기 바란다. 과학과 기술에 대한 미국의 기술사학자 레이턴(Edwin T. Layton)의 흥미로운 견해는 그가 쓴 글들인 "Technology as Knowledge," *Technology and Culture* 15(1974), pp. 31~41과 "Mirror-Image Twins: The Communities of Science and Technology in 19th-Century America," *Technology and Culture* 12(1971), pp. 562~580에 잘 나타나 있다. 또 미국의 기술철학자 피트(Joseph C. Pitt)가 과학에 대한 기술의 우위를 주장한 내용은 그의 저서 *New Directions in the Philosophy of Technology*(Boston: Kluwer, 1995)에 제시되어 있다.

기술의 역사를 개관한 책으로는 Donald Cardwell, *The Fontana History of Technology*(London: Fontana Press, 1994)가 있다. 노태천·송성수, 「공학기술과 역사」, 한국공학교육학회 지음, 『공학기술과 인간사회』(지호, 2005), 제1장(13~108쪽)도 도움이 된다. 역사 속에서의 기술에 관한 논의는 Florman의 *The Civilized Engineer*가 좋은 시사점을 제공해준다. 여기에서 다룬 예술과 기술의 역사적 기원에 관한 논의도 읽어볼 만하다. 기술 발전사는 Arnold Pacey의 *Technology in World Civilization*(Cambridge, MA: MIT Press, 1990)에서도 간략하지만 잘 다루어져 있다. 기술사에 관심이 있으면 미국 기술사학회(SHOT)에서 제공하는 인터넷 링크(http://shot. press.jhu.edu/Reference/links.htm)를 방문해볼 만하다. http:// www.refstar.com/techhist/index.html에도 기술사와 관련된 좋은 링크가 모아져 있다.

19세기 독일의 철학자 카프(Ernst Kapp)는 인간 몸의 연장이라는 개념으로 기술을 분석했는데, 카프에 대해서는 칼 미첨(Carl Mitcham)의 *Thinking through Technology: The Path between Engineering and Philosophy*(Chicago: University of Chicago Press, 1994), pp. 20~24를 읽어보면 좀더 잘 이해할 수 있을 것이다. 또 다른 기술철학자 맥긴(R. E. McGinn)의 기술관은 그의 글 "What is Technology?" *Research in Philosophy and Technology* 1(1978), pp. 179~197에서 확인할 수 있다.

우리나라에서의 근대 공학 교육에 대한 자료로는 『서울대학교 공과대학 50년사』(서울대학교 공과대학, 1996)이 유용하다. '마음의 눈'에 대해서는 E. S. Ferguson, "The Mind's Eye: Non-Verbal Thought in Technology," *Science* 197(1977), pp. 827~836을 참조하라. 미국 엔지니어링 교육의 역사에 대한 논문으로는 Bruce Seely의 "Research, Engineering, and Science in American Engineering Colleges, 1900~1960," *Technology and Culture* 34(1993), pp. 344~386가 도움이 되었다. 과학자들이 제2의 자연을 실험실에서 만든다는 주장은 Ian Hacking의 *Representing and Intervening: Introductory Topics in the Philosophy of Natural Science* (Cambridge: Cambridge University Press, 1983)에 잘 나와 있고, 제임스 와트의 증기기관 발명에 대한 이야기는 D. S. L. Cardwell, "Science and the Steam Engine," in Peter Mathias ed., *Science and Society*(Cambridge: Cambridge University Press, 1972), pp. 81~96에 분석되어 있다. 기업에서의 기술혁신에 대한 논의는 Stephen Kline and Nathan Rosenberg, "An Overview of Innovation," Ralph Landau and Nathan Rosenberg eds., *The Positive Sum Strategy: Harnessing Technology for Economic Growth*(Washington, D. C.: National Academy Pr., 1986), pp. 275~305에 깔끔하게 정리되어 있다. 이 논문은 송성수 편역, 『우리에게 기술이란 무엇인가』(녹두, 1995), 361~397쪽에 번역되어 있다.

혁신의 다양한 정의에 대해서는 Innovation Journal에서 제공한 인터넷 토론장(http://www.innovation.cc/discussion-papers/ definition.htm)을 살펴보는 것도 유용하다.

2. 기술과 사회를 바라보는 관점들

디자인과 정치적 가치의 관계에 대한 Langdon Winner의 견해는 그의 글 "Do Artifacts Have Politics?" *Daedalus* 109(1980), pp. 121~136에서 자세히 확인할 수 있다. 이 글은 그의 *The Whale and the Reactor* (University of Chicago Press, 1986)에도 실려 있으며, 송성수 편역, 『우리에게 기술이란 무엇인가』(녹두, 1995), 51~67쪽에 번역되어 있다. 기술의 가치중립성에 대한 논의로는 홍성욱, 「디자인, 소통, 잡종성(Design, Communication, and Hybridity)」, *Proceedings of the International Design Culture Conference 2003*(서울), pp. 21~37을 참조. 가치중립적으로 보이는 컴퓨터 게임의 발전에 미국 군부가 처음부터 깊숙이 개입해 있었다는 논의는 Timothy Lenoir, "All But War Is Simulation: The Military Entertainment Complex," *Configurations* 8(2000), pp. 283~335를 볼 것.

기술결정론에 대한 가장 좋은 논의로는 Merritt Roe Smith and Leo Marx eds., *Does Technology Drive History? The Dilemma of Technological Determinism*(Cambridge, Mass.: MIT Press. 1994)가 있다. Lynn White Jr. 역시 *Medieval Technology and Social Change*(Oxford: Oxford University Press, 1962), 특히 제1장을 통해 기술결정론적 관점을 강조했다. 기술결정론을 비판하면서 왜 기술사가들이 기술결정론에 종종 빠질 수밖에 없는가에 대한 분석이 이두갑·전치형의 「인간의 경계: 기술결정론과 기술 사회에서의 인간」, 『한국과학사학회지』 23:2(2001), 157~179쪽에 있다. 기술결정론에 대한 또 다른 비판으로는 Sungook Hong, "Unfaithful Offspring?: Technologies and their Trajectories," *Perspectives on Science* 6(1998), pp. 259~287를 참조.

'대항문화' 또는 '반문화'의 대표적인 저서로는 Lewis Mumford의 *Art and Technics*(Columbia University Press, 1952); Mumford, *The Myth of the Machine*, vol. 1, *Technics and Human Development*(Harcours Brace Jovanovich, 1966)와 Jacques Ellul의 *The Technological Society* (1964; Vintage, 1967); Ellul, "The Technological Order," *Technology and Culture* 3(Fall 1962), pp. 394~421을 들 수 있다. 기계가 인간을 지배하는 세상은 SF 영화의 주요 소재가 되어왔는데, 〈터미네이터〉(1984)와 〈매트릭스〉(1999)는 이러한 소재를 잘 이용해서 크게 인기를 끈 영화들이다.

마르크스가 기술을 중요하게 생각한 기술결정론자였다는 주장은 로버트 하일브로너(Robert Heilbroner)의 "Do Machines Make History?" *Technology and Culture* 8(1967), pp. 335~345에서 확인할 수 있다. 한편 마르크스주의를 기술결정론으로 해석하는 것이 무리라는 측의 논의로는

Donald McKenzie, "Marx and the Machine," *Technology and Culture* 25(1984), pp. 473~502; Nathan Rosenberg, "Karl Marx and the Economic Role of Science," in *Perspectives in Technology*(Cambridge: Cambridge University Press, 1976), pp. 126~138이 있다. 맥캔지의 논문은 송성수 편역, 『우리에게 기술이란 무엇인가』(녹두, 1995), 68~108쪽에 번역되어 있다.

기술과 관련된 마르크스의 언급은 여기서 인용한 『공산당 선언』과 『철학의 빈곤』 외에 가장 중요한 저작은 『자본론』이다. 특히 『자본론』 제15장 「기계에 대하여」를 보라. 마르크스의 저작은 http:// eserver.org:16080/marx과 같은 영문 인터넷 사이트에서 모두 볼 수 있다.

사회적 구성론을 다룬 글로는 선구자격인 핀치와 바이커(Trevor F. Pinch and Wiebe E. Bijker)가 쓴 "The Social Construction of Facts and Artifacts: Or How the Sociology of Science the Sociology of Technology Might Benefit Each Other," Wiebe E. Bijker, Thomas P. Hughes, and Trevor J. Pinch eds., *The Social Construction of Technological Systems: New Directions in the Sociology and History of Technology*(Cambridge, Mass.: MIT Press, 1987), pp. 17~50(송성수 편저, 『과학기술은 사회적으로 어떻게 구성되는가』(새물결, 1999), 39~80쪽에 번역되어 있음)가 있다. 이 책에 있는 다른 논문들도 기술의 사회적 구성론을 이해하는 데 도움이 된다. 기술의 사회적 구성론을 둘러싼 논쟁은 송성수 「사회구성주의의 재검토: 기술사와의 논쟁을 중심으로」, 『과학기술학연구』 제2권 제2호(2002), 55~89쪽에서 다양하게 검토되어 있다. 구성주의 기술영향평가에 대해서는 A. Rip, T. J. Misa, & J. Schot eds., *Managing*

Technology in Society: The Approach of Constructive Technology Assessment(London: Pinter, 1995)를 참조.

'기술 시스템 이론'의 고전은 Thomas P. Hughes, Networks of Power: Electrification in Western Society, 1880~1930(Baltimore: Johns Hopkins University Press, 1983); Hughes, "The Evolution of Large Technological Systems," in *Social Construction of Technology*, pp. 51~82 (『과학기술은 사회적으로 어떻게 구성되는가』 123~172쪽에 번역되어 있음) 이다. 시스템에서의 역돌출 해결과 관련해서 AT&T의 장하코일에 대한 논의 는 James E. Brittain, "The Introduction of the Loading Coil: George A. Campbell and Michael I. Pupin," *Technology and Culture* 11(1970), pp. 36~57을, 제너럴일렉트릭의 연구소 설립에 대한 분석은 George Wise, *Willis R Whitney: General Electric & the Origins of US Industrial Research*(New York: Columbia University Press, 1985)를 참조. 에디슨에 대해서는 Wikipedia의 항목 http://en.wikipedia.org/wiki/Thomas_ Edison을 참조할 것. 여기에는 에디슨의 생애, 발명품, 먼로파크 연구소와 기타 링크가 제공되어 있다.

3. 성공한 발명, 혁신, 엔지니어

제임스 와트와 그의 증기기관에 대해서는 Eugene S. Ferguson, "The Steam Engine Before 1830," in Melvin Kranzberg and Carroll W. Pursell Jr., eds., *Technology in Western Civilization* Volume 1(New York: Oxford University Press, 1967), pp. 245~ 263을 참조. 마르코니 의 발명과 혁신에 대한 상세한 분석은 Sungook Hong, *Wireless: From*

Marconi's Black-box to the Audion(Cambridge, MA: MIT Press, 2001), 특히 1~3장을 볼 것. 마르코니의 생애와 업적을 포함한 초기 무선전신에 대한 사진과 설명을 잘 볼 수 있는 사이트가 http://www.marconicalling.com 이다. 사진의 역사에 대한 짧고 유용한 개괄로는 홍미선, 「1839년, 사진이 탄생하다」, 이인식 외 지음, 『세계를 바꾼 20가지 공학기술』(생각의 나무, 2005), 175~198쪽과 장클로드 르마니 외 지음, 정진국 옮김, 『세계사진사』 (까치글방, 2003)이 있다. 코닥 사의 설립자 조지 이스트먼의 생애와 기술혁신에 대한 좋은 논의가 Reese Jenkins, "Technology and the Market: George Eastman and the Origins of Mass Amateur Photography" *Technology and Culture* 16(1975), pp. 1~19에 있다. 이스트먼에 대한 훨씬 더 상세한 논의는 Jenkins, *Images and Enterprise: Technology and the American Photographic Industry, 1839~1925*(Baltimore: Johns Hopkins University Press, 1987)을 볼 것. 코닥에서 제공하는 코닥의 역사와 이스트먼의 생애는 http://www.kodak.com/US/en/corp/aboutkodak/kodakHistory/kodakHistory.shtml을 볼 것.

한국의 반도체 개발에 대한 논의는 최영락, 「한국인의 자긍심, 반도체 신화」, 서정욱 외 지음, 『세계가 놀란 한국 핵심산업기술』(김영사, 2002), 133~175쪽과 이은경·최영락 지음, 『세계 1위 메이드 인 코리아, 반도체』 (지성사, 2004)에 잘 나와 있다. CDMA 기술개발에 대한 논의는 송위진, 「기술혁신에서의 위기의 역할과 과정: CDMA 기술개발 사례 연구」, 『기술혁신연구』 제7권 제1호; 송위진, 「국가연구개발사업의 정치학: CDMA 기술개발사업의 사례 분석」, 『한국행정학보』 제33권 제1호(1999); 서정욱, 「CDMA 성공신화—이동통신」, 서정욱 외 지음, 『세계가 놀란 한국 핵심산업기술』(김영사, 2002), 179~244쪽을 참조했다. TDX에 대한 논의는 이정훈·이진주 「한국통신산업의 기술 발전 과정과 기술혁신 전략: 전자교환기 개발 사례를 중심으로」, *Telecommunications Review* 2-11(1992), pp. 18~43을 참조.

터먼을 비롯한 과학기술자들의 리더십에 대한 시론으로는 홍성욱, 『과학은 얼마나』(서울대학교 출판부, 2004), 제8장(과학자의 리더십)이 있으며, 터먼의 리더십으로부터 만들어졌다고 볼 수 있는 실리콘 밸리에 대한 분석과 이것과 루트 126의 비교는 임경순, 「실리콘 밸리와 지역혁신체계론의 형성」, 『자연과학』 제17호(2004년 가을) 147~156쪽을 참조할 것. 터먼의 생애에 대해서는 http://www. smecc. org/frederick_terman.htm을 참조할 것.

4. 현대 기술에 대한 반성

하타무라 요타로가 주장한 '실패학'이라는 흥미로운 주제는 김수삼, 「실패학의 패러다임의 전환」, 김수삼 외, 『미래를 위한 공학, 실패에서 배운다』(김영사, 2003), 13~43쪽에서 논의되어 있다. 그리고 실패를 거듭하면서 진화한 디자인술의 이야기는 헨리 페트로스키의 『인간과 공학 이야기』(지호, 1997);『포크는 왜 네 갈퀴를 달게 되었나』(지호, 1995)를 참조. 기술 실패에 대한 다양한 논의는 Graeme Gooday의 "Re-writing the 'Book of Blots': Critical Rflections on Histories of Technological 'Failure'," *History and Technology* 14(1998), pp. 265~291에서 찾아볼 수 있다. 발엑스선, 미니텔, 공작기계, 자기 녹음기술은 각각 J. Duffin and C. Hayter의 "Baring the Sole: The Rise and Fall of the Shoe-fitting Fluoroscope," *Isis* 91(2000), pp. 260~282; Amy L. Fletcher, "France Enters the Information Age: A Political History of Minitel", *History and Technology* 18

(2002), pp. 103~117; David Noble, "Social Choice in Machine Design: The Case of Automatically Controlled Machine Tools, and a Challenge to Labor," *Politics and Society* 8(1978), pp. 313~347; Mark Clark, "Suppressing Innovation: Bell Laboratories and Magnetic Recording," *Technology and Culture* 34(1993), pp. 516~538을 참조했다. 노블의 논문은 송성수 편역, 『우리에게 기술이란 무엇인가』(녹두, 1995), 199~236쪽에 번역되어 있다. 기술의 성공이 높은 효율이나 기술적 합리성에서만 기인하지 않음은 Paul David, "Clio and the Economics of QWERTY," *American Economics Review* 75(1985), pp. 332~337을 볼 것. 시화호와 제록스 사례는 민범식, 「지속 가능한 개발, 그 위대한 도전」, 김수삼 외, 『미래를 위한 공학, 실패에서 배운다』(김영사, 2003), 237~ 246쪽; Douglas K. Smith and Robert C. Alexander, *Fumbling the Future: How Xerox Invented, Then Ignored, the First Personal Computer*(HarperCollins, 1989)를 볼 것.

기술 실패로 인한 참사 중 성수대교에 대해서는 '동아건설 면허처분 취소처분 정당하다'(매일경제 2003년 7월 31일자); '동아건설, 서울시에 191억 지급 판결'(매일경제 2000년 7월 21일자) 등 신문 자료를 이용했다. 보팔 사고에 대해서는 Shelia Jasanoff, "Introduction: Learning from Disaster," in Shelia Jasanoff ed., *Learning from Disaster: Risk Management after Bhopal*(Philadelphia: University of Pennsylvania Press, 1994), pp. 1~21과 이 책에 실린 다른 논문들을 보라. 스리마일 원전 사고는 Garry R. Thomas, "Description of the Accident," in L. M. Toth et al. eds., *The Three Mile Island Accident: Diagnosis and Prognosis*(Washington, D.

C.: American Chemical Society, 1986), pp. 2~25를, 챌린저 호 폭발 사고
는 Diane Vaughan의 "Autonomy, Interdependence, and Social Control:
NASA and the Space Shuttle Challenger," *Administrative Science
Quarterly* 35(1990), pp. 225~257을 참조할 것.

기술 사고에 대해서는 유용한 웹사이트들이 많이 있다. 대표적인 것으로
는 챌린저 호 폭발 사고에 대한 조사기관의 보고를 올려놓은 http://
history.nasa.gov/sts51l.html와 보팔 사고 이후에 사고 경위와 조치에 대한
보고를 볼 수 있는 http://www.bhopal.com/index.htm 사이트, 스리마일
사고에 대한 자세한 소개인 http://www.eco-center.org/enews/news3-
1.htm 사이트를 참조할 수 있다.

위험이 증가한 사회를 울리히 벡은 『위험사회』(새물결, 1997)라는 책을
통해 새로이 규정하고 있다. DDT의 흥미로운 역사는 이상욱, 「모기와 말라
리아」, 한양대학교 과학철학교육위원회 편, 『이공계 학생을 위한 과학기술의
철학적 이해』(한양대학교출판부, 2004), 207~230쪽을 볼 것. Paul Slovic
은 "Perception of Risk," *Science* 236(17 April 1987), pp. 280~285에서
일반인의 위험의식의 경향을 분석했다. 기술적 위험의 문제를 다룰 때 전문
가·관료와 일반 시민(지역 주민) 사이에 충분한 신뢰관계가 형성되어야 함
이 Howard Kunreuther, Kevin Fitzgerald and Thomas D. Aarts, "Siting
Noxious Facilities: A Test of the Facility Siting Credo," *Risk Analysis*
13(1993), pp. 301~318에 잘 나타나 있다. Les Levidow는 위험의 사전 예
방을 강조하며 "Precautionary Uncertainty: Regulating GM Crops in
Europe," *Social Studies of Science* 31(2001), pp. 842~874에서 사전 예
방 규칙을 설명한다. Roger E. Kasperson, Dominic Golding and Seth

Tuler의 "Social Distrust as a Factor in Siting Hazardous Facilities and Communicating Risks," *Journal of Social Issues* 48(1992), pp. 161~187; Paul Slovic, Mark Layman, and James H. Flynn의 "Lessons from Yucca Mountain," *Environment* 33 no. 3(April 1991), pp. 7~30 에서는 기술 관련 정책에 다양한 종류의 시민 참여가 필요함이 강조되고 있다. 유전자변형 식품에 대한 문제는 신문의 '유엔식량기구, GM 농작물 기아 해결에 도움'(한국일보 2004년 5월 18일자)과 같은 기사를 참조했으며, 새만금 논쟁에 대해서는 김명식, 「새만금과 가치중립성」, 한양대학교 과학철학교육위원회 편, 『인문사회계 학생을 위한 과학기술의 철학적 이해』(한양대학교출판부, 2004), 326~344쪽을 참조했다. 새만금에 대한 시민단체의 입장에 대해서는 http://sos.kfem.or.kr/(새만금 갯벌 살리기 운동)을 보라. 새만금에 대한 정부의 입장은 새만금 사업단에서 제공하는 http://www.karico.co.kr/saemangeum를 참조할 것. 이 두 입장을 비교해보는 것은 흥미로울 것이다. 〈쥐라기 공원〉(1993)과 같은 영화는 생명공학적 조작의 위험성과 예기치 않은 결과를 잘 보여주고 있다.

기계에 대한 저항의 상징인 러다이트 운동에 대한 논의는 Adrian J. Randall, "The Philosophy of Luddism: The Case of the West of England Woolen Workers, ca. 1790~1809," *Technology and Culture* 27(1986), pp. 1~17을 참조했다.

5. 현대 기술 프로젝트의 성격 변화

정보통신혁명과 새로운 네트워크 사회의 도래에 대한 더 상세한 논의는 홍성욱, 『네트워크 혁명, 그 열림과 닫힘』(들녘, 2002)과 이장규 외 저, 『글로벌 정보 사회의 전개와 대응』(나남, 2002), 홍성욱·백욱인 편, 『2001, 싸이버스페이스 오디쎄이』(창작과비평사, 2001)를 참조할 것.

테크노크라시의 개념은 John G. Gunnell의 "The Technocratic Image and the Theory of Technocracy," *Technology and Culture* 23(1982), pp. 392~416에 잘 설명되어 있다. 과학기술과 관련된 시민 참여는 Philip Frankenfeld, "Technological Citizenship: A Normative Framework for Risk Studies," *Science, Technology and Human Value*s 17(1992), pp. 459~484; Daniel Lee Kleinman, "Beyond the Science Wars: Science, Technology and Democracy," *Politics and the Life Sciences* 16(1998), pp. 133~145; 참여연대 시민과학센터 지음, 『과학기술, 환경, 시민참여』(한울, 2002); 이영희, 「과학기술 정책과 시민 참여」, 『자연과학』 제17호(2004년 가을), 181~190쪽을 참조. 우리나라의 시민과학센터는 과학기술 프로젝트에 대한 시민 참여를 지속적으로 주장해온 단체인데, 이 단체는 2005년 4월 참여연대에서 독립해서 독자적인 활동을 하기 시작했다. 독립하기 이전의 활동에 대한 내용과 다양한 보고서들은 참여연대 홈페이지 http://www.peoplepower21.org 에서 볼 수 있다. 기술영향평가에 대해서는 이영희, 「과학기술 정책과 기술영향평가」, 송성수 편역, 『우리에게 기술이란 무엇인가』(녹두, 1995), 316~358쪽; 김병윤, 「기술영향평가의 역사, 동향, 전망」, 『과학사상』 43호(2002), 150~168쪽을 볼 것.

지속 가능한 기술에 대한 논의는 Mark Manion, "Ethics, Engineering, and Sustainable Development," *IEEE Technology and Society Magazine*(Fall 2002), pp. 39~48을 참조. Steve Belletire는 "Sustainable Design: Our Future or Our Nemesis?" (미출판 초고)에서 코닥 사의 예를

들어 지속 가능한 기술이 기업의 경제적 이익을 높여줄 수 있음을 보여주었다. 한화그룹도 지속 가능한 기술을 개발해 신문에 '자체 연구소 설립 환경 운동 주도─한화그룹'(헤럴드경제 2005년 3월 18일자) 와 같은 타이틀로 게재되기도 했다. 한화환경연구소의 홈페이지 http://www.ecohanwha.co.kr에서는 한화그룹 환경 기술 개발 및 연구, 안전보건, 에너지 절감 정보 등을 제공한다. 재생 가능한 에너지와 대안 에너지에 대한 좋은 논의는 이필렬, 『에너지 대안을 찾아서』(창작과비평사, 1999)를 참조. 대안에너지센터의 홈페이지 http://energyvision.org/에서는 기후 변화, 태양 및 풍력 에너지, 에너지 대안기술에 대한 정보를 얻을 수 있다. 최근에 개봉한 영화 〈투모로우〉(2004)는 지구 온난화가 초래하는 가상적인 재난을 소재로 하고 있다.

기술에 대한 엔지니어의 책임을 다룬 대표적인 저술로는 G. Friedlander, "The Case of the Three Engineers vs. BART," *IEEE Spectrum* (Oct. 1974), pp. 69~76이 있다. W.T. Lynch과 R. Kline은 "Engineering Practice and Engineering Ethics," *Science, Technology, and Human Values* 25(2000), pp. 195~225; Bruce Perlman and Roli Varma, "Improving Ethical Engineering Practice," *IEEE Technology and Society Magazine*(Spring 2002), pp. 40~47에서 기존의 공학윤리 교육과 엔지니어들의 강령의 한계를 지적하고 있으며, Ronald R. Kline, "Using History and Sociology to Teach Engineering Ethics," *IEEE Technology and Society Magazine*(Winter 2001/2002), pp. 13~20은 엔지니어의 윤리적 책임을 향상시키기 위한 다양한 대안적인 방안을 논하고 있다.